VORRICHTUNGEN

DAS FACHWISSEN DES INGENIEURS

H. Thiel

Vorrichtungen

Gestalten · Bemessen · Bewerten

von Dipl.-Ing. H. Thiel, Dipl.-Ing. M. Fronober
Dipl.-Gwl. W. Henning, Ing. H.-J. Huwe und
Dipl.-Ing. H. Wiebach

311 Seiten mit 351 Bildern

CARL HANSER VERLAG MÜNCHEN 1971

ISBN 3–446–11467–x

Copyright 1971 by VEB Verlag Technik Berlin
Ausgabe für den Carl Hanser Verlag München
Printed in the German Democratic Republic
Satz: VEB Werkdruck, Gräfenhainichen
Fotomechanischer Nachdruck:
VEB Druckerei „Thomas Müntzer" Bad Langensalza

VORWORT

Der Einsatz von Vorrichtungen gewinnt durch die wachsende Mechanisierung und Automatisierung in der metallverarbeitenden Industrie ständig an Bedeutung.

Damit wird gleichzeitig eine wesentliche Erhöhung der Qualität der Ausbildung von Technologen und Konstrukteuren auf diesem Fachgebiet notwendig.

Das Lehrbuch wurde von erfahrenen Fachschullehrern entwickelt und soll wesentlich zur Verbesserung und Erleichterung des Studiums an den Ingenieurschulen beitragen.

Um eine vorzeitige enge Spezialisierung zu vermeiden, wurde bei der Ausarbeitung des Buches besonderer Wert auf eine exakte Darlegung grundsätzlicher Erkenntnisse der modernen Vorrichtungskonstruktion gelegt. Ihre praxisnahe Verwirklichung ist durch zahlreiche anschauliche Beispiele und Konstruktionsrichtlinien erläutert. Dadurch wird das Buch auch dem Konstrukteur viele Anregungen und Hinweise für seine Tätigkeit vermitteln.

Allen Betrieben und Institutionen, die bei der Ausarbeitung des Lehrbuchs bereitwillig Arbeitsunterlagen und Bildmaterial zur Verfügung stellten, möchten wir an dieser Stelle für ihre Mitarbeit danken. Nicht zuletzt gilt unser Dank den Gutachtern, die mit großer Sachkenntnis und Arbeitsbereitschaft an der Gestaltung mitwirkten. Für kritische Hinweise und Anregungen zur weiteren Verbesserung des Lehrbuchs sind wir unseren Lesern sehr dankbar.

Die Autoren

INHALTSVERZEICHNIS

1. Einleitung 11

1. Allgemeines 12
1.1. Begriff und Zweck 12
1.2. Einteilung 13
   1.2.1. Werkstückspanner und Werkzeugspanner 13
   1.2.2. Einrichtungen für die Werkstückbewegung 14
   1.2.3. Speziallehren 14
1.3. Allgemeiner Aufbau einer Vorrichtung 15
1.4. Arbeitsschutz und Vorrichtung 16
1.5. Wiederholungsfragen 17

2. Grundlagen 18
2.1. Bestimmen 18
   2.1.1. Begriff und Zweck 18
   2.1.2. Bezugsebene, Bestimmebene, Bestimmflächen 18
   2.1.3. Anzahl der Bestimmebenen 20
   2.1.4. Überbestimmen 21
   2.1.5. Gestaltung der Vorrichtungsbestimmflächen 22
   2.1.5.1. Geometrische Formen der Werkstückbestimmflächen 22
   2.1.5.2. Ebene Werkstückbestimmflächen 23
   2.1.5.3. Zylindrische Werkstückbestimmflächen 26
   2.1.5.4. Einfluß der Toleranzen 29
   2.1.5.5. Vermeiden des Überbestimmens 37
   2.1.6. Beispiele 42
   2.1.7. Normen für Bestimmelemente 45
   2.1.8. Wiederholungsfragen 47
2.2. Spannen 47
   2.2.1. Begriff und Zweck 47
   2.2.2. Spannkräfte 48
   2.2.3. Mechanische Spannelemente 58
   2.2.3.1. Spannkeile 58
   2.2.3.2. Spannschrauben 65
   2.2.3.3. Spannexzenter 73
   2.2.3.4. Spannspirale 76
   2.2.3.5. Kniehebelspanner 81
   2.2.3.6. Zusammenfassung 84
   2.2.4. Spannen mit Druckübertragungsmedien 85
   2.2.4.1. Plastische Medien 87
   2.2.4.2. Spannen mit Flüssigkeiten 98
   2.2.4.3. Spannen mit Luft (Pneumatikspanner) 102

2.2.5.	Magnetspannplatten	107
2.2.6.	Elektromechanische Spanner	109
2.2.7.	Elemente der Kraftübertragung	109
2.2.7.1.	Spanneisen	109
2.2.7.2.	Winkelhebel	113
2.2.7.3.	Spannhaken	115
2.2.7.4.	Spannzangen	117
2.2.8.	Beispiele	120
2.2.9.	Normen für Spannelemente	128
2.2.10.	Wiederholungsfragen	132
2.2.11.	Übungen	133
2.3. Vorrichtungsgrundkörper		139
2.3.1.	Begriff und Zweck	139
2.3.2.	Steifigkeit	140
2.3.3.	Gegossene Grundkörper	143
2.3.4.	Geschweißte Grundkörper	143
2.3.5.	Verschraubte und verstiftete Grundkörper	145
2.3.6.	Normen für Grundkörper	146
2.3.7.	Wiederholungsfragen	146
2.4. Werkzeugführungen		147
2.4.1.	Begriff und Zweck	147
2.4.2.	Bohrbuchsen	147
2.4.2.1.	Lagebestimmende Bohrbuchsen	147
2.4.2.2.	Lage- und richtungsbestimmende Bohrbuchsen	154
2.4.2.3.	Bohrplatten	161
2.4.3.	Sonstige Werkzeugführungen	164
2.4.4.	Normen für Bohrbuchsen	166
2.4.5.	Wiederholungsfragen	167
2.5. Werkzeugeinstellelemente		168
2.6. Teileinrichtungen		169
2.6.1.	Begriff und Zweck	169
2.6.2.	Längsteilen	170
2.6.3.	Kreisteilen	170
2.6.4.	Feststellelemente	177
2.6.5.	Normen für Teilelemente und Teileinrichtungen	177
2.6.6.	Wiederholungsfragen	177
2.6.7.	Übungen	178
2.7. Bedienen der Vorrichtung		182
2.7.1.	Einlegen des Werkstücks	182
2.7.2.	Herausnehmen des Werkstücks	183
2.7.3.	Bedienteile	183
2.7.4.	Wiederholungsfragen	185
2.8. Aufnahme auf der Werkzeugmaschine		186
2.8.1.	Zweck	186
2.8.2.	Vorrichtungsfüße	186
2.8.3.	Nutensteine	187
2.8.4.	Aufnahmekegel	190
2.8.5.	Zylindrische Aufnahmebolzen	190
2.8.6.	Normen der Aufnahmen auf Werkzeugmaschinen	191
2.8.7.	Wiederholungsfragen	191
2.9. Werkstoffe		192
3. Entwerfen von Vorrichtungen		192

Inhaltsverzeichnis

3.1. Spezielle Gesichtspunkte der Vorrichtungskonstruktion 198
   3.1.1. Stellung und Aufgaben der Betriebsmittelabteilung im Betrieb . . . 198
   3.1.2. Leistungen der Vorrichtungskonstruktion 199
   3.1.3. Einflußgrößen zur Aufgabenlösung 199
   3.1.4. Schritte zur konstruktiven Lösung 201
   3.1.5. Konstruktive Lösung 203

3.2. Allgemeine Gestaltungsrichtlinien 205

3.3. Gestaltungsrichtlinien für verschiedene Vorrichtungsarten 207
   3.3.1. Werkstückspanner 207
   3.3.2. Werkzeugspanner 213

3.4. Beispiel einer systematischen Konstruktion 221

3.5. Beispiele für Vorrichtungen 227
   3.5.1. Bohrvorrichtungen 227
   3.5.2. Fräsvorrichtungen 231
   3.5.3. Drehvorrichtungen 235
   3.5.4. Fügevorrichtungen 238
   3.5.5. Vorrichtungen mit Teileinrichtungen 241

3.6. Baukastenvorrichtungen 241

3.7. Gruppenvorrichtungen 245

4. Werkstückbewegung 249

4.1. Einführung 249

4.2. Begriffe 249
   4.2.1. Automatisieren 249
   4.2.2. Einrichtungen für die Werkstückbewegung 251
   4.2.3. Symbole für Bewegungsfunktionen 252

4.3. Arten der Bearbeitungsprozesse 255

4.4. Verkettung von Fertigungseinrichtungen 256
   4.4.1. Organisationsformen der Produktion 257
   4.4.1.1. Merkmale der Werkstättenfertigung 257
   4.4.1.2. Merkmale der erzeugnisgebundenen Fertigung 257
   4.4.2. Verkettung 258
   4.4.2.1. Allgemeines 258
   4.4.2.2. Fertigungskette 259
   4.4.2.3. Verkettungsarten 259

4.5. Einrichtungen für die Werkstückbewegung im Fließ- und Stückprozeß . . 265
   4.5.1. Speichereinrichtungen 265
   4.5.1.1. Werkstückspeicher 265
   4.5.1.2. Werkzeugspeicher 266
   4.5.1.3. Programmspeicher 266
   4.5.2. Fördereinrichtungen 267
   4.5.2.1. Werkstückordnungseinrichtungen 267
   4.5.2.2. Werkstückwechseleinrichtungen 273
   4.5.2.3. Werkstückweitergabeeinrichtungen 275
   4.5.2.4. Werkstückwendeeinrichtungen 275
   4.5.3. Werkstückhalteeinrichtungen 277
   4.5.4. Beispiele 277

4.6. Hinweise für die Konstruktionstätigkeit 280

4.7. Normen für Einrichtungen zur Werkstückbewegung 280

4.8. Wiederholungsfragen 281

4.9. Übungen 281

5. Wirtschaftlichkeitsbetrachtungen 283
5.1. Senkung der Produktionsselbstkosten durch Einsatz von Vorrichtungen . . 283
5.2. Herstellungskosten für Vorrichtungen 287
5.3. Wiederholungsfragen 297

6. Entwicklungsstand und Entwicklungstendenzen 298
6.1. Entwicklungsstand 298
6.2. Entwicklungstendenzen 301

7. Formelzeichenverzeichnis 302

8. Literaturverzeichnis 304

9. Sachwörterverzeichnis 306

EINLEITUNG

…e Produktion materieller Güter setzt drei Elemente voraus: die Arbeitskraft, die
…rbeitsmittel und den Arbeitsgegenstand. Zu den Arbeitsmitteln gehören unter
…derem die Fertigungsmittel. Sie sind erforderlich, um ein bestimmtes Erzeugnis
…rzustellen. Insbesondere wird die Qualität des Produkts und die wirtschaftliche
…rtigung durch ihren Einsatz beeinflußt.
Zu den Fertigungsmitteln gehören die Werkzeuge, Meß- und Prüfzeuge und
…orrichtungen.
Sehr viele Fertigungsmittel können unabhängig von der Form des Werkstücks
…er Werkzeugs, manche auch unabhängig vom Fertigungsverfahren (Bohren,
…äsen, Drehen usw.) eingesetzt werden. Typische Vertreter solcher Fertigungs-
…ittel sind Maschinenschraubstöcke, Spannfutter, Universalteilköpfe, Spiral-
…hrer, Drehmeißel, Meßschieber, Endmaße, Rachen- und Grenzrachenlehren u. a.
…eist sind Fertigungsmittel dieser Art handelsüblich und universell einsetzbar.
Andere Fertigungsmittel, z. B. Druckgußformen, Biegewerkzeuge, Bohrvor-
…htungen und Mehrstellenprüfgeräte, können nur zur Herstellung gleicher oder
…er Gruppe ähnlicher Werkstücke eingesetzt werden. Sie sind werkstückge-
…ndene Sonderausführungen und werden deshalb als spezielle Fertigungsmittel
…zeichnet. Um sie wirtschaftlich einsetzen zu können, ist eine Mindeststückzahl
…icher Werkstücke erforderlich. Gelingt es, eine Reihe verschiedener Werkstücke,
… bestimmte Ähnlichkeitsmerkmale aufweisen, zu einer Gruppe zusammenzu-
…sen, so kann eine ausreichende Gesamtstückzahl mit den gleichen Mitteln
…rtschaftlich bearbeitet werden, obwohl die Anzahl der einzelnen Werkstücke
niedrig ist.
Der Anwendungsbereich spezieller Fertigungsmittel erstreckt sich vorwiegend
…f die Serien-, Großserien- und Massenfertigung. In der Kleinserien- und Einzel-
…tigung werden sie nur bei besonderen Qualitätsanforderungen eingesetzt oder
…nn die Bearbeitung des Werkstücks sonst unmöglich ist.
…Mechanisierte, besonders aber automatisierte Fertigungsprozesse verschärfen
…en Widerspruch, der hinsichtlich des Einsatzes universeller oder spezieller
…rtigungsmittel besteht. Da die letzteren höhere Kosten erfordern, ist man
…strebt, sie immer universeller zu gestalten. Andererseits nimmt aber ihr Umfang
…rch die Mechanisierung und Automatisierung mehr und mehr zu. Es besteht
… sie schon jetzt ein spürbarer Mangel an Konstruktions- und Herstellungs-
…pazität. Weitgehende Standardisierung und Baukastenprinzipien können und
…ssen dem abhelfen. Die konstruktive Arbeit ist weitgehend zu systematisieren,
… jede Aufgabe optimal zu lösen. Das ist besonders für den jungen Konstrukteur
…htig, der noch nicht über ausreichende Erfahrungen verfügt.

1. ALLGEMEINES

1.1. Begriff und Zweck

Die speziellen Fertigungsmittel umfassen Vorrichtungen, Werkzeuge und Lehren. Während alle Werkzeuge aktiv an der Formgebung beteiligt sind, ermögliche die Vorrichtungen einen Arbeitsprozeß in der geforderten Qualität und Zeit. I anderen Fällen wird die Bearbeitung eines Werkstücks überhaupt erst mit Hil der Vorrichtung möglich. Somit kann definiert werden:

Vorrichtungen sind spezielle Fertigungsmittel. Mit ihnen werden Werkstück und Werkzeug in eine bestimmte Lage zueinander gebracht, oder sie führen diese Vorgang selbsttätig durch. Während die Bearbeitung erfolgt, wird diese Lage zwische Werkzeug und Werkstück aufrechterhalten.

Der Zweck der Vorrichtung ergibt sich aus der Begriffsbestimmung. Inde Werkstücke oder Werkzeuge in die für die Durchführung der Arbeitsverrichtur notwendige Lage gebracht und hier gehalten werden, ist die Qualität der he zustellenden Maße und der Oberfläche gesichert. Wird nun die zeichnungsgerecht Qualität aller mit einer Vorrichtung gefertigten Werkstücke eingehalten, so sir sie austauschfähig.

Außerdem entfallen beim Einsatz von Bohrvorrichtungen z. B. Anreißen ur Ankörnen, bei Verwendung von Schweißvorrichtungen langwierige Ausricht arbeiten der Einzelteile. Es werden also Arbeitsgänge oder Arbeitsstufen eingespar

Bei entsprechender Gestaltung der Vorrichtung kann die Hilfszeit wesentli gesenkt werden, da das Einlegen, Bestimmen, Spannen und Herausnehmen d Werkstücke schneller ausgeführt werden kann als bei der Fertigung mit unive sellen Fertigungsmitteln. Schließlich besteht auch die Möglichkeit, durch gleic zeitige Bearbeitung mehrerer nebeneinanderliegender Werkstücke (Mehrfac bearbeitung) in einer Vorrichtung die Maschinengrundzeiten zu senken. Das gleic trifft zu, wenn Werkstücke hintereinanderliegend bearbeitet werden (Reihe bearbeitung).

Werden in der Fertigung beim Einsatz universeller Fertigungsmittel Facha beiter benötigt, so sind beim Arbeiten mit speziellen Fertigungsmitteln Arbei kräfte niederer Lohnstufen einsetzbar.

Durch die Senkung der Hilfszeiten wird in manchen Fällen die Mehrmaschine bedienung ermöglicht.

Schließlich kann durch Vorrichtungen körperlich schwere Arbeit erleichte werden.

Betrachtet man die bisher angeführten Gesichtspunkte, so kann zusammengefa werden:

Vorrichtungen haben den Zweck, den Austauschbau zu sichern und die Dur führung der Arbeitsgänge bzw. Arbeitsstufen wirtschaftlich zu gestalten und erleichtern.

2. Einteilung

Neben der Sicherung des Austauschbaus ist also mit Hilfe von Vorrichtungen ne Steigerung der Arbeitsproduktivität möglich.

.2. Einteilung

ı der Tafel 1.2.1 ist die Gliederung der Fertigungsmittel dargestellt. Danach ıterscheiden wir bei den Vorrichtungen Werkstückspanner, Werkzeugspanner ıd Einrichtungen zur Werkstückbewegung.

ıfel 1.2.1. Gliederung der Fertigungsmittel

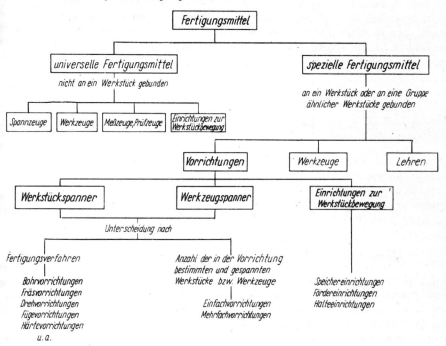

.1. Werkstückspanner und Werkzeugspanner

rkstückspanner sind Vorrichtungen, bei denen das Werkstück in eine bestimmte ;e gebracht und während der Bearbeitung in dieser Lage gehalten wird. *Werkzeugspanner* sind Vorrichtungen, bei denen das Werkzeug in eine bestimmte ;e gebracht und während der Bearbeitung in dieser Lage gehalten wird. In struktiver Hinsicht ergeben sich keine unterschiedlichen allgemeinen Getspunkte für diese Vorrichtungsarten.

ür die weitere Unterteilung der Werkstück- und Werkzeugspanner sind zwei ichtspunkte maßgebend. Einmal sind es die Fertigungsverfahren, bei denen Vorrichtungen zum Einsatz kommen, zum anderen ist es die Stückzahl der iner Vorrichtung aufgenommenen Werkstücke oder Werkzeuge.

Nach dem Fertigungsverfahren unterscheiden wir Bohr-, Fräs-, Schweiß
Härtevorrichtungen usw. Ebenso finden wir Werkzeugspanner für Bohr-, Fräs
Drehbearbeitung usw. In der Bezeichnung Bohrvorrichtung einerseits und Werk
zeugspanner für Bohrbearbeitung andererseits liegt eine begriffliche Inkonsequer
vor. Die Ursache hierfür ist entwicklungsbedingt. Ursprünglich wurden nur d
Werkstückspanner als Vorrichtungen bezeichnet. In der Umgangssprache d
Praxis ist das auch heute noch sehr oft der Fall. Anstelle des Fertigungsverfahre
kann auch der jeweilige festgelegte Oberbegriff eingeführt werden. So umfassen c
Fügevorrichtungen z. B. Schweißvorrichtungen, Lötvorrichtungen, Zusammenba
vorrichtungen u. a.

Die Bezeichnung der Vorrichtungen nach den Fertigungsverfahren ist sinnvo
weil, jede Art dieser Vorrichtungen spezifische Besonderheiten aufweist.

Ein zweites Gliederungsmerkmal für Werkstück- und Werkzeugspanner ist c
Anzahl der in einer Vorrichtung aufgenommenen Werkstücke bzw. Werkzeug
Im Bild 1.2.1 ist dieser Sachverhalt schematisch dargestellt. Es werden d
Werkstücke gleichzeitig in Mehrfachbearbeitung gefertigt. Die Maschinengrundz

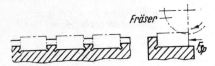

Bild 1.2.1. Mehrfachbearbeitung

entspricht der Zeit, die für die Bearbeitung eines Werkstücks benötigt wird.
diesem Fall spricht man von einer Mehrfachvorrichtung. Wird hingegen nur
Werkstück in einer Vorrichtung aufgenommen, so bezeichnet man sie als Einfa
vorrichtung. Das gleiche gilt sinngemäß auch für die Werkzeugspanner. So ist z.
der Mehrspindelbohrkopf ein Mehrfachwerkzeugspanner.

1.2.2. Einrichtungen für die Werkstückbewegung

Unter *Werkstückbewegung* verstehen wir alle mechanisierten, teilautomatisier
oder automatisierten Prozesse, die notwendig sind, um die Werkstücke
Bearbeitungsstelle zuzuführen, ihnen dort die erforderliche Lage zu geben und
von der Bearbeitungsstelle zu entfernen.

Alle Vorrichtungen, die notwendig sind, um diese Prozesse durchzufüh
werden als Einrichtungen für die Werkstückbewegung bezeichnet.

Gegenüber den Werkstück- und Werkzeugspannern unterscheiden sich die I
richtungen zur Werkstückbewegung durch gewisse Steuerungsfunktionen. Währ
bei den Werkstückspannern und Werkzeugspannern die Werkstücke bzw. W
zeuge von Hand eingelegt werden, wird diese Aufgabe von den Einrichtur
zur Werkstückbewegung selbsttätig ausgeführt. Da sich ihr Aufbau wesent
von dem anderer Vorrichtungsarten unterscheidet, werden sie getrennt behan
(s. Abschn. 4.).

1.2.3. Speziallehren

Die Speziallehren gehören nach der Gliederung der Fertigungsmittel (s. Tafel 1
nicht zu den Vorrichtungen. Andererseits weisen die Speziallehren viele Ger
samkeiten mit den Vorrichtungen auf. So wird in vielen Speziallehren das Werks

in eine bestimmte Lage gebracht und während des Prüfvorgangs in dieser Lage gehalten. Der Unterschied zwischen den Vorrichtungen und den Speziallehren liegt im Verwendungszweck. Beim Einsatz von Vorrichtungen kommen Fertigungsverfahren zur Anwendung, die die Form des Werkstücks oder Eigenschaften des Werkstoffs (Härtevorrichtung) verändern. Das Werkzeug nimmt aktiv am Fertigungsprozeß teil, die Vorrichtung hat eine passive Rolle. Beim Einsatz von Speziallehren werden keine Fertigungsverfahren, sondern Prüfverfahren angewendet. Das Werkstück erfährt keine Formänderung oder stoffliche Eigenschaftsveränderung. Mit Hilfe der Speziallehre wird die Information „gut" oder „Ausschuß" gewonnen.

1.3. Allgemeiner Aufbau einer Vorrichtung

In den Bildern 1.3.1 und 1.3.2 sind eine Fräsvorrichtung und eine Schweißvorrichtung dargestellt. Beide Bilder zeigen den grundsätzlichen Aufbau der Werk-

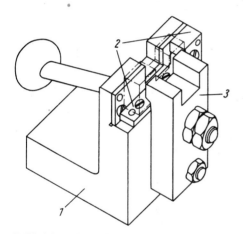

Bild 1.3.1. Grundsätzlicher Aufbau von Vorrichtungen (Fräsvorrichtung) [1]

1 Grundkörper; *2* Bestimmelemente; *3* Spannelemente

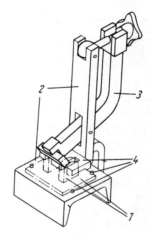

Bild 1.3.2. Grundsätzlicher Aufbau von Vorrichtungen (Schweißvorrichtung)[1]

1 Werkstück; *2* Grundkörper; *3* Spannelemente; *4* Bestimmelemente

stückspanner. Zum Vergleich können auch die Bilder aus Abschn. 3.5. herangezogen werden.
Man erkennt:
1. Vorrichtungselemente, die die Lage des Werkstücks bestimmen
2. Vorrichtungsbauteile, die das Werkstück spannen
3. den Grundkörper

Das gleiche gilt sinngemäß auch für die Werkzeugspanner.
Bei allen Vorrichtungen mit Ausnahme der sog. Bohrschablonen (Bild 1.3.3) kann man diese Einteilung finden. Für alle Schablonen ist charakteristisch, daß sie keine eigenen Spannelemente haben. Die Spannkraft übt der Bedienende von Hand aus, oder sie wird durch Schraubzwingen aufgebracht.
Neben den allgemeinen Bauteilen sind bei vielen Vorrichtungen noch spezielle Bauelemente zu finden, z. B. bei den Bohrvorrichtungen die Bohrbuchsen (Werk-

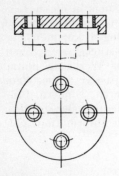

Bild 1.3.3. Bohrschablone

zeugführungen). Fräsvorrichtungen haben Nutensteine, um die Vorrichtung schnell in der erforderlichen Lage auf dem Werkzeugmaschinentisch anzuordnen. Teilvorrichtungen enthalten Teilungsträger und Feststellelemente. Alle diese Bauteile oder Bauteilgruppen erfüllen eine Funktion, die nur bei bestimmten Vorrichtungen oder einer bestimmten Vorrichtungsart zutrifft. Typisch sind sie also nur für Sonderfälle.

1.4. Arbeitsschutz und Vorrichtung

Gegenwärtig gibt es noch keine besonderen Arbeitsschutzanordnungen für den Umgang mit Vorrichtungen. Dennoch sind schon bei der Konstruktion einer Vorrichtung Gesichtspunkte des Arbeitsschutzes zu beachten.

Aus Platz- und Steifigkeitsgründen wird eine gedrängte Bauweise angestrebt. Dadurch wird der Platz für die bedienende Hand manchmal unzulässig stark eingeschränkt, so daß Hand- bzw. Fingerverletzungen eintreten können. Bedienelemente dürfen beim Bedienen der Vorrichtung nicht in die Nähe des laufenden Werkzeugs gelangen.

Schweiß- und Lötvorrichtungen können durch die starke Erwärmung zu Verbrennungen der Hände des Bedienenden führen. Insbesondere sind es die Bedienelemente, die ggf. wärmeisoliert werden müssen. Auf einen guten Luftzutritt zu allen Vorrichtungsteilen ist zu achten. Dadurch wird die Wärme der Vorrichtung besser abgeführt und nicht gestaut.

Ständiger Kontakt der Hände des Bedienenden mit Kühlflüssigkeit kann zu Hauterkrankungen führen. Die Bedienelemente sind deshalb so anzuordnen, daß sie nicht von der Kühlflüssigkeit überspült werden. Andererseits dürfen aber auch die Bedienelemente nicht über den Werkzeugmaschinentisch hinausragen, um Stoßverletzungen zu vermeiden.

Die während der Zerspanung anfallenden Späne müssen so abgeleitet werden, daß sie keine Gefahr für den Arbeiter darstellen (Augenverletzungen!).

Schließlich ist zu beachten, daß bei schnell rotierenden und bei schnellen translatorischen Bewegungen, die die Vorrichtung ausführt, zu Bruch gegangene Vorrichtungsteile weggeschleudert werden. Es sind erforderlichenfalls Auffanggitter anzubringen.

1.5. Wiederholungsfragen

1. Was versteht man unter universellen und speziellen Fertigungsmitteln?
2. Der Begriff der Vorrichtung ist anhand der Bilder 1.3.1 und 1.3.2 zu erläutern!
3. Wodurch unterscheiden sich die Vorrichtungen zur Werkstückbewegung von allen anderen Vorrichtungen?
4. Ein typischer Mehrfachwerkzeugspanner ist zu benennen und die Auswahl entsprechend zu begründen!
5. Weshalb dürfen die Speziallehren nicht dem Oberbegriff Vorrichtungen untergeordnet werden?
6. Welchen Zweck muß jede Vorrichtung erfüllen?
7. Anhand der Bilder im Abschn. 3. ist der allgemeine Aufbau der Vorrichtung nachzuweisen, und die auftretenden speziellen Vorrichtungselemente sind zu erläutern!
8. Welche Unfallverhütungsmaßnahmen sind bei der Konstruktion von Vorrichtungen hinsichtlich ihrer Bedienung zu beachten?

2. GRUNDLAGEN

2.1. Bestimmen

2.1.1. Begriff und Zweck

Bestimmen ist das Einordnen des Werkstücks oder Werkzeugs (Werkzeugspanner) in eine für die Durchführung der Arbeitsverrichtung erforderliche Lage. Dem Werkstück müssen dabei so viele Freiheitsgrade entzogen werden, daß das zu fertigende Maß eingehalten wird. Das Ergebnis des Arbeitsgangs oder der Arbeitsstufe muß stets innerhalb der geforderten Toleranzgrenze liegen. Durch entsprechend ausgebildete Bestimmelemente der Vorrichtung sind diese Forderungen zu erfüllen.

Im wesentlichen wird durch das Bestimmen die geforderte Qualität am Werkstück erreicht. Außerdem ist der Konstrukteur bemüht, die Bestimmelemente der Vorrichtung so zu gestalten, daß das Beschicken der Vorrichtung mit Werkstücken oder Werkzeugen schnell, sicher und ohne großen Kraftaufwand ausgeführt werden kann. Schon bei der Ausbildung der Bestimmelemente wird die Wirtschaftlichkeit des Einsatzes der Vorrichtung beeinflußt. Natürlich sind hierfür auch noch Gestaltungsgesichtspunkte der anderen Vorrichtungsteile maßgebend.

Da die Werkstücke die mannigfaltigsten Formen und Oberflächenbeschaffenheiten aufweisen, andererseits bei den unterschiedlichen Werkstücken auch verschiedene Qualitätsanforderungen an das Ergebnis des Arbeitsgangs oder der Arbeitsstufe gestellt werden, gilt es, für das Bestimmen allgemeine ordnende Gesichtspunkte zu finden. Zu diesem Zweck werden zunächst einige Begriffe festgelegt.

2.1.2. Bezugsebene, Bestimmebene, Bestimmflächen

Die Bezugsebene ist durch die Maßeintragung am Werkstück festgelegt. Jedes Maß stellt einen Abstand oder einen Winkel zwischen der Bezugsebene und der herzustellenden Einzelheit am Werkstück dar.

Somit ist die Bezugsebene funktionsbedingt. Sie ist nur an das Werkstück gebunden.

Unter der *Bestimmebene* ist die Ebene zu verstehen, in der die Bestimmung des Werkstücks oder Werkzeugs in der Vorrichtung tatsächlich vorgenommen wird. Die Bestimmebene ist fertigungsbedingt. Ihre Lage hängt vom Werkstück und vom Bestimmelement der Vorrichtung, in vielen Fällen auch von der Arbeitsgangfolge ab. Durch das Zusammenwirken der Bestimmflächen des Werkstücks und der Vorrichtung entsteht die Bestimmebene.

Die *Bestimmflächen* sind die am Werkstück bzw. an den Bestimmelementen vorliegenden Anlage- bzw. Auflageflächen (Kontaktflächen). Die Form der Be-

2.1. Bestimmen

stimmflächen am Werkstück ist dem Vorrichtungskonstrukteur vorgegeben, die Form der Bestimmflächen am Bestimmelement hat er selbst festzulegen. Er muß sich dabei von der vom Werkstück geforderten Qualität und dem dafür erforderlichen Minimalaufwand hinsichtlich der Ausführung der Bestimmflächen leiten lassen. Außerdem sind die Gesichtspunkte des Einlegens und Herausnehmens der Werkstücke, des Späneflusses und des Kühlmittelzutritts zu berücksichtigen.

An den folgenden Beispielen wird der Unterschied zwischen den angeführten Begriffen erläutert:

1. Im Bild 2.1.1 ist für den Arbeitsgang Bohren die Bezugsebene durch die Bohrungsabstände a und b festgelegt. Hier fällt die Bestimmebene mit der Bezugsebene zusammen, weil die Bestimmfläche des Werkstücks in der Bezugsebene liegt. Anders liegen die Zusammenhänge dagegen im Werkstück des Bildes 2.1.2.

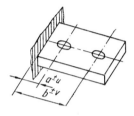

Bild 2.1.1. Bezugsebene
für den Arbeitsgang Bohren

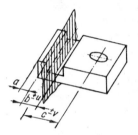

Bild 2.1.2. Bezugsebene
für den Arbeitsgang Bohren

Für den Arbeitsgang Bohren ist die Bezugsebene durch den tolerierten Bohrungsabstand $c^{\pm v}$ bestimmt. In der Bezugsebene liegt die Mittellinie der Nut. Legt man nun als Bestimmebene die gleiche Ebene fest, so liegt keine Bestimmfläche des Werkstücks in dieser Ebene. Damit wird der Vorrichtungskonstrukteur gezwungen, die senkrechtliegenden Seitenflächen der Nut als Bestimmflächen des Werkstücks zu wählen. Bei verschiedenen Werkstücken ist aber der Abstand $b^{\pm u}$ verschieden groß. Die Bestimmflächen der Vorrichtung müssen deshalb die Unterschiede im Abstand der Bestimmflächen des Werkstücks ausgleichen. Außerdem muß jedes Werkstück trotz der Verschiedenheit im Bestimmflächenabstand auf die Bezugsebene (Nutmitte) eingemittet werden. Damit ergibt sich eine komplizierte Bestimmung. Komplizierte Bestimmungen sind teuer und außerdem anfällig gegen Störungen, da meist mit beweglichen Bestimmelementen gearbeitet werden muß. Wählt man dagegen eine andere Lage der Bestimmebene, so entsteht im Maß $c^{\pm v}$ ein Fehler. Wird z. B. die Bestimmebene so gelegt, daß die linke Stirnfläche des Werkstücks in ihr liegt, so ist diese Stirnfläche die Bestimmfläche. Zwischen der Bezugsebene (Nutmitte) und der so festgelegten Bestimmfläche treten bei den verschiedenen Werkstücken Abstandsabweichungen auf. Diese Abstandsabweichungen zeigen sich am fertigen Werkstück als Fehler im Maß $c^{\pm v}$. Es werden also Toleranzrechnungen nötig, um die Bestimmfläche des Werkstücks festlegen zu können (Beispiele s. Abschn. 2.1.5.4.).

2. Es können auch die Bestimmflächen des Werkstücks und der Vorrichtung verschieden ausgeführt sein. Ein zylindrisches Werkstück (Bild 2.1.3a) ist mit einer Bohrung quer zur Mittelachse zu versehen. Der Abstand der Bohrung a von der

hinteren Stirnfläche legt die Bezugsebene fest. Eine weitere Bezugsebene stellt die Mittelebene des zylindrischen Werkstücks dar. Nur diese Bezugsebene wird im folgenden betrachtet.

Im Bild 2.1.3b ist das auf diese Mittellinie bestimmte Werkstück dargestellt. Die Bezugsebene und die Bestimmebene sind theoretisch identisch. Die Bestimmfläche des Werkstücks ist die Mantelfläche, also eine gekrümmte Oberfläche, die

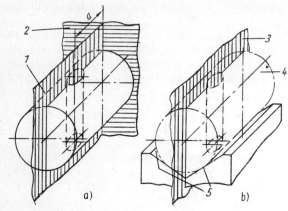

Bild 2.1.3. Auf Mittelebene bestimmtes Werkstück

a) Bezugsebenen; b) Bestimmebene und Bestimmflächen

1 Bezugsebene entspricht der Mittelebene des Werkstücks; *2* Bezugsebene für Bohrungsabstand *a*; *3* Bestimmebene (identisch mit Bezugsebene); *4* Bestimmfläche des Werkstücks; *5* Bestimmflächen der Vorrichtung

Vorrichtungsbestimmflächen hingegen sind eben. Durch die Gestaltung der Vorrichtungsbestimmflächen in Form eines Prismas werden Bestimmebene und Bezugsebene theoretisch fehlerlos zur Deckung gebracht, obwohl die Bestimmflächen weder in der Bezugsebene noch in der Bestimmebene liegen.

Aus den Beispielen ergibt sich:

Wird durch zweckentsprechende Wahl und Ausbildung der Bestimmflächen am Werkstück und an der Vorrichtung die Bestimmebene mit der Bezugsebene fehlerlos zur Deckung gebracht, so tritt theoretisch kein Fehler im herzustellenden Maß am Werkstück auf.

Es muß aber schon an dieser Stelle vermerkt werden, daß Bezugsebene und Bestimmebene geometrisch eindeutige Ebenen darstellen, während die Bestimmflächen aufgrund von Fertigungsfehlern von den geometrisch exakten Formen stets abweichen. Somit wird es praktisch nie möglich sein, Bestimmebene und Bezugsebene fehlerfrei zur Deckung zu bringen.

2.1.3. Anzahl der Bestimmebenen

Ein Körper, der sich frei im Raum bewegt, hat sechs Freiheitsgrade. Das Bild 2.1.4 zeigt einen Quader, der zu einem dreiachsigen Koordinatensystem in Verbindung gebracht ist. Dieser Körper kann drei Bewegungen der Rotation um jede Achse und drei Bewegungen der Translation in Richtung der jeweiligen Achse durchführen.

Wird eine Ebene zwischen zwei beliebigen Achsen aufgespannt, z. B. x- und z-Achse, so entzieht diese dem Körper drei Freiheitsgrade. Die drei verbliebenen Freiheitsgrade (Bild 2.1.5a) sind in z- und x-Richtung je eine Translation und eine Rotation um die y-Achse. Eine zweite Ebene entzieht zwei weitere Freiheitsgrade.

2.1. Bestimmen

Im Bild 2.1.5b ist die Verschiebung in x-Richtung der noch verbliebene Freiheitsgrad. Schließlich zeigt Bild 2.1.5c, daß bei Aufspannung einer dritten Ebene (zwischen y- und z-Achse) dem Körper alle Freiheitsgrade entzogen werden.

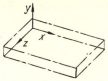

Bild 2.1.4. Quader mit Bezugssystem

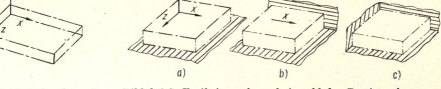

Bild 2.1.5. Freiheitsgrade und Anzahl der Bestimmebenen
a) eine Ebene, drei Freiheitsgrade b) zwei Ebenen, ein Freiheitsgrad
c) drei Ebenen, kein Freiheitsgrad

Wird ein Werkstück bestimmt, so ist es nicht erforderlich, in jedem Fall alle Freiheitsgrade zu entziehen, also drei Bestimmebenen festzulegen. Wird z. B. nur die Oberfläche eines Rechtkants überfräst (Bild 2.1.6a), also der Abstand a gefertigt, so ist nur eine Bestimmebene erforderlich. Dagegen werden beim Werkstück des Bildes 2.1.6b zwei Bestimmebenen und bei dem des Bildes 2.1.6c drei Bestimmebenen notwendig.

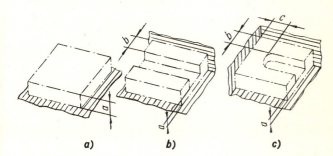

Bild 2.1.6. Notwendige Bestimmebenen

a) eine Ebene, Maß a
b) zwei Ebenen, Maß a und b
c) drei Ebenen, Maß a, b und c

Allgemein kann festgestellt werden:
Die Anzahl der Bestimmebenen entspricht der Anzahl der Bezugsebenen. Man unterscheidet die Bestimmung nach ein, zwei und drei Bestimmebenen.

2.1.4. Überbestimmen

Eine Überbestimmung liegt dann vor, wenn hinsichtlich einer Bezugsebene in einer Richtung mehr als eine Bestimmebene auftritt.

Die Überbestimmung wird stets durch falsch angeordnete oder falsch ausgeführte Bestimmflächen der Vorrichtung verursacht.

Als Beispiel ist im Bild 2.1.7 ein Werkstück dargestellt, bei dem die Maße a und b die Bezugsebenen der oberen Freisparung festlegen. Es sind dies die Ebenen, in denen die linke Stirnfläche und die unterste Grundfläche liegen. Damit sind zunächst die Bezugsebenen auch als Lage der Bestimmebene zu wählen. Der Restquerschnitt mit der Dicke $b - c$ ist wenig steif. Eine starre Abstützung würde eine weitere Bestimmebene (gestrichelt dargestellt) ergeben. Da das Werkstückmaß c

bei verschiedenen Werkstücken unterschiedlich, der Abstand der Bestimmflächen in der Vorrichtung aber konstant ist, wird keine eindeutige Bestimmung gewährleistet.

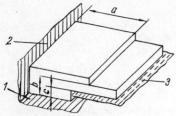

Bild 2.1.7. *Überbestimmen für Maß b*
1 Bestimmebene identisch mit Bezugsebene für Maß b; *2* Bestimmebene identisch mit Bezugsebene für Maß a; *3* überflüssige Bestimmebene

Für das im Bild 2.1.8 gezeigte Werkstück wird gefordert, daß die Nutmitte und die gemeinsame Mittellinie der Bohrungen in einer Bezugsebene liegen. Damit ist die Mittelebene in Längsachse der Nut gleichzeitig Bestimmebene. Um die Nut zu fräsen, wird zweckmäßig nach den Bohrungen bestimmt. Sobald zwei Bolzen, deren Mantelfläche dann Bestimmflächen der Vorrichtung darstellen, benutzt werden, liegt eine Überbestimmung vor. Es treten die beiden Bestimmebenen, wie in der Zeichnung dargestellt, auf. Bei richtiger Lösung der Aufgabe darf nur eine Bestimmebene, die Bezugsebene in Längsrichtung des Werkstücks, gewählt werden.

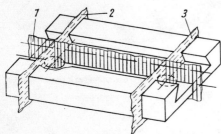

Bild 2.1.8. *Überbestimmen*
1 Bestimmebene identisch mit Bezugsebene für Nutmitte; *2, 3* überflüssige Bestimmebenen

2.1.5. Gestaltung der Vorrichtungsbestimmflächen

Für die Gestaltung der Vorrichtungsbestimmflächen (Bestimmflächen am Bestimmelement) ergeben sich prinzipielle Gesichtspunkte aus der Lage der Bestimmebene zur Bezugsebene und aus den geometrischen Formen der Werkstückbestimmflächen.

Die Lage der Bestimmebene zur Bezugsebene wird durch die Wahl der Werkstückbestimmflächen und durch die Gestaltung der Vorrichtungsbestimmflächen festgelegt.

2.1.5.1. *Geometrische Formen der Werkstückbestimmflächen*

Um mit wenigen allgemeingültigen Konstruktionsrichtlinien das Bestimmen der unendlichen Vielfalt der Werkstückformen zu beherrschen, müssen für die Werkstückbestimmflächen die am häufigsten auftretenden Formen betrachtet werden.

2.1. Bestimmen

Allgemein werden ebene Flächen, eben gekrümmte Flächen und räumlich gekrümmte Flächen unterschieden.

Ein fehlerfreies Bestimmen nach räumlich gekrümmten Werkstückbestimmflächen ist sehr aufwendig und sollte vermieden werden. Wenn eine räumlich gekrümmte Werkstückfläche funktionsbedingt ist, ist sie als letzte zu fertigen. Dadurch ist es nicht erforderlich, nach ihr zu bestimmen.

Der wichtigste Sonderfall der eben gekrümmten Flächen sind die zylindrischen Flächen. Somit kann das Bestimmen nach ebenen, zylindrischen und anderen eben gekrümmten Werkstückbestimmflächen unterschieden werden.

Neben der geometrischen Form der Werkstückbestimmflächen ist ihre Oberflächenbeschaffenheit von Bedeutung. Geschlichtete oder gar feingeschlichtete Werkstückbestimmflächen liegen auf oder an einer Vorrichtungsbestimmfläche eindeutig an. Schmiedestücke und Gußstücke dagegen haben eine rauhe Oberfläche und sind daher schwieriger zu bestimmen.

2.1.5.2. Ebene Werkstückbestimmflächen

Das Bestimmen nach drei senkrecht aufeinander stehenden Bezugsebenen (Bild 2.1.9) stellt den allgemeinen Fall dar. Die Bezugsebenen liegen durch die Maße d, e und f fest und können toleriert (Beispiel) oder nichttoleriert sein.

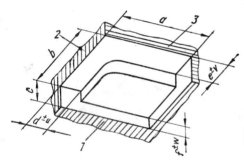

Bild 2.1.9. *Festlegung der Bezugsebenen*

1 erste Bezugsebene; *2* dritte Bezugsebene; *3* zweite Bezugsebene

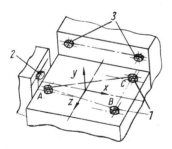

Bild 2.1.10. *Aufgliederung der Bestimmflächen der Vorrichtung in Bestimmpunkte*

1 erste Bestimmebene; *2* dritte Bestimmebene; *3* zweite Bestimmebene

Als erste Bestimmebene wird im allgemeinen die Ebene gewählt, die die Fläche mit den größten Abmessungen enthält. Die Vorrichtungsbestimmfläche wird in drei Bestimmpunkte aufgegliedert (Bild 2.1.10). Dadurch werden dem Werkstück drei Freiheitsgrade entzogen (Translation in y-Richtung, Rotationen um die x- bzw. z-Achse). In zwei Bestimmpunkte wird die Vorrichtungsbestimmfläche aufgegliedert, an der die nächstkleinere Werkstückbestimmfläche zur Anlage kommt. Diese beiden Bestimmpunkte unterbinden die Translation in z-Richtung und die Rotation um die y-Achse. Damit sind zwei weitere Freiheitsgrade gebunden. Der letzte Freiheitsgrad schließlich, die Verschiebung in x-Richtung, wird durch einen Bestimmpunkt entzogen. Dieser Bestimmpunkt bildet die dritte Bestimmebene. In ihr liegt die Werkstückbestimmfläche mit den kleinsten Abmessungen.

Bestimmungen nach ein oder zwei Bezugsebenen stellen Sonderfälle der Bestimmung nach drei Bezugsebenen dar. Dabei ergeben sich keine prinzipiell neuen Gesichtspunkte.

Um die entsprechenden Freiheitsgrade zu entziehen, ist die dargestellte Aufgliederung der Vorrichtungsbestimmflächen (s. Bild 2.1.10) eindeutig. Aufgrund der Werkstücksteifigkeit und der Oberflächenbeschaffenheit der Werkstückbestimmfläche muß jedoch in manchen Fällen von dieser eindeutigen Ausbildung der Vorrichtungsbestimmflächen abgewichen werden. Ist z. B. das Maß $f^{\pm w}$ (s. Bild 2.1.9) klein, so wird das Werkstück während der Bearbeitung durchgebogen, da es nur in drei Punkten aufliegt. Unter Umständen ist eine plastische Verformung, in jedem Fall aber ein zu großes Maß $f^{\pm w}$ die Folge. Treten außerdem Zerspanungs- oder Spannkräfte außerhalb des durch die Bestimmpunkte gebildeten Dreiecks ABC auf, so ist selbst die Lage eines sehr steifen Werkstücks labil. Ist andererseits die Oberfläche der Werkstückbestimmfläche uneben (Gußhaut, Walzhaut u. ä.), so muß die Bestimmung in drei Punkten erfolgen.

Damit wird es notwendig, die Werkstückbedingungen, *steife und wenig steife Werkstücke, bearbeitete und nichtbearbeitete Werkstückbestimmflächen*, und den Ort oder die Orte des Kraftangriffs, also die Kraftangriffsbedingungen, zu berücksichtigen. Von Bedeutung sind nur die Kräfte oder Kraftkomponenten, die senkrecht auf der jeweiligen Bestimmebene stehen.

Im weiteren genügt es, nur eine Bestimmebene zu betrachten, da die gewonnenen Erkenntnisse sinngemäß auch auf das Bestimmen in den anderen Ebenen anzuwenden sind.

Bei wenig steifen Werkstücken und über der Bestimmebene verteiltem Kraftangriff ist man gezwungen, das Werkstück auf einer vollen Vorrichtungsbestimmfläche (Bild 2.1.11) aufzulegen. Solche Bestimmflächen werden oft mit Schmutz-

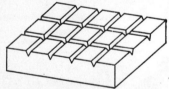

Bild 2.1.11. Bestimmfläche der Vorrichtung für wenig steife Werkstücke

rillen versehen, um sie leichter säubern zu können. Die Anordnung von Schmutzrillen ist jedoch umstritten, denn sie halten die Späne hartnäckig fest. Beim Einlegen des Werkstücks zum Bestimmen gelangen die Späne dann leicht zwischen beide Bestimmflächen. Die Folge ist kein einwandfrei bestimmtes Werkstück. Außerdem kann die Werkstückbestimmfläche durch Späne sehr leicht beschädigt werden. Deshalb sollten zumindest kleine Bestimmflächen glatt ausgeführt werden.

Zwischen den beiden Extremen, glatte Vorrichtungsbestimmfläche einerseits und in drei Punkte aufgegliederte Bestimmfläche der Vorrichtung andererseits, liegen alle irgendwie anders ausgeführten Vorrichtungsbestimmflächen. So werden zur

2.1. Bestimmen

besseren Abstützung der Werkstücke Vorrichtungsbestimmflächen in vier Punkte oder in Bestimmleisten, die gerade oder schräg angeordnet werden, aufgegliedert.

Große Schwierigkeiten bereiten wenig steife Werkstücke mit nichtbearbeiteter Werkstückbestimmfläche für die Gestaltung der Vorrichtungsbestimmfläche. Bei nichtbearbeiteter Werkstückbestimmfläche muß die Vorrichtungsbestimmfläche in drei Punkte aufgegliedert werden. Bei Vierpunktauflage z. B. würde ein solches Werkstück wackeln. Damit das Werkstück durch die Spann- und Zerspanungskräfte nicht deformiert wird, ist es in den Kraftangriffspunkten zu unterstützen.

Im Bild 2.1.12 ist ein federnder Stützbolzen dargestellt. Er muß, nachdem das Werkstück gespannt ist, ebenfalls gespannt werden, damit er während der Bearbeitung eine starre Stütze ergibt. Durch solche Stützen wird eine Vorrichtung teuer und die Hilfszeit für das Einlegen und Spannen des Werkstücks größer.

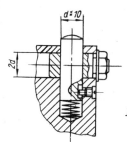

Bild 2.1.12. Stützbolzen [1]

Tafel 2.1.1. *Einfluß der Werkstück- und Kraftbedingungen auf die Vorrichtungsbestimmfläche*

Werkstück	Werkstückbedingung Werkstückbestimmfläche	Kraftbedingung
steif	bearbeitet	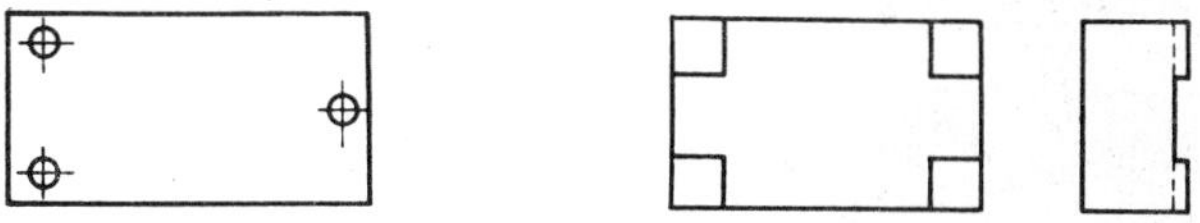
	nicht bearbeitet	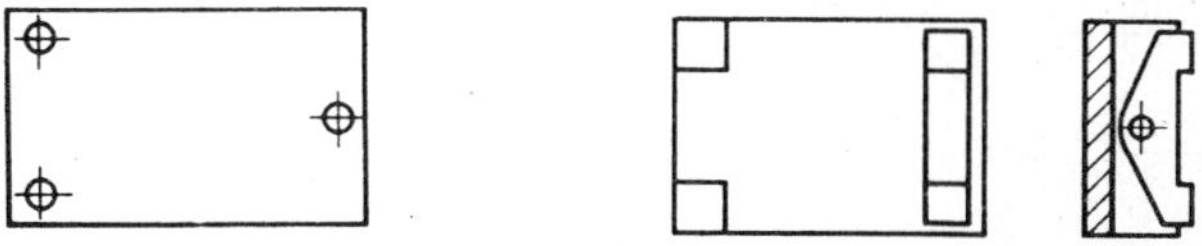
wenig steif	bearbeitet	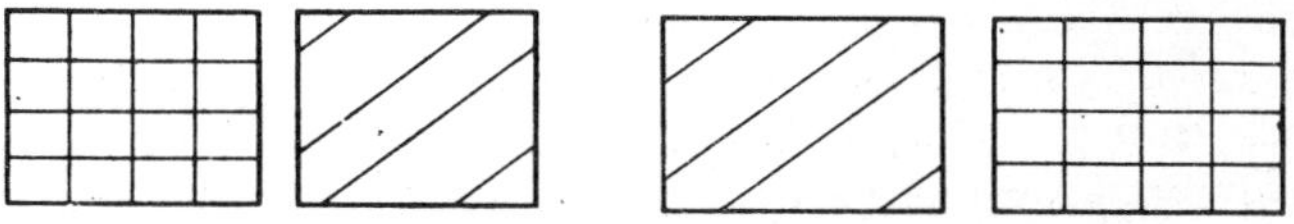
	nicht bearbeitet	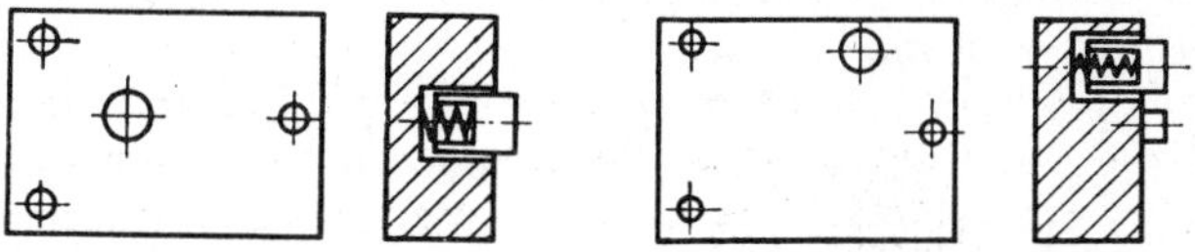

Für die verschiedenen Werkstück- und Kraftbedingungen sind in der Tafel 2.1.1 die jeweils zweckmäßig gestalteten Vorrichtungsbestimmflächen dargestellt. Die Flächen der Auflagepunkte müssen so groß sein, daß sie keine Markierungen an der Werkstückbestimmfläche hervorrufen. Die in der Tafel dargestellte Wippe für steife Werkstücke bei nichtbearbeiteter Werkstückbestimmfläche und einer außerhalb des Dreiecks ABC angreifenden Kraft ist ebenfalls wie ein federnder Stützbolzen festzuklemmen, nachdem das Werkstück gespannt ist.

2.1.5.3. *Zylindrische Werkstückbestimmflächen*

Es ist wieder das Bestimmen nach ein, zwei und drei Bezugsebenen zu unterscheiden.

Im Bild 2.1.13a ist ein Werkstück dargestellt, das für den Arbeitsgang Fräsen nach einer Ebene zu bestimmen ist. Die Bezugsebene ist durch das Maß a gegeben. In der Bezugsebene liegt eine Mantellinie der zylindrischen Oberfläche des Werkstücks. Zur Bestimmung des Werkstücks in der Vorrichtung (Bild 2.1.13b) wird die Vorrichtungsbestimmfläche aus zwei senkrecht aufeinander stehenden Flächen

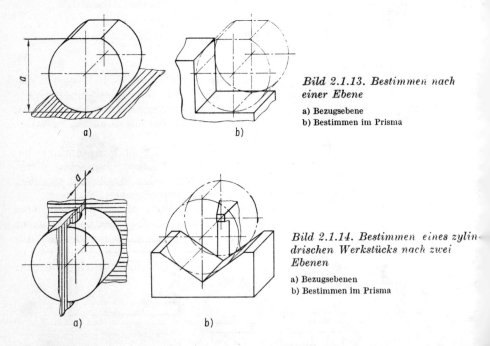

Bild 2.1.13. *Bestimmen nach einer Ebene*
a) Bezugsebene
b) Bestimmen im Prisma

Bild 2.1.14. *Bestimmen eines zylindrischen Werkstücks nach zwei Ebenen*
a) Bezugsebenen
b) Bestimmen im Prisma

(Prisma) gebildet. Dadurch liegt die Werkstückbestimmfläche (Mantel des Zylinders) mit zwei Mantellinien an. Die untere Mantellinie liegt in der Bestimmebene und gleichzeitig in der Bezugsebene. Bestimmebene und Bezugsebene decken sich, so daß ein fehlerfreies Bestimmen in bezug auf das Maß a gesichert ist.

Für das Bestimmen nach einer Mittelebene (Bild 2.1.14a und b) wird ebenfalls die Vorrichtungsbestimmfläche als Prisma ausgeführt. Die zweite Bezugsebene (sie enthält die Stirnfläche als Werkstückbestimmfläche) kommt mit der Bestimmebene fehlerlos zur Deckung, wenn die Vorrichtungsbestimmfläche durch einen Punkt

2.1. Bestimmen

gebildet wird. Es wird dabei zunächst noch vorausgesetzt, daß der Winkel zwischen einer Mantellinie und der einer Durchmesserlinie in der Stirnfläche ein rechter ist.

Weit schwieriger ist das Bestimmen nach der Spur von zwei senkrecht aufeinander stehenden Mittelebenen durchzuführen. Ein einfaches Prisma scheidet als Lösung aus, weil mit ihm nur nach einer Mittelebene fehlerfrei bestimmt werden kann. Die exakteste Bestimmung nach zwei Mittelebenen ist mit dem Spannzangenprinzip möglich. Die Werkstückbestimmfläche (Zylindermantel) wird von der Vorrichtungsbestimmfläche (innerer Zylindermantel einer Kegelhülse) umschlossen. Das Prinzip ist im Bild 2.1.15b für das Werkstück nach Bild 2.1.15a ge-

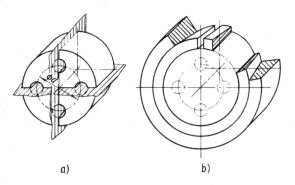

Bild 2.1.15. Bestimmen nach der Spur zweier Mittelebenen
a) Bezugsebenen
b) Spannzangenprinzip

zeigt. Durch die geschlitzte Kegelhülse werden die Durchmesserunterschiede der Werkstücke ausgeglichen. Die beiden Bezugsebenen kommen mit den jeweiligen Bestimmebenen zur Deckung, so daß eine fehlerfreie Bestimmung gewährleistet ist.

Das Werkstück nach Bild 2.1.16a kann nicht mit dem Spannzangenprinzip bestimmt werden, da der Fräser Zutritt zur Mantelfläche des zylindrischen Werkstücks haben muß. Prinzipiell besteht die Möglichkeit, das Werkstück zwischen Zentrierspitzen oder mit Hilfe eines Doppelprismas zu bestimmen.

Im Bild 2.1.16b wird das Bestimmen mit einem Doppelprisma gezeigt. Dabei wird die senkrechte Bezugsebene nur dann mit der zugehörigen Bestimmebene zur Deckung gebracht, wenn beide Prismen in jeder Stellung stets den gleichen Abstand von der senkrechten Bezugsebene des Werkstücks haben. Das wird nur möglich, wenn die Bewegung beider Prismen durch eine Kurvenscheibe, die sehr

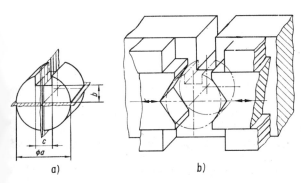

Bild 2.1.16. Bestimmen nach der Spur zweier Mittelebenen
a) Bezugsebenen
b) Doppelprisma

genau gearbeitet sein muß, formschlüssig gesteuert wird oder wenn zur Bewegung eine Gewindespindel, die praktisch ohne toten Gang arbeiten müßte, mit Links- und Rechtsgewinde verwendet wird. Alle Verschleißerscheinungen der Bewegungselemente wirken sich als Bestimmfehler aus. Das Bestimmen mit Hilfe von Körnerspitzen erscheint zunächst einfacher. Treten keine großen Kräfte auf, so ist es auch einfacher und vor allem billiger als das Bestimmen mit Doppelprismen. Bei großen Zerspanungskräften, insbesondere beim Fräsen, neigen zwischen Körnerspitzen bestimmte Werkstücke jedoch zum Rattern. Durch zusätzliche Abstützungen müssen diese Schwingungserscheinungen unterbunden werden. Dadurch wird eine solche Vorrichtung ebenfalls teuer, so daß sich das Prinzip des Doppelprismas besser eignet.

Sehr oft werden Werkstücke nach Bohrungen bestimmt. Im Bild 2.1.17a ist ein Werkstück dargestellt, bei dem für das Fräsen der Nut auf Grund der Maße a und b

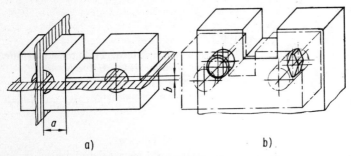

Bild 2.1.17. Bestimmen nach zwei Bohrungen

a) Bezugsebenen
b) Bestimmen mit zwei Bolzen

die Bezugsebenen die gezeichneten Mittelebenen der Bohrungen sind. Bestimmflächen des Werkstücks sind die Mantelflächen der Bohrungen. Als Vorrichtungsbestimmflächen dienen die Mantelflächen zweier Aufnahmebolzen. Dabei muß ein Aufnahmebolzen stets abgeflacht werden (Bild 2.1.17b), um ein Überbestimmen zu vermeiden. Werden beide Aufnahmebolzen voll ausgeführt, so sind zwei Bestimmebenen, in denen die senkrechten Mittellinien der Bestimmbolzen liegen, in einer Richtung vorhanden. Das gleiche Werkstück wird noch einmal im Bild 2.1.18

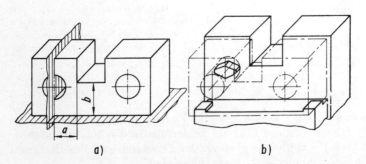

Bild 2.1.18. Bestimmen nach einer Ebene und einer Bohrungsmittelebene

a) Bezugsebenen
b) Ausführung der Vorrichtungsbestimmflächen

gezeigt. Durch das Maß b ist in diesem Fall eine andere Bezugsebene festgelegt. Die erforderliche Bestimmung ist im Bild 2.1.18b dargestellt. Der Aufnahmebolzen ist ebenfalls abgeflacht, um Überbestimmen zu vermeiden.

2.1.5.4. Einfluß der Toleranzen

Im Abschn. 2.1.2. war vermerkt, daß kein Fehler im herzustellenden Maß des Werkstücks auftritt, wenn die Bezugsebene mit der ihr zugeordneten Bestimmebene fehlerfrei zur Deckung gebracht wird. Diese Bedingung stellt den anzustrebenden Idealfall dar, der aber nur selten erreicht wird. Im allgemeinen werden Bezugsebene und Bestimmebene eine windschiefe Lage zueinander einnehmen. Dieser allgemeine Fall ist einer einfachen Rechnung nicht zugängig, weil er von Zufallsfaktoren abhängt. Wichtig ist es jedoch, die extremen Grenzfälle zu erfassen, um für jede beliebige Bestimmung den maximalen Fehler zahlenmäßig anzugeben. Zu diesem Zweck nimmt man an, daß alle auftretenden Fehler einen Parallelversatz zwischen der Bezugsebene und der ihr zugeordneten Bestimmebene verursachen. Mit diesem Parallelversatz erfaßt man die maximalen Fehler. Alle wirklich auftretenden Fehler liegen dann zwischen den beiden Extremlagen der Bestimmebene.

Verlagerungen der Bestimmebene gegenüber der fixen Bezugsebene werden sowohl vom Werkstück als auch vom Bestimmelement durch die jeweiligen Fertigungstoleranzen verursacht. Im wesentlichen bestehen folgende Fehlerursachen:

1. Maßabweichungen des Werkstücks innerhalb der Toleranz
2. Formabweichungen des Werkstücks innerhalb des Toleranzbereichs
3. Maßabweichungen im Abstand zwischen der Bezugs- und der ihr zugeordneten Bestimmebene, wenn die Bestimmebene aus Fertigungsgründen eine andere Lage als die Bezugsebene hat
4. Maß- und Formabweichungen des Bestimmelements

Um den Einfluß der Maß- und Formabweichungen des Bestimmelements im Werkstückfehler vernachlässigbar klein zu halten, gilt als Faustregel:
Die Toleranzen des Vorrichtungsbestimmelements sind mit 10% der Werkstücktoleranzen zu wählen.
Selbstverständlich bezieht sich diese Festlegung auf die Toleranzen des Werkstücks, mit denen die in der Bestimmung herzustellenden Maße toleriert sind.

Im folgenden werden die angeführten Einflüsse des Werkstücks auf den Fehler in dem zu fertigenden Maß anhand von Beispielen untersucht.

Für das im Bild 2.1.19a dargestellte Werkstück sind die sich ergebenden Fehler für den Arbeitsgang Bohren festzustellen. Die Maße $c^{\pm v}$ und $d^{\pm u}$ legen die Bezugsebenen eindeutig fest. Um richtig zu bestimmen, muß das Werkstück am Punkt C (Bild 2.1.19b), der sich auf der Mittellinie der Bohrung befindet, anliegen. Sobald der Winkel zwischen den beiden Werkstückbestimmflächen kein rechter ist, liegt das Werkstück im Punkt B an. Die geometrischen Verhältnisse der Anlage sind im gleichen Bild noch einmal vergrößert dargestellt. Das Maß f_d ist der Abstand zwischen der Bezugsebene (in ihr liegt der Punkt C) und der Bestimmebene, die den Punkt B enthält. Dieser Abstand f_d ist ein Fehler, der in das Maß $c^{\pm v}$ eingeht. Da jedoch die Toleranzen $(-x)$ und $(-y)$ sowie der Durchmesser d des Bestimmbolzens klein sind, ist dieser Fehler stets vernachlässigbar.

Ein Bestimmen des gleichen Werkstücks, wie es im Bild 2.1.19c bis e gezeigt wird, garantiert zwar eine stabile Lage, verursacht jedoch auch einen größeren

Fehler. Er entspricht dem Abstand zwischen der Bezugs- und Bestimmebene. Der maximale Fehler entsteht, wenn das Werkstück in bezug auf die Maße a^{-x} und b^{-y} auf einer Seite das Größtmaß, auf der anderen Seite das Kleinstmaß aufweist (Bild 2.1.19 c).

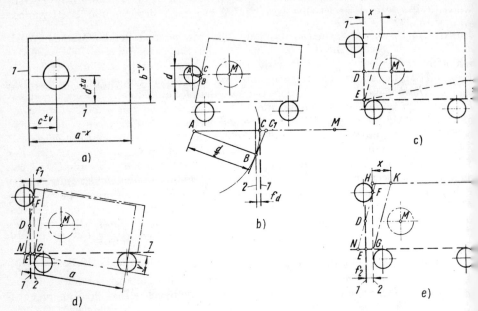

Bild 2.1.19. *Einfluß der Toleranzen auf die Fertigungsgüte bei prismatischen Werkstücken*

a) Werkstück
b) richtiges Bestimmen
c) falsches Bestimmen
d) Einfluß der Toleranz y
e) Einfluß der Toleranz x
1 Bezugsebene
2 Bestimmebene

Um den Fehler zu ermitteln, wird zunächst angenommen, daß nur das Maß b^- an einer Seite am Größtmaß und an der anderen Seite am Kleinstmaß liegt (Bild 2.1.19d). Für den Fehler f_1 gilt dann

$$f_1 = \overline{EG} = \overline{NG} - \overline{NE}.$$

Ferner verhält sich

$$\frac{a}{|y|} = \frac{\overline{FG}}{\overline{NG}} = \frac{\overline{DE}}{\overline{NE}},$$

und daraus ergibt sich

$$\overline{NG} = \overline{FG}\frac{|y|}{a}; \qquad \overline{NE} = \overline{DE}\frac{|y|}{a}.$$

2.1. Bestimmen

Schließlich wird

$$f_1 = \frac{|y|}{a}(\overline{FG} - \overline{DE}).$$

Nimmt man dagegen an, daß nur das Maß a^{-x} an der einen Seite das Größtmaß und an der anderen Seite das Kleinstmaß aufweist, so ergibt sich der im Bild 2.1.19e dargestellte Fall. Hier ist die Abweichung zwischen Bezugs- und Bestimmebene der Fehler f_2.

Diesen kann man aus dem Bild ablesen zu

$$f_2 = \overline{EG} = \overline{NG} - \overline{NE}.$$

Für die Strecken $\overline{NG}$ bzw. $\overline{NE}$ ergibt sich aufgrund der Ähnlichkeit der Dreiecke mit

$$\frac{b}{|x|} = \frac{\overline{FG}}{\overline{NG}} = \frac{\overline{DE}}{\overline{NE}}$$

$$f_2 = \frac{|x|}{b}(\overline{FG} - \overline{DE}).$$

Für den maximalen Fehler überlagern sich beide Einzelfehler, und es gilt

$$f_{\max} = f_1 + f_2 = \left(\frac{|y|}{a} + \frac{|x|}{b}\right)(\overline{FG} - \overline{DE}). \tag{2.1.1}$$

Gl. (2.1.1) beweist, daß der Fehler $f_{\max} = 0$ wird, wenn $\overline{FG} = \overline{DE}$ ist (s. Bild 2.1.19b).

Um die Größenordnung des Fehlers zu erkennen, werden für die Maße des Werkstücks folgende Größen angenommen:

$a^{-x} = 80^{-0,2}$ mm; $b^{-y} = 50^{-0,1}$ mm; $\overline{FG} = 48$ mm; $\overline{ED} = 20$ mm.

Die Maße $\overline{FG}$ und $\overline{ED}$ sind Vorrichtungsmaße und folglich unveränderlich. Für den Fehler $f_{\max}$ ergibt sich dann nach Gl. (2.1.1)

$$f_{\max} = \left(\frac{0,2}{80} + \frac{0,1}{50}\right)(48\text{ mm} - 20\text{ mm}) = 0{,}126\text{ mm} \approx 0{,}13\text{ mm}.$$

Nimmt man für den Bohrungsabstand $c^{\pm v}$ eine Toleranz von $\pm v = \pm 0{,}05$ mm an, so würde das berechnete Werkstück Ausschuß. Einschränkend muß jedoch erwähnt werden, daß für viele gleichartige Werkstücke, die in einer solchen Bestimmung gefertigt werden, relativ wenig Werkstücke dem ungünstigsten Fall, der der Gl. (2.1.1) zugrunde liegt, entsprechen. Es werden also nicht alle Werkstücke Ausschuß, sondern nur ein gewisser Prozentsatz.

Ein ähnlicher Fehler kann beim Bestimmen eines zylindrischen Werkstücks im Prisma auftreten, da es das Werkstück nur nach einer Mittelebene (in dieser liegt die Winkelhalbierende des Prismas) bestimmt.

Im Bild 2.1.20a ist ein Werkstück, einmal mit dem Kleinstdurchmesser und einmal mit dem Größtdurchmesser in einem Prisma liegend, gezeichnet. Wie das Bild zeigt, treten durch die Toleranz des Werkstücks ein Mittenversatz e und zwei Verschiebungen der Außenkonturen e_1 und e_2 auf. Für den Abstand der beiden Mittellinien folgt

$$e = \overline{MB} - \overline{mB}. \tag{2.1.2}$$

Für das Dreieck MAB gilt

$$\overline{MB} = \frac{\overline{MA}}{\sin(\alpha/2)} = \frac{D}{2\sin(\alpha/2)}. \tag{2.1.3}$$

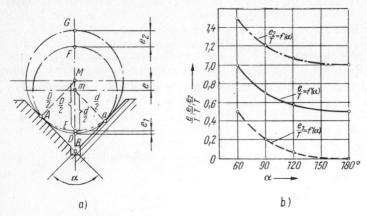

Bild 2.1.20. *Einfluß der Toleranzen auf die Fertigungsgüte bei zylindrischen Werkstücken*
a) Fehler beim Bestimmen im Prisma
b) Fehler als Funktion des Prismenwinkels

Aus dem Dreieck maB ergibt sich

$$\overline{mB} = \frac{\overline{ma}}{\sin(\alpha/2)} = \frac{d}{2\sin(\alpha/2)}. \qquad (2.1.4)$$

Für die Toleranz gilt

$$T = D - d. \qquad (2.1.5)$$

Die Kombination der Gln. (2.1.2) bis (2.1.5) ergibt

$$e = \frac{T}{2} \frac{1}{\sin(\alpha/2)}. \qquad (2.1.6)$$

Die Verschiebungen e_1 und e_2 werden auf ähnliche Weise gefunden. Es gilt

$$e_1 = e(1 - \sin\alpha/2) \qquad (2.1.7)$$

und

$$e_2 = e(1 + \sin\alpha/2). \qquad (2.1.8)$$

Tafel 2.1.2. *Abstand Bezugsebene–Bestimmebene als Funktion des Prismenwinkels*

Prismenwinkel α	$\dfrac{e}{T}$	$\dfrac{e_1}{T}$	$\dfrac{e_2}{T}$
60°	1	0,50	1,50
90°	0,7071	0,207	1,208
120°	0,5774	0,077	1,078
180°	0,50	0	1,00

Die Gln. (2.1.6) bis (2.1.8) sind Funktionen des Prismenwinkels α. Diese Funktionen sind im Bild 2.1.20b (s. hierzu Tafel 2.1.2) dargestellt. Wie das Diagramm zeigt, sind die Verschiebungen für einen Prismenwinkel von 120° relativ gering. Somit kann dieser Winkel als Optimum betrachtet werden. Bei sehr kleinen Werk-

2.1. Bestimmen

stückdurchmessern ist der Prismenwinkel jedoch kleiner zu wählen, damit das Werkstück sicher im Prisma aufgenommen wird.

Die Bilder 2.1.21 und 2.1.22 zeigen zwei Werkstücke, die in gleicher Weise bestimmt sind. Die Bezugs- und Bestimmebenen in senkrechter Richtung sind identisch. Die jeweils waagerechte Bezugsebene ist durch die Nennmaße festgelegt. Die Lage der Bestimmebene wird jedoch von der jeweils vorliegenden Toleranz des Außendurchmessers bestimmt. Die Bestimmebenen weichen also in beiden Fällen von der Bezugsebene ab. Bei dem im Bild 2.1.21 dargestellten Werkstück wird für die Bestimmung des Fehlers die Mittenabweichung e maßgebend, beim anderen Werkstück ist es die Konturabweichung e_1. Um auch hier die Größenordnung der Fehler zu erfassen, werden zwei Zahlenbeispiele durchgerechnet.

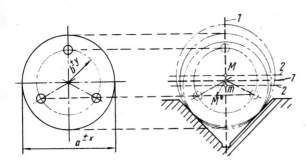

Bild 2.1.21. *Abweichung der Bestimmebene von der Bezugsebene beim Bestimmen zylindrischer Werkstücke im Prisma*

1 Bezugsebenen als Mittelebenen; *2* Lage der Bestimmebene in Abhängigkeit vom Größt- und Kleinstmaß

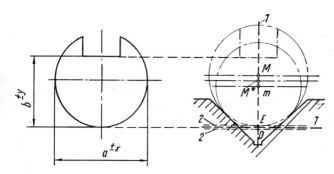

Bild 2.1.22. *Abweichung der Bestimmebene von der Bezugsebene beim Bestimmen zylindrischer Werkstücke im Prisma*

1 Bezugsebenen als Konturebene und Mittelebene; *2* Lage der Bestimmebene in Abhängigkeit vom Größt- und Kleinstmaß

1. Werkstück nach Bild 2.1.21

$$a^{\pm x} = 60^{\pm 0,1} \text{ mm}; \quad b^{\pm y} = 20^{\pm 0,05} \text{ mm}; \quad \sphericalangle \alpha_1 = 90°; \quad \sphericalangle \alpha_2 = 120°.$$

Nach Tafel 2.2.1 oder nach Diagramm Bild 2.1.20b gilt mit $\alpha_1 = 90°$

$$\frac{e}{T} = 0,7071; \quad e = 0,7071\,T = 0,7071 \cdot 0,2 \text{ mm} = 0,1414 \text{ mm}.$$

Für einen Prismenwinkel von $\alpha_2 = 120°$ wird

$$\frac{e}{T} = 0,5774; \quad e = 0,5774\,T = 0,5774 \cdot 0,2 \text{ mm} = 0,1155 \text{ mm}.$$

Ist der Werkstückdurchmesser gleich dem Größtmaß oder dem Kleinstmaß, so ist der Fehler im Bohrungsabstand $b^{\pm y}$

$$f_{x1} = \pm \frac{e}{2} = 0{,}071 \text{ mm} \quad \text{und} \quad f_{x2} = 0{,}057 \text{ mm}.$$

Beide Fehler sind größer als die zulässige Toleranz von $\pm\, 0{,}05$ mm. Die Bestimmung mit einem V-Prisma ergibt für dieses Werkstück eine hohe Ausschußquote. Das Werkstück nach Bild 2.1.21 muß mit einer Spannzange (s. Bild 2.1.15b) bestimmt werden.

2. Werkstück nach Bild 2.1.22

$$a^{\pm r} = 60^{\pm 0{,}1} \text{ mm}; \quad b^{\pm y} = 50^{\pm 0{,}05} \text{ mm}; \quad \sphericalangle \alpha_1 = 90°; \quad \sphericalangle \alpha_2 = 120°.$$

Nach Tafel 2.2.1 oder nach Diagramm Bild 2.1.20b gilt für

$$\frac{e_{1x1}}{T} = 0{,}207; \quad \frac{e_{1x2}}{T} = 0{,}0773.$$

Damit wird der maximale Abstand zwischen den beiden Bestimmebenen

$$e_{1\alpha1} = 0{,}207\ T = 0{,}207 \cdot 0{,}2 \text{ mm} = 0{,}0514 \text{ mm},$$

und für den Prismenwinkel von 120° ergibt sich

$$e_{1x2} = 0{,}0773\ T = 0{,}0773 \cdot 0{,}2 \text{ mm} = 0{,}01546 \text{ mm}.$$

Der maximale Fehler entsteht, wenn der Werkstückdurchmesser das Größtmaß oder das Kleinstmaß hat. Es gilt

$$f_{x_1} = \pm \frac{e_{1x1}}{2} = \pm \frac{0{,}0514 \text{ mm}}{2} = \pm\, 0{,}026 \text{ mm}$$

bzw.

$$f_{x_2} = \pm \frac{e_{1x2}}{2} = \pm \frac{0{,}0155 \text{ mm}}{2} = \pm\, 0{,}008 \text{ mm}.$$

Da die zulässige Toleranz $\pm y = \pm\, 0{,}05$ mm beträgt, darf das Werkstück wie im Bild 2.1.22 bestimmt werden. Der Prismenwinkel wird mit $\alpha = 120°$ gewählt, da das Werkstück mit einem Durchmesser von 60 mm genügend stabil im Prisma bestimmt werden kann. Es werden nur die beiden Abweichungen e bzw. e_1 (s. Bild 2.1.20a) betrachtet. Bestimmungen zylindrischer Werkstücke, bei denen die Bezugsebene an der dem Prisma abgewandten Kontur liegt, die für das Größt- bzw. Kleinstmaß maßgebenden Bestimmebenen also den Punkt G bzw. F (s. Bild 2.1.20a) enthalten, sind aufgrund des großen Fehlers, der dabei entsteht, zu vermeiden.

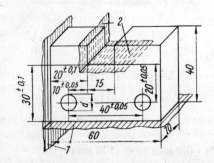

Bild 2.1.23 Bezugsebenen 1 und 2 bei verschiedenen Arbeitsgängen

2.1. Bestimmen

Es gilt nun noch, die dritte Fehlerursache genauer zu untersuchen. Für diesen Zweck wurde ein Werkstück gemäß Bild 2.1.23 als Beispiel ausgewählt. Durch die tolerierten Maße liegen die Bezugsebenen für das Fräsen der Nut und für das Bohren der Löcher fest. Da für das Bohren die Flächen der Nut als Bestimmflächen des Werkstücks entsprechend den Bezugsebenen gewählt werden müssen, wird zunächst angenommen, daß erst die Nut gefräst wird und dann die Löcher gefertigt werden.

In der Tafel 2.1.3 sind für jeden Arbeitsgang die Bezugsebenen, die zugeordneten Bestimmebenen und die jeweiligen Bestimmflächen dargestellt. Es zeigt sich, daß der Arbeitsgang Fräsen fehlerfrei im Bereich der vorgegebenen Toleranzen ausgeführt werden kann. Der Arbeitsgang Bohren macht jedoch wegen der sehr kleinen Bestimmflächen große Schwierigkeiten. Eine einwandfreie Lage des Werkstücks ist in der Nut nicht mehr gewährleistet. So entstehen durch den größeren Bohrungsabstand Fehler im Maß $20^{\pm 0{,}05}$, die die zulässige Toleranz überschreiten. Wird hingegen in den beiden Bohrungen bestimmt, wenn die Nut gefräst wird, so verkleinert sich der Fehler, den die Bestimmelemente verursachen, im Verhältnis des Bestimmbolzenabstands 40 mm zur Länge der Nut von 15 mm. Der Fehler wird in diesem Fall 2,67mal kleiner.

Diese Tatsache hat allgemeine Bedeutung.

Das Bestimmen ist so vorzunehmen, daß die Bestimmfehler im zu fertigenden Maß kleiner werden. Zu diesem Zweck müssen die Bestimmpunkte soweit wie möglich voneinander entfernt liegen. Anders ausgedrückt, die Bestimmflächen müssen größer sein als die in dieser Bestimmung am Werkstück herzustellende Einzelheit.

In der Tafel 2.1.3 sind noch einmal die Verhältnisse für die veränderte Reihenfolge der Arbeitsgänge dargestellt. Der Bezugsebene für das Bohren wird eine Bestimmebene zugeordnet, in der die untere Werkstückbegrenzungsfläche liegt, die damit zur Bestimmfläche wird. (Es wird nur der Einfluß in den senkrecht liegenden Maßen untersucht, da in den waagerecht liegenden Maßen gleiche Verhältnisse auftreten). Zu beachten ist, daß die Bezugsebene bedeutungslos geworden ist, weil sie noch keine Werkstückfläche enthält. Es wird angenommen, daß beim Bohren ein Fehler $\pm f_B$ entsteht (in Tafel 2.1.3 positiv dargestellt). Für das Fräsen wird der Bezugsebene eine Bestimmebene zugeordnet, die durch die Mittellinie der Bohrungen festliegt. Damit enthält der Abstand zwischen der Bezugsebene und der Bestimmebene den Fehler vom Bohren, er ist $A^{\pm f_B}$. Wie das Bild in der Spalte „Bestimmung" zeigt, wirkt sich dieser Fehler im Abstand zwischen der Nut und der Bezugsebene, also im Maß $30^{\pm 0{,}1}$, aus. Im Maß $20^{\pm 0{,}05}$ zeigt sich der Fehler durch die Auswahl der Bestimmebene nicht. Selbstverständlich tritt aber in diesem Maß der Bestimmfehler auf, der durch das halbe Spiel zwischen den Bestimmbolzen und den Bohrungen des Werkstücks verursacht wird. Außer diesem Fehler wirkt sich auch der Fehler aus, der beim Fräsen selbst entsteht. Die Summe dieser Fehler erscheint aber im Maß $30^{\pm 0{,}1}$. Aufgrund der relativ großen Toleranz kann dieses Maß jedoch in den zulässigen Grenzen gehalten werden.

Verallgemeinert ergibt sich folgender Grundsatz:
Wird einer Bezugsebene eine Bestimmebene so zugeordnet, daß zwischen beiden ein Abstand A vorliegt, so geht der Abstandsfehler ΔA in das Maß ein, das der Bezugsebene zugeordnet ist.

Die Bedeutung des Satzes geht aus folgender Betrachtung hervor: Würde man für das Bohren und Fräsen die Bestimmebene so legen, daß sie die untere Werkstückfläche enthält (so also, wie sie für das Bohren gelegt wurde), so könnte die enge Toleranz des Maßes $20^{\pm 0{,}05}$ mm nicht gehalten werden. Bei der Fertigung in

Tafel 2.1.3. Einfluß der Arbeitsgangfolge auf das Bestimmen

Arbeits-gang	Bezugsebenen	Zugeordnete Bestimmebenen	Bestimmung
1'. Fräsen	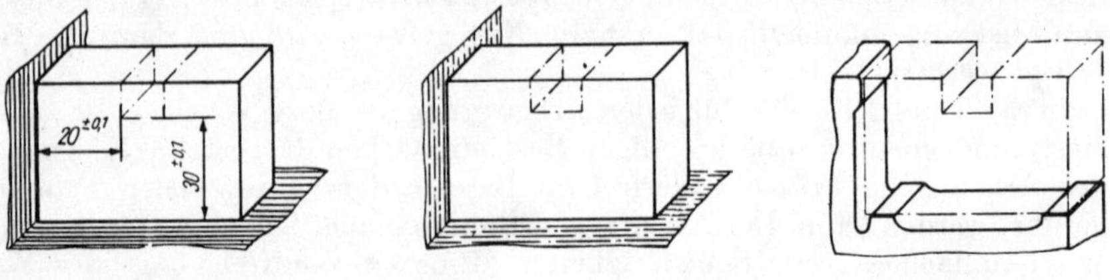		
2. Bohren	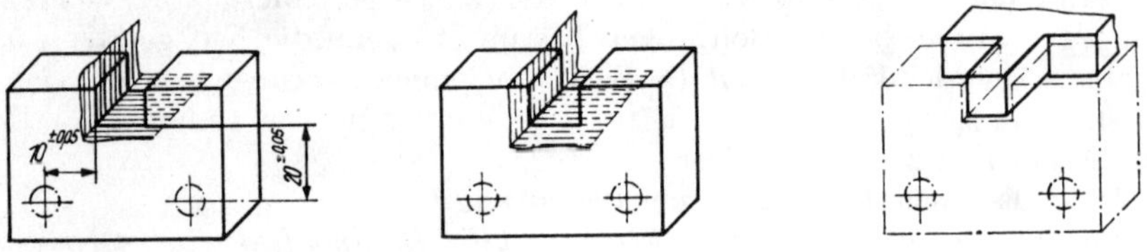		
1. Bohren	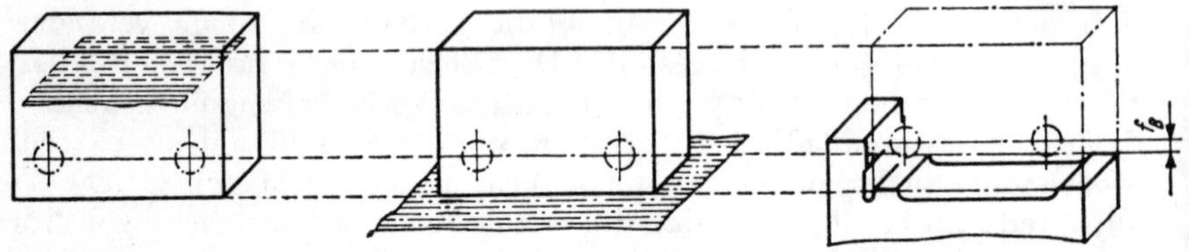		
2. Fräsen	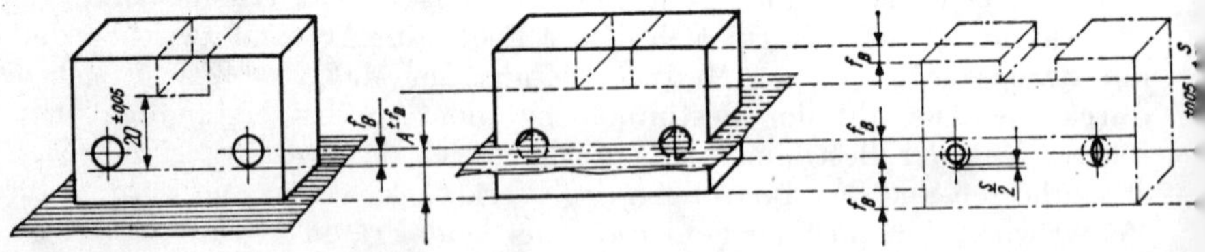		

Bohrvorrichtungen sind Bohrungsabstände mit ±0,05 mm ohne Schwierigkeiten einzuhalten. Mit dieser Toleranz muß als Abstandsfehler zwischen der Bezugsebene für das Bohren (in ihr liegt die untere Nutfläche) und der ihr zugeordneten Bestimmebene gerechnet werden. Dieser Fehler $\Delta A = \pm 0{,}05$ mm tritt aber im Maß $20^{\pm 0,05}$ mm auf, da dieses Maß der Bezugsebene zugeordnet ist. Das Fräsen der Nut müßte also ohne jede Toleranz ausgeführt werden, was unmöglich ist.

ler

eabweichung zwischen Bezugs-
ne und zugeordneter Bestimm-
ne durch Werkstücktoleranzen,
:ranzen am Bestimmelement und
:igungstoleranzen im Arbeits-
;.
Summe aller Fehler bleibt inner-
» der vorgeschriebenen Toleran-
für die Maße 30±0,1 und 20±0,1.

3e Verschiebungen der Bestimm-
.en gegenüber den Bezugsebe-
 Einhaltung der Toleranzen
.05 mm ist nicht gewährleistet. Da
 Abstand zwischen beiden
rungen wesentlich größer ist als
3reite der Nut, vergrößern sich
Bestimmfehler im Verhältnis
rungsabstand : Nutbreite

igsebene nur eine gedachte
.e, da am Werkstück noch keine
he existiert, die in der Bezugs-
e liegt. Der auftretende Fehler
ntsteht durch Verlagerung des
:zeugangriffspunktes während
\nbohrens, durch Verlaufen des
ers, durch Formabweichungen
Werkstücks und Bestimmele-
s innerhalb der jeweiligen To-
zbereiche.

 r = ± f_B ± (S/2). Im Maß
 05 wirken sich nur die Fehler,
ie Bestimmung für den Arbeits-
 Fräsen und die Fertigungs-
 , die während des Fräsens ver-
ht werden, aus. Im Maß 30±0,1
sich jedoch auch der Fehler, der
Bohren verursacht wird f_B und
 estimmfehler S/2 aus. Der Ab-
 Bezugsebene — Bestimmebene
 mit seinem Fehler ±f_B in das
tsgangergebnis ein.

Die Betrachtung zeigt:
Bestimmungen, bei denen zwischen der Bezugs- und der Bestimmebene ein Abstand A auftritt, sind nur zulässig, wenn das Werkstück in keiner normalen Bestimmung (im Idealfall Bezugs- und Bestimmebene identisch) gefertigt werden kann. Der Abstand A zwischen der Bezugs- und Bestimmebene muß toleriert werden. Diese Toleranz darf nur einen Bruchteil der Toleranz des Maßes betragen, dem die Bezugsebene zugeordnet ist.

Der Nachteil einer derartigen Fertigung zeigt sich darin, daß hierfür Toleranzen (meist sehr enge Toleranzen) gefordert werden müssen, die nicht funktionsbedingt, sondern fertigungsbedingt sind. Bevor man ein Werkstück in dieser Weise fertigt, sollte mit dem Konstrukteur des Werkstücks Rücksprache genommen werden, um Toleranz- oder Maßeintragungen zu ändern, ohne daß die Funktion des Werkstücks gefährdet, andererseits aber ein normales Bestimmen ermöglicht wird.

2.1.5.5. *Vermeiden des Überbestimmens*

Das Überbestimmen (s. Abschn. 2.1.4.) verursacht falsch bestimmte Werkstücke. Die Folge sind Fehler am Werkstück. Ein Überbestimmen ist in keinem Fall zulässig.

Sehr leicht tritt der Fehler des Überbestimmens auf, wenn
1. die Werkstückbestimmfläche parallel oder schräg abgesetzt ist (Bilder 2.1.24a und 2.1.25)
2. das Werkstück in Bohrungen durch Bolzen bestimmt wird (s. Bilder 2.1.17 und 2.1.18).

Die in den Bildern 2.1.24b und 2.1.25b dargestellten Werkstücke sind überbestimmt. Hinsichtlich der Bezugsebene *1* treten im Bild 2.1.24a zwei Bestimmebenen auf. Dadurch, daß das Werkstück nach Bild 2.1.25a schräg abgesetzt ist und die Bestimmflächen der Vorrichtung in gleicher Weise ausgeführt sind, wirkt sich hier das Überbestimmen als Fehler im Maß *a* und im Maß *b* aus. Das richtige Bestimmen für beide Werkstücke zeigen die Bilder 2.1.24c und 2.1.25c. Dabei muß jedoch das Drehmoment, das vom Werkzeug auf das jeweilige Werkstück ausgeübt wird, durch ein entsprechendes Gegenmoment kompensiert werden, damit das Werkstück nicht kippt. Das Gegenmoment ist von der Spannkraft aufzubringen. Günstiger ist es, dem Werkstück durch Einstellstützen eine stabile Lage zu geben. Das Werkstück muß auch dann abgestützt werden, wenn seine Dicke so klein wird, daß es sich unter Wirkung der Zerspanungskräfte deformiert.

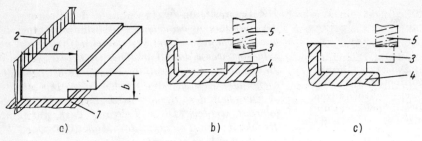

c) b) c)

Bild 2.1.24. Vermeidung des Überbestimmens
a) Werkstück mit Bezugsebenen
b) überbestimmtes Werkstück
c) richtig bestimmtes Werkstück
1 Bezugsebene für Maß *b*; *2* Bezugsebene für Maß *a*; *3* Werkstück; *4* Bestimmelement; *5* Werkzeug

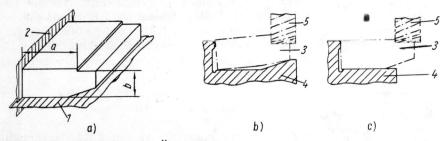

a) b) c)

Bild 2.1.25. Vermeidung des Überbestimmens
a) Werkstück mit Bestimmebenen
b) überbestimmtes Werkstück
c) richtig bestimmtes Werkstück
1 Bezugsebene für Maß *b*; *2* Bezugsebene für Maß *a*; *3* Werkstück; *4* Bestimmelement; *5* Werkzeug

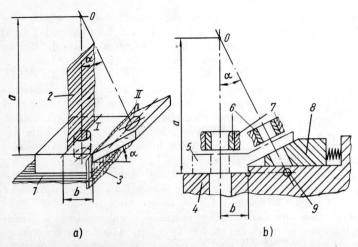

a) b)

Bild 2.1.26. Beispiel für das richtige Bestimmen
a) Werkstück mit Bezugsebenen
b) richtig bestimmtes Werkstück
1, 2, 3 Bezugsebenen; *4* fixes Bestimmelement; *5* Werkstück; *6* Bohrbuchsen; *7* Bohrbuchsenträger; *8* federndes Stützelement; *9* Hilfsbohrung

Im Bild 2.1.26a ist ein Werkstück dargestellt, das sich während des Bohrens verformen kann und das außerdem Merkmale hat, die die Ursache für ein mögliches Überbestimmen darstellen. Außerdem tritt hier ein Sonderfall auf, daß parallele Bezugsebenen 2 und 3 eine für das Maß b und die andere für den Winkel α, vorliegen. Die Bezugsebene 3 für den Winkel α wird aber bedeutungslos, weil beide Bohrungen in einer Spannung gefertigt werden. Dadurch muß die Vorrichtung allerdings als Kippvorrichtung ausgebildet werden. In der Normallage der Vorrichtung wird das Loch I gebohrt, anschließend wird die Vorrichtung um den Winkel α gekippt, und in dieser Lage kann die Bohrung II gefertigt werden. Die für dieses Werkstück erforderliche Bestimmung ist im Bild 2.1.26b dargestellt. Ein Überbestimmen wird durch eine verstellbare Auflage 8 vermieden, die gleichzeitig das Werkstück abstützt, so daß es sich beim Bohren nicht verbiegen kann. Ist der Winkel α so klein, daß Selbsthemmung auftritt, so ist es nicht erforderlich, die verstellbare Auflage festzuklemmen, sobald sie am Werkstück anliegt. Bei einem größeren Winkel α dagegen muß die Auflage 8 geklemmt werden, damit sie nicht während der Bearbeitung durch die Zerspanungskraft verschoben wird. Die Hilfsbohrung 9 ist für das Ausmessen der Lage der Bohrbuchsen notwendig. Der Punkt 0 liegt außerhalb der Vorrichtung und kann deshalb zum Abmessen nicht herangezogen werden.

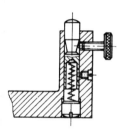

Bild 2.1.27. Federnder Stützbolzen mit radial angeordneter Wegbegrenzung [1]

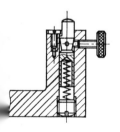

Bild 2.1.28. Federnder Stützbolzen mit axial angeordneter Wegbegrenzung [1]

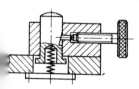

Bild 2.1.29. Federnder Stützbolzen mit axialer Wegbegrenzung [1]

In den Bildern 2.1.27 bis 2.1.29 sind einige federnde Stützbolzen dargestellt, die nach der Anlage am Werkstück festgeklemmt werden. Mit diesen oder ähnlichen Konstruktionen kann ein Überbestimmen stets vermieden werden. Andererseits ist durch das Festklemmen in einer jedem Werkstück angepaßten Lage die Unterstützung des Werkstücks gegenüber den Zerspanungskräften genügend starr.

Werden Werkstücke durch Bestimmbolzen in zwei Bohrungen aufgenommen, so muß ein Bolzen abgeflacht werden (s. Bilder 2.1.17b und 2.1.18b). Die Restbreite b des abzuflachenden Bolzens wird wie folgt berechnet:

Der Abstand $x = \overline{AB}$ muß alle auftretenden Abstandstoleranzen überbrücken (Bild 2.1.30). Die Abstandstoleranz T_B tritt im Abstand der Bohrungen am Werkstück auf und T_W im Abstand der Bestimmbolzen. Zwischen dem vollen Bolzen und der entsprechenden Aufnahmebohrung ist ein Spiel S'_K vorhanden. Zu einem Teil gleichen dieses Spiel schon die Abstandstoleranzen aus, und für das Maß gilt:

$$x = \frac{T_B + T_W}{2} - \frac{S'_K}{2}. \tag{2.1.9}$$

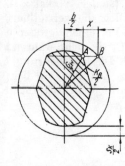

Bild 2.1.30. *Zulässige Breite b am abgeflachten Bestimmbolzen*

Nach Bild 2.1.30 ergibt sich

$$\left(\frac{G_W}{2}\right)^2 - \left(\frac{b}{2}\right)^2 = \left(\frac{K_B}{2}\right)^2 - \left(\frac{b}{2} + x\right)^2 \tag{2.1.10}$$

$$\left(\frac{G_W}{2}\right)^2 - \left(\frac{b}{2}\right)^2 = \left(\frac{K_b}{2}\right)^2 - \left(\frac{b}{2}\right)^2 - bx - x^2. \tag{2.1.11}$$

In Gl. (2.1.11) können $\left(\frac{b}{2}\right)^2$ und x^2 als vernachlässigbar klein gleich Null gesetzt werden. Damit gilt

$$\left(\frac{G_W}{2}\right)^2 \approx \left(\frac{K_B}{2}\right)^2 - bx. \tag{2.1.12}$$

Gl. (2.1.12) nach bx aufgelöst, ergibt

$$bx \approx \left(\frac{K_B}{2}\right)^2 - \left(\frac{G_W}{2}\right)^2 = \left(\frac{K_B}{2} + \frac{G_W}{2}\right)\left(\frac{K_B}{2} - \frac{G_W}{2}\right). \tag{2.1.13}$$

In Gl. (2.1.13) ist

$$\frac{K_B}{2} + \frac{G_W}{2} = K_B - \frac{S_K}{2} \quad \text{und} \quad \frac{K_B}{2} - \frac{G_W}{2} = \frac{S_K}{2};$$

S_K Kleinstspiel zwischen Aufnahmebohrung und Bestimmbolzendurchmesser
So entsteht aus Gl. (2.1.13)

$$bx \approx \left(K_B - \frac{S_K}{2}\right); \quad \frac{S_K}{2} = \frac{K_B}{2} S_K - \left(\frac{S_K}{4}\right)^2. \tag{2.1.14}$$

2.1. Bestimmen

$\left(\dfrac{S_K}{4}\right)^2$ kann wieder als sehr klein vernachlässigt werden, und die Restbreite des abgeflachten Bolzens wird

$$b \lessgtr \frac{K_B S_K}{2x} ; \qquad (2.1.15)$$

K_B Kleinstdurchmesser der Bohrung
S_K Kleinstspiel zwischen Bohrung und abgeflachtem Bolzen
x wird nach Gl. (2.1.9) berechnet.

In manchen Fällen ist der Durchmesser der Aufnahmebolzen klein. Solche Bolzen können nicht abgeflacht werden. Der Größtdurchmesser eines solchen Bolzens G_W (Bild 2.1.31) darf nur so groß werden, daß die Abstandstoleranzen T_B (Bohrungsabstand) und T_W (Bestimmbolzenabstand) ausgeglichen werden. Somit gilt zunächst

$$\frac{G_W}{2} = \frac{K_B}{2} - \left(\frac{T_B}{2} + \frac{T_W}{2}\right). \qquad (2.1.16)$$

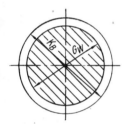

Bild 2.1.31. *Zulässiger Bolzendurchmesser G_W für nichtabgeflachte Bestimmbolzen*

Da aber der andere volle Bestimmbolzen auch ein Kleinstspiel S'_K hat, kann der Radius $G_W/2$ um die Hälfte des Spiels S'_K vergrößert werden. Es gilt also

$$G_W \leq K_B - (T_B + T_W) + S'_K. \qquad (2.1.17)$$

Weil das Größtmaß G_W des Bolzens nach Gl. (2.1.17) kleiner sein muß als beim abgeflachten Bolzen, hat das Werkstück u. U. in der Bestimmung ein sehr großes Spiel, das sich als Fehler am Werkstück auswirkt.

Eine Überbestimmung liegt ebenfalls vor, wenn ein Werkstück längs seiner Außenkontur bestimmt wird, wenn also das Bestimmelement als Einlage ausgeführt ist. Im Bild 2.1.32a ist ein Werkstück dargestellt, das für die Arbeitsgänge Bohren und Fräsen verschiedene Bezugsebenen hat. Dem Maß a muß die Bezugsebene 1 für das Fräsen zugeordnet werden. Die Bohrungsabstände b und c beziehen sich auf die Bezugsebene 3 und für das Maß g ist die Bezugsebene 2 maßgebend. Für das Bohren kann das Werkstück bestimmt werden, wenn die Toleranz u des Durchmessers d verhältnismäßig klein ist und die Bohrungsabstände b und c mit Freimaßtoleranzen versehen sind. Der Durchmesser des Bestimmelements muß mindestens so groß sein wie das Größtmaß des Werkstücks d^{+u}, damit alle Werkstücke in die Einlage hineinpassen. Werkstücke, deren Durchmesser kleiner als das Größtmaß sind, haben folglich Spiel. Dieses Spiel bewirkt, daß die beiden Bohrungsabstände b und c nicht parallel sind zur gefrästen Fläche, die in der Bezugsebene 3 liegt.

Die exakte Bestimmung des Werkstücks zeigt Bild 2.1.32c. Die beiden Bohrungsabstände b und c werden parallel zur gefrästen Werkstückbestimmfläche gebohrt, außerdem liegt der Bohrungsabstand g auf Mitte. Dafür sorgt das horizontal verschiebbare Prisma 7. Diese Ausführung der Bestimmung erfordert aber eine Schwalbenschwanzführung des Prismas. Die Führung 8 ist im Bild nur angedeutet. Die Bestimmung nach Bild 2.1.32c ist aufwendiger als die Einlage (Bild 2.1.32b). Außer der aufwendigen Prismaführung muß das Prisma durch eine Spannspirale oder Schraube bewegt werden, wodurch die Bestimmung noch teurer wird.

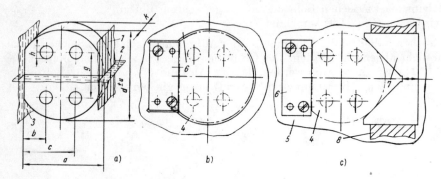

Bild 2.1.32. *Bestimmen eines zylindrischen Werkstücks nach der Außenkontur*
a) Werkstück mit Bezugsebenen
b) Bestimmelement als Einlage ausgebildet (überbestimmt)
c) exaktes Bestimmen durch bewegliches Prisma
1 Bezugsebene für Arbeitsgang Fräsen; *2, 3* Bezugsebenen für Arbeitsgang Bohren; *4* Werkstück; *5* Auflage; *6* Bestimmelement; *7* bewegliches Prisma; *8* Führung für Prisma

Zugunsten der wirtschaftlichen Herstellung der Einlage kann man durch Überbestimmen verursachte Fehler in Kauf nehmen, wenn sie innerhalb der Toleranzgrenzen bleiben.

Es wird jedoch nochmals betont:
Jede Bestimmung nach Außen- oder Innenkonturen, sofern die ganze Kontur Bestimmfläche wird, stellt eine Überbestimmung dar. Die dadurch auftretenden Fehler sind in jedem Fall zu prüfen, um einwandfrei abwägen zu können, ob sie unzulässig groß werden.

2.1.6. Beispiele

1. Im Bild 2.1.33 ist ein Hebel mit der notwendigen Bestimmung für den Arbeitsgang Langlochfräsen, der als letzter ausgeführt wird, dargestellt. Die Bezugsebenen *1* sind im Bild 2.1.33 a durch starke Strich-Punkt-Linien angedeutet. Durch das Spiel, das zwischen beiden Aufnahmebolzen und Werkstückbohrungen vorliegt, sind die Bestimmebenen *2* mit den Bezugsebenen nicht deckungsgleich. Somit wird im Winkel α ein Fehler verursacht. Ist das Verhältnis der Abstände $c/a > 1$, so wird die seitliche Verschiebung des Langlochs kleiner als das halbe Spiel zwischen dem abgesetzten Bolzen und der zugehörigen Bohrung, wenn am vollen Bestimmbolzen Spielfreiheit angenommen wird. Der besprochene Fehler läßt sich nicht vermeiden. Damit gibt er die Genauigkeitsgrenze an, mit der das Langloch gefräst werden kann. Er kann nur durch sehr enge Bohrungstoleranzen klein gehalten werden. Die Auflagefläche (Platte *3* und Bund des Bestimmbolzens *5*) ist keiner Bestimmebene zugeordnet. Die Dicke des Bundes und der Auflageplatte

2.1. Bestimmen

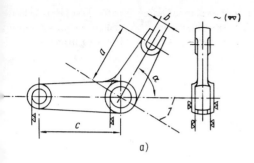

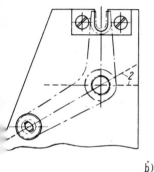
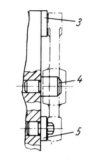

Bild 2.1.33. Hebel mit Bestimmung für Arbeitsgang Fräsen

a) Werkstückzeichnung
b) Bestimmung
1 Bezugsebenen; *2* Bestimmebenen; *3* Auflageplatte; *4* voller Bestimmbolzen; *5* abgesetzter und abgeflachter Bestimmbolzen

üssen trotzdem gleich groß sein, da sonst das Werkstück windschief liegt. Das erkstück ist gegenüber der Auflageplatte 3 zu spannen.

2. Bild 2.1.34a zeigt einen Flansch, dessen Bohrungen in einer Bohrvorrichtung rgestellt werden sollen. Die anderen Flächen sind, wie die Oberflächenzeichen geben, schon bearbeitet. Auch hier stellen die dicken Strich-Punkt-Linien e Bezugsebenen dar. Um die den Bezugsebenen zugeordneten Bestimmebenen die gleiche Lage zu bringen, muß mit einem starren Prisma *1* und einem beweghen Prisma *2* bestimmt werden. Der Prismenschieber ist als Schwalbenschwanz sgebildet. Diese Führungen lassen sich mit hoher Genauigkeit fertigen. Außerdem statten sie bei Verschleiß eine leichte Korrektur. Zu diesem Zweck werden die hrungsleisten *2* an ihrer unteren Auflagefläche nachgeschliffen und der Schieber ggf. wieder eingeläppt. Damit der Prismenschieber nicht aus der Führung fällt, rd er durch den Stift *5* in der Grundplatte *6* gesichert. Die Grundplatten *4* und vie alle anderen dem Verschleiß unterliegenden Teile, sind gehärtet. Die Grundtten müssen gehärtet werden, damit beim Einlegen der Werkstücke keine erflächenverletzungen auftreten. Alle Bestimmelemente sind durch Härten r solchen Oberflächenverletzungen zu schützen, denn der dadurch auftretende at bedeutet in der weiteren Folge falsch bestimmte Werkstücke.

Die quer zum Werkstück liegende Bestimmebene weicht von ihrer zugehörigen zugsebene ab. Dieser Fehler kann beim Werkstück in Kauf genommen werden. alle Löcher in einer Bestimmung gebohrt werden, tritt der Bestimmfehler nicht den Bohrungsabständen $a/2$ auf. Die Bohrungen liegen lediglich zur Außentur versetzt.

3. Das Bestimmen in einer Drehvorrichtung zeigt Bild 2.1.35. Für den Arbeitsgang Drehen sind die entsprechenden Bezugsebenen im Bild 2.1.35b eingezeichnet. Sie liegen durch den Radius 95 mm und die Höhe des Werkstücks 75 mm fest.

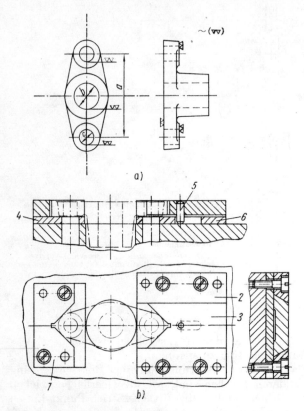

Bild 2.1.34. Flansch mit Bestimmung für Arbeitsgang Bohren

a) Werkstück mit Bezugsebenen
b) Bestimmung
1 fixes Prisma; 2 Führungsleisten; 3 bewegliches Prisma; 4 Auflageplatte; 5 Stift für Wegbegrenzung; 6 Auflageplatte
(Alle mit Positionsnummer versehenen Teile sind gehärtet.)

Die Bestimmung im Bild 2.1.35c ist für zwei Werkstücke ausgelegt. Als Bestimmelemente sind die Anlage 3 und der Aufnahmebolzen 5 vorgesehen. Die Winkel 4 sorgen für ein einwandfreies Anliegen der Werkstücke. Die Schraube dient zum Aufnehmen der Spannelemente. Da der Bestimmbolzen relativ schwach ist (12 mm), muß die Spanneinrichtung so ausgebildet werden, daß der Bestimmbolzen durch die Zerspanungskräfte nicht zu stark belastet wird.

Durch die vorliegende Bestimmung wird ein gröberer Fehler hervorgerufen, wenn die Bohrungen unsymmetrisch zur Mittellinie des Werkstücks liegen. Zwischen der senkrechten Bezugsebene (Bild 2.1.35b) und der bei der dargestellten Bestimmung zugehörigen Bestimmebene liegt der Abstand linke Bohrung—Mitte Werkstück. Fehler in diesem Abstand treten als Fehler im Fertigungsmaß auf (Beispiel s. Tafel 2.3). Um diesen Fehler klein zu halten, muß das Werkstück beim Bohren durch seitlich angeordnete Keile eingemittet werden. Die gleiche Bestimmung wäre auch für den Arbeitsgang Drehen exakter. Da hier jedoch zwei Werkstücke in einer Vorrichtung bestimmt werden (zweckmäßig für das Drehen), wird eine solche Bestimmung kompliziert und damit sehr teuer.

2.1.7. Normen für Bestimmelemente

Tafel 2.1.4

Prinzipskizze	Benennung	DIN/Werknorm
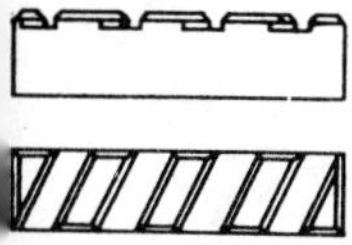	Auflageleiste	
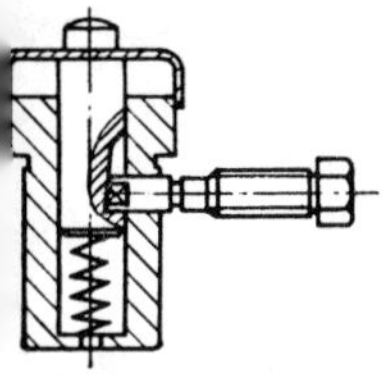	Stützbolzen	
	Stützschraube	
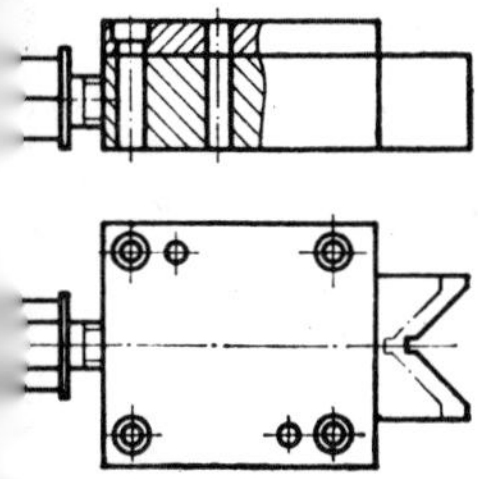	Spannprisma	
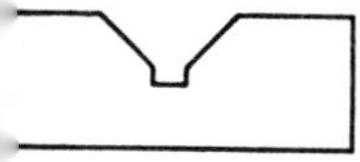	Aufnahmeprisma	
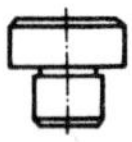	Auflagebolzen	6321
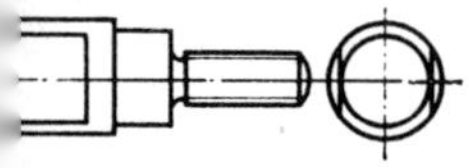	Auflagebolzen	

Tafel 2.1.4 (Fortsetzung)

Prinzipskizze	Benennung	Werknorm
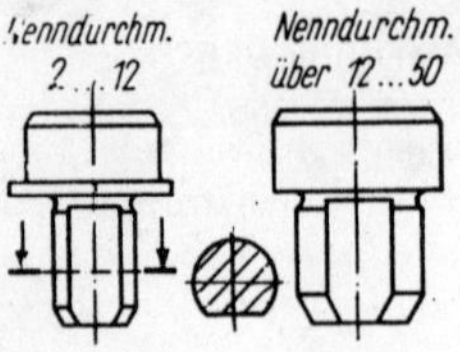 Nenndurchm. 2...12 / Nenndurchm. über 12...50	Aufnahmebolzen rund	
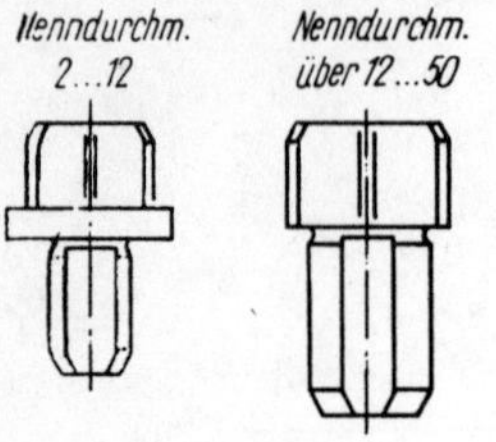 Nenndurchm. 2...12 / Nenndurchm. über 12...50	Aufnahmebolzen abgeflacht	

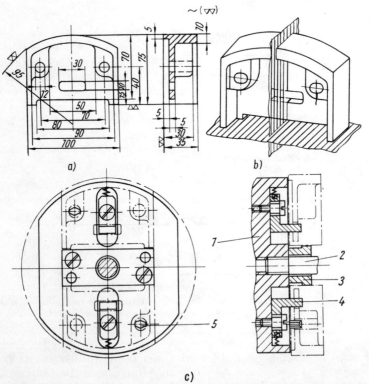

Bild 2.1.35. *Werkstück für Bestimmung für Arbeitsgang Drehen*
a) Werkstück   b) Bezugsebenen   c) Bestimmung
1 Grundkörper; *2* Schraube für Spannelemente; *3* Bestimmelement; *4* Andrückwinkel; *5* Bestimmbolzen

2.2. Spannen

2.1.8. Wiederholungsfragen

1. Was versteht man unter Bestimmen?
2. Wodurch unterscheiden sich die Bezugsebenen von den Bestimmebenen?
3. Was sind Bestimmflächen?
4. Welchen Einfluß üben die Bestimmflächen auf die Lage der Bestimmebenen aus?
5. Warum kann ein Werkstück höchstens mit drei Bestimmebenen bestimmt werden?
6. Was ist beim Bestimmen zu beachten, wenn das Werkstück wenig steif ist?
7. Wie ist ein zylindrisches Werkstück zu bestimmen, wenn die Spur der Bezugsebenen mit der Mittelachse zusammenfällt?
8. Wodurch werden Verlagerungen der Bestimmebene gegenüber der fixen Bezugsebene verursacht?
9. Wie groß werden die Toleranzen am Bestimmelement der Vorrichtung in Abhängigkeit von der Werkstücktoleranz im allgemeinen gewählt?
10. Welche vereinfachenden Maßnahmen trifft man, um den maximalen Fehler, der durch das Bestimmen verursacht wird, ermitteln zu können?

2.2. Spannen

2.2.1. Begriff und Zweck

Spannen ist das sichere Festhalten der bereits bestimmten Werkstücke oder Werkzeuge während der Fertigung.

Die während der Bearbeitung vom Werkzeug auf das Werkstück wirkenden Kräfte dürfen das Werkstück nicht aus seiner Lage verdrängen, verbiegen oder in Schwingungen versetzen, damit Werkzeug und Maschine geschont, die Güte des Werkstücks gesichert und Unfälle vermieden werden.

Die Bauelemente, mit denen gespannt wird, heißen *Spannelemente*. Man unterscheidet *Haupt-* und *Hilfsspannen*. Das Hilfsspannen wird zur Sicherung der Lagebestimmung der Werkstücke vor dem Hauptspannen durchgeführt. Es dient zur Lagesicherung beim Bestimmprozeß, daher werden meist elastische Spannelemente, z. B. Federn (Bild 2.2.1), benutzt.

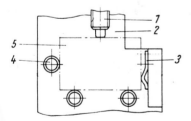

Bild 2.2.1. *Hilfsspannen mittels Blattfeder*
1 Spannschraube; *2* Vorrichtungsgrundkörper; *3* Blattfeder als Hilfsspannelement; *4* Bestimmelement; *5* Werkstück

Bei sehr schweren Werkstücken, Drehmaschinenbetten od. ä., würden Federn das Werkstück nicht bestimmen, deshalb werden hier steife Spannelemente (z. B. Schrauben) notwendig. Diese Schrauben dienen primär zum Bestimmen und sekundär zum Spannen, wenn aufgrund der Masse des Werkstücks überhaupt Spannkräfte notwendig werden.

2.2.2. Spannkräfte

Bei der Fertigung werden durch die Werkzeuge Schnittkräfte auf das Werkstück und damit auf die Vorrichtung übertragen, die wiederum von hier in die Maschine einzuleiten sind.

Je nach den Fertigungsverfahren sind die Hauptschnittkräfte, Vorschubkräfte und ihre Auswirkungen (Rückkräfte und Momente) als äußere Kräfte die Ausgangsparameter für Konstruktion, Auswahl und Berechnung der Spannelemente.

Die Hauptschnittkräfte F_H (z. B. beim Fräsen, Hobeln, Schleifen usw.), die Vorschubkräfte F_V (z. B. beim Bohren) und die Momente M_d (z. B. beim Drehen) versuchen das Werkstück aus seiner Lage zu drängen. Infolgedessen müssen Kräfte wirksam werden, die so groß sind, daß das Werkstück seine Lage nicht verändern kann; diese Kräfte nennt man Spannkräfte F_{Sp}. Vor Beginn der Konstruktion ist zu unterscheiden, ob F_{Sp} und F_H bzw. F_V gleichgerichtet sind oder ob sie senkrecht aufeinanderstehen. Im letzteren Fall wirken Rückkräfte F_R, die als Reibungskräfte selbst nur eine Funktion von F_{Sp} sind. Treten Dreh- oder Kippmomente auf, so ist das Spannmoment M_{Sp} als Gegenmoment zu betrachten.

Aus Bild 2.2.2 ist ersichtlich, daß statisch Gleichgewicht vorhanden ist, wenn

$$F_R = F_{Ers}. \tag{2.2.1}$$

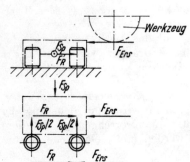

Bild 2.2.2. *Spann- und Schnittkräfte an einem nach zwei Ebenen ausgerichteten Werkstück*

Die Kraft F_{Ers} ist eine zugeschnittene Größe, in der die Hauptschnittkraft F_H die Hauptkenngröße ist.

$$F_{Ers} = c_1 c_2 F_H. \tag{2.2.2}$$

Die Größe c_1 ist eine Stoßzahl, die sich aus Erfahrungswerten zusammensetzt und die erhöhten Kräfte beim Anschneiden des Werkzeugs am Werkstück berücksichtigt. Die Größe von c_1 hängt vom Fertigungsverfahren ab (Tafel 2.2.1).

Tafel 2.2.1. *Stoßzahlen*

Stoßzahl c_1	Arbeitsgang
1,2	Drehen und Bohren
1,4	Fräsen und Schleifen
1,6	Hobeln
1,8	Stoßen

2.2. Spannen

Der Sicherheitsfaktor ist in jedem Fall $c_2 = 3$ und wird nur eingesetzt, wenn die Rückkraft F_R gegen die Ersatzkraft F_{Ers} gerichtet ist. Gleichzeitig zeigt die Vorderansicht des Bildes 2.2.2, daß F_{Ers} und F_R nicht in einer Ebene liegen. Die dabei kaum zu umgehende Kippgefahr wird ebenfalls durch den Sicherheitsfaktor c_2 ausgeschlossen, d. h., durch den Sicherheitsfaktor c_2 kann angenommen werden, daß F_{Ers} und F_R in einer Ebene wirken. Diese vereinfachende Annahme ist nur möglich, solange die Auflagelänge des Werkstücks größer als seine Höhe ist oder das Werkstück von den Spannelementen direkt niedergehalten wird. Andernfalls muß mit den Kippmomenten gerechnet werden (s. Bild 2.2.20).

Die Rückkraft F_R ist nur eine Funktion der Spannkraft.

Bild 2.2.2 zeigt außerdem, daß die Aktionskraft F_{Sp} eine Reaktionskraft von $2F_{Sp}/2$ hervorruft. Da F_{Sp} senkrecht auf F_R steht, muß sowohl am Berührungspunkt des Spannelements als auch an den Berührungspunkten des Werkstücks mit den Bestimmelementen Reibung auftreten.

$$F_R = f(F_{Sp})$$
$$F_R = 2 F_{Sp} \mu \quad (2.2.3)$$

Da $F_R = F_{Ers}$ ist, wird aus Gl. (2.2.3)

$$c_1 c_2 F_H = 2 F_{Sp} \mu$$
$$F_{Sp} = \frac{c_1 c_2 F_H}{2\mu}. \quad (2.2.4)$$

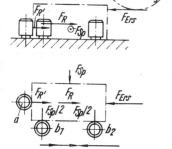

Bild 2.2.3. Spann- und Schnittkräfte an einem nach drei Ebenen ausgerichteten Werkstück

Wird ein Werkstück nach drei Ebenen bestimmt (Bild 2.2.3), dann nimmt auch das Bestimmelement a eine bestimmte Kraft $F_{R'}$ auf. Wenn keine besonderen Anforderungen bestehen, wird die Kraft mit der Größe

$$F_{R'} = c_2 F_H \quad (2.2.5)$$

berechnet. $F_{R'}$ ist deshalb mit $c_2 F_H$ gewählt, weil F_R nicht mehr allein gegen F_{Ers} gerichtet ist und auch der Kippunkt sich verändert hat.

$$\sum F = 0$$
$$F_R + F_{R'} = F_{Ers}$$
$$F_R = F_{Ers} - F_{R'}.$$

Bei Einsatz der Gln. (2.2.2) und (2.2.5) ergibt sich

$$F_R = c_1 c_2 F_H - c_2 F_H$$
$$F_R = c_2 F_H (c_1 - 1). \tag{2.2.6}$$

Da F_R nach Gl. (2.2.3) eine Funktion der Spannkraft ist und diese Kräfte senkrecht aufeinanderstehen, wird

$$c_2 F_H (c_1 - 1) = 2 F_{Sp} \mu$$

$$F_{Sp} = \frac{c_2 F_H (c_1 - 1)}{2 \mu} \tag{2.2.7}$$

Aus Bild 2.2.4 ist ersichtlich, daß ein Werkstück nicht nur mit einer Kraft gespannt zu werden braucht. Es ist zu unterscheiden, ob diese Kräfte unabhängig (Bild 2.2.4a) oder abhängig voneinander (Bild 2.2.4b) wirksam werden.

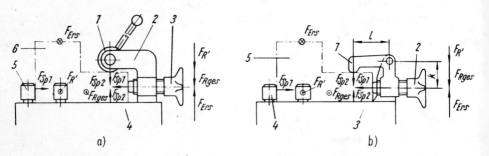

Bild 2.2.4. Kräfte an einem nach drei Ebenen bestimmten Werkstück

a) unabhängige Spannkräfte und Kräftebild
1 Exzenter; *2* Spannelementeträger; *3* Spannschraube; *4* Vorrichtungsgrundkörper; *5* Bestimmelement; *6* Werkstück
b) abhängige Spannkräfte und Kräftebild
1 Winkelspanneisen; *2* Spannschraube; *3* Vorrichtungsgrundkörper; *4* Bestimmelement; *5* Werkstück

Unabhängige Spannelemente sollten nur für Ausnahmen angewendet werden, da sie höhere Nebenzeiten erfordern. Wirken die Spannkräfte F_{Sp1} und F_{Sp2} gleichzeitig und abhängig voneinander, so ergibt sich

$$F_R = 2 F_{Sp1} \mu + 2 F_{Sp2} \mu$$
$$F_R = 2\mu (F_{Sp1} + F_{Sp2}); \tag{2.2.8}$$

F_{Sp1} Ursprungskraft (hier Schraubkraft)
F_{Sp2} Kraft, die durch die Hebelarme k und l und die Reaktionskraft der Schraube erzeugt wird.

$$F_{Sp1} l - F_{Sp1} k = 0 \tag{2.2.9}$$

$$F_{Sp2} = \frac{k}{l} F_{Sp1}. \tag{2.2.10}$$

Somit wird nach Einsetzen in Gl. (2.2.8)

$$F_R = 2\mu [F_{Sp1} + (k/l) F_{Sp1}]$$
$$F_R = 2\mu F_{Sp1} [1 + (k/l)]. \tag{2.2.11}$$

2.2. Spannen

Durch Umstellung nach F_{Sp1} erhält man

$$F_{Sp1} = \frac{F_R}{2\mu\,[1+(k/l)]}. \tag{2.2.12}$$

Für F_R wird aufgrund der Anwendung der Bestimmelemente nach Bild 2.2.3 die Gl. (2.2.6) verwendet. Somit wird aus Gl. (2.2.12)

$$F_{Sp1} = \frac{c_2\,F_H\,(c_1-1)}{2\mu\,(1+(k/l))}. \tag{2.2.13}$$

Das Bild 2.2.5 zeigt ebenfalls den Einsatz eines Spannelements mit zwei voneinander abhängigen Spannkräften. Die mathematische Ableitung der Spannkraftgleichung soll die Einschränkung seines Einsatzes zeigen:

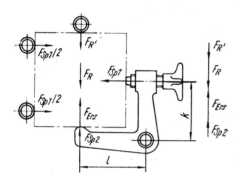

Bild 2.2.5. *Voneinander abhängige Spannkräfte*

Nur eine Kraft erzeugt Reibung, während die zweite Kraft von einem Bestimmelement abgefangen werden muß.

$$F_{Ers} + F_{Sp2} = F_R + F_{R'}$$
$$F_{Ers} - F_{R'} = F_R - F_{Sp2}.$$

Aus den bekannten Bedingungen wird aus

$$F_{Ers} - F_{R'} = c_2\,F_H\,(c_1-1)$$
$$2\mu\,F_{Sp1} - F_{Sp2} = c_2\,F_H\,(c_1-1).$$

Nach Gl. (2.2.10) wird

$$2\mu\,F_{Sp1} - (k/l)\,F_{Sp1} = c_2\,F_H\,(c_1-1)$$
$$F_{Sp1}\,[2\mu - (k/l)] = c_2\,F_H\,(c_1-1) \tag{2.2.14}$$
$$F_{Sp1} = \frac{c_2\,F_H\,(c_1-1)}{2\mu - \dfrac{k}{l}}. \tag{2.2.15}$$

F_{Sp1} würde negativ werden, wenn $k/l > 2\mu$ wäre. Das ist der Fall im Beispiel des Bildes 2.2.5. Es ergibt sich $k/l \approx 1$. Unter dieser Bedingung würde das Bestimmelement weggeschert. Es hat keinen Zweck, k gegenüber l wesentlich kleiner zu halten, denn dann würde die Kraft F_{Sp1} außerhalb der Bestimmelemente wirken, und das Werkstück würde aus der vorher bestimmten Lage gedrängt.

Bild 2.2.5 zeigt, daß der schwache Punkt dieser Vorrichtung das Bestimmelement ist.

$$F_{R'} = F_{Ers} + F_{Sp2} - F_R$$
$$F_{R'} = c_1\,c_2\,F_H + (k/l)\,F_{Sp1} - 2\mu\,F_{Sp1}.$$

Da nach Gl. (2.2.5) $F_{R'}$ mit dem Wert $c_2 \, F_H$ eingesetzt wurde, wird die Vorrichtung funktionsfähig, wenn $c_2 > 3 = c_3$ ist. Es wird dann

$$c_3 \, F_H = c_1 \, c_2 \, F_H + F_{Sp1} \left[(k/l) - 2\,\mu \right]$$

$$c_3 = c_1 \, c_2 + \frac{F_{Sp1}}{F_H} \left[(k/l) - 2\,\mu \right]. \tag{2.2.16}$$

Wird vorausgesetzt, daß $F_R = F_{Ers}$ und $F_{R'} = F_{Sp2}$ ist, so ergibt sich aus $F_R = F_{Ers}$

$$2\,\mu \, F_{Sp1} = c_1 \, c_2 \, F_H,$$

und eingesetzt in Gl. (2.2.16) wird

$$c_3 = c_1 \, c_2 + \frac{c_1 \, c_2 \, F_H}{2\,\mu \, F_H} \left[(k/l) - 2\,\mu \right]$$

$$c_3 = c_1 \, c_2 + \frac{c_1 \, c_2 (k/l)}{2\,\mu} - \frac{c_1 \, c_2 \, 2\,\mu}{2\,\mu}$$

$$c_3 = \frac{c_1 \, c_2 (k/l)}{2\,\mu}.$$

Da $\mu = 0{,}1$ ist, wird

$$c_3 = 5 \, c_1 \, c_2 (k/l). \tag{2.2.17}$$

Somit ist bewiesen, daß die Anordnung der Spannelemente nach Bild 2.2.5 möglich ist, wenn das Bestimmelement genügend fest ausgeführt wird.

Aus den bisherigen Abhandlungen ergeben sich folgende Schlußfolgerungen:

Der Einsatz von mehreren unabhängigen Spannelementen vergrößert die Nebenzeiten und darf nur dann erfolgen, wenn sich keine bessere Lösung finden läßt.

Die Kraftrichtung der Spannelemente hat in der Regel gegen die Bestimmelemente zu erfolgen.

Die Spannkräfte dürfen nicht außerhalb der Bestimmelemente wirksam werden.

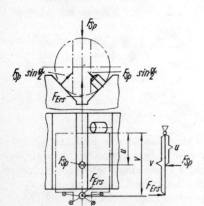

Bild 2.2.6. *Nach zwei Ebenen bestimmtes Werkstück wird mit Satzfräser bearbeitet. Schnittkräfte wirken gegen Spannkräfte*

Im Bild 2.2.6 ist ein Zusammenwirken von F_{Ers} und F_{Sp} dargestellt, wie es eigentlich vermieden werden sollte. Die Kraft F_{Ers} ist gegen die Kraft F_{Sp} gerichtet. In Sonderfällen läßt sich diese Anordnung nicht umgehen, wie es Bild 2.2.7 bei der

2.2. Spannen

Verwendung eines Doppelprismas und der kombinierten Reihen- und Mehrfachlangbearbeitung zeigt. Während bei den unteren Werkstücken F_{Ers} und F_{Sp} gleichgerichtet sind, wirken sie bei den oberen Werkstücken entgegengesetzt. Aus Gründen der Gebrauchssicherheit der Vorrichtung werden die Spannkräfte in beiden Fällen gleich groß gehalten.

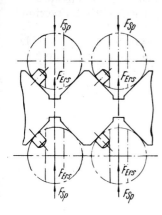

Bild 2.2.7. *Nach zwei Ebenen bestimmte Werkstücke im Doppelprisma in kombinierter Reihen- und Mehrfachlangbearbeitung mit Satzfräsern bearbeitet*

Bei den oberen Werkstücken ergeben sich die Kippmomente

$$M_K = M_{Sp}$$
$$F_{Ers}\, v = F_{Sp}\, u.$$

Somit wird

$$c_1\, c_2\, F_H\, v = F_{Sp}\, u$$
$$F_{Sp} = \frac{v}{u} c_1 c_2 F_H. \qquad (2.2.18)$$

Bei den unteren Werkstücken ergeben sich aus Bild 2.2.8 die Kippmomente

$$F_{Ers}\, m = F_{Sp}\, n.$$

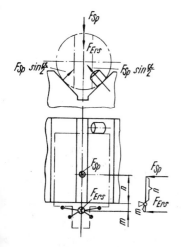

Bild 2.2.8. *Nach zwei Ebenen bestimmtes Werkstück mit Satzfräsern bearbeitet, Schnitt- und Spannkräfte gleichgerichtet*

Es wird

$$c_1 c_2 F_H m = F_{Sp} n$$

$$F_{Sp} = \frac{m}{n} c_1 c_2 F_H. \qquad (2.2.19)$$

Aus den Quotienten $(v/u) > 1$ und $(m/n) < 1$ ergibt sich, daß die ungünstigen Bedingungen bei den oberen Werkstücken im Bild 2.2.7 vorliegen. Deshalb erfolgt im Doppelprisma die Berechnung der Spannkräfte nach Gl. (2.2.18).

Die Momente als Grundlage der Berechnung der Spannkräfte werden auch bei Drehvorrichtungen verwendet, wenn der Schnittkraftradius und der Spannkraftradius ungleich sind (Bild 2.2.9).

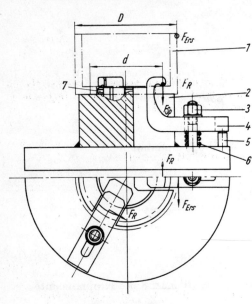

Bild 2.2.9. *Topfförmiges Werkstück in einer Drehvorrichtung zum ganzflächigen zentrischen Außenrundbearbeiten, Werkstück mit drei Spanneisen gespannt*

1 Werkstück; 2 Vorrichtungsgrundkörper; 3 Spannelemente; 4 Hakenspanneisen; 5 Stützbolzen; 6 Abdrückfeder für Spanneisen; 7 Bestimmelement

$$3 F_R \frac{d}{2} = F_{Ers} \frac{D}{2}$$

$$3 F_R \frac{d}{2} = c_1 c_2 F_H \frac{D}{2}$$

$$3 \cdot 2 \mu F_{Sp} \frac{d}{2} = c_1 c_2 F_H \frac{D}{2}$$

$$F_{Sp} = \frac{c_1 c_2 F_H D}{6 \mu d}. \qquad (2.2.20)$$

Eine Sonderform der konstruktiven Gestaltung der Vorrichtung geht aus Bild 2.2.10 hervor. Der Fertigungsgang erfolgt parallel zur veränderlichen Achse der Werkstücke (Fehlerrechnung erforderlich, s. Abschn. 2.1.)

Die Kraft F_{Sp} wird durch die Anlagekanten des Prismas in die Kräfte F_{Sp1} und F_{Sp2} zerlegt. Bezeichnet man den Prismenwinkel mit α, so ergibt sich

$$F_{Sp1;2} = F_{Sp} \sin \frac{\alpha}{2}. \qquad (2.2.21)$$

2.2. Spannen

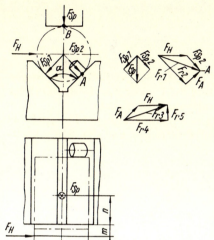

Bild 2.2.10. *Fräsen eines im Prisma gespannten Werkstücks parallel zur veränderlichen Achse, mit Kräfteplänen*

Der Berührungspunkt A zwischen Werkstück und Prisma wird durch die Kraft F_{r2} beansprucht. Gleichzeitig wird die Hangauftriebskraft F_A wirksam. Sie versucht mit der Hauptschnittkraft F_H das Spannelement zu öffnen. Die gegen F_{Sp} wirksame Kraft ist die Kraft F_{r5}. Sie ist kleiner als F_{Sp}. In diesem Fall wird nicht die Ersatzkraft F_{Ers}, sondern nur die Hauptschnittkraft F_H für die Berechnung herangezogen (s. Bild 2.2.10).

$$M_K = M_{Sp}$$
$$F_H\, m = F_{Sp}\, n$$
$$F_{Sp} = \frac{m}{n} F_H. \tag{2.2.22}$$

Die im Bild 2.2.10 dargestellten Punkte A und B sind auf Spannmarkenbildung nachzuweisen. Diese Problematik wird im Abschn. 2.2.4.3. behandelt.

Beim Bohren können die Spannkräfte in der gleichen Richtung wie die Vorschubkräfte wirken (Beispiel 8, Tafel 2.2.2). Setzt man die nach [2] angegebenen Kräfte $P_{1Z} = F_{Ers}$, so ergibt sich $\Sigma M = 0$.

$$\left(F_{Sp} + \frac{F_V}{2}\right)\mu\, \frac{d}{2} - M_d = 0$$

$$\left(F_{Sp} + \frac{F_V}{2}\right)\mu\, \frac{d}{2} - P_{1Z} \frac{D}{20} = 0$$

$$\frac{\left(F_{Sp} + \frac{F_V}{2}\right) 0{,}1\, \frac{d}{2} \cdot 20}{D} = P_{1Z}$$

$$\frac{\left(F_{Sp} + \frac{F_V}{2}\right) d}{D} = P_{1Z}$$

$$F_{Sp} = P_{1Z} \frac{D}{d} - \frac{F_V}{2}. \qquad \begin{array}{|c|c|c|c|c|} \hline F_{Sp} & F_V & P_{1Z} & d & D \\ \hline \text{kp} & \text{kp} & \text{kp} & \text{cm} & \text{cm} \\ \hline \end{array} \tag{2.2.23}$$

Tafel 2.2.2. Zusammenstellung der wichtigsten Grundgleichungen für die erforderlichen Spannkräfte

Lfd. Nr.	Beispiel	Bestimmen nach	Wirken der Kräfte	Spannkraft-gleichungen
1		2 Ebenen	$F_R = F_{Ers}$ $F_R = f(F_{Sp})$	$F_{Sp} = \dfrac{c_1 c_2 F_H}{2\mu}$
2		3 Ebenen	$F_R + F_{R'} = F_{Ers}$ $F_R = f(F_{Sp})$	$F_{Sp} = \dfrac{c_2 F_H (c_1 - 1)}{2\mu}$
3		3 Ebenen	$F_R + F_{R'} - F_{Sp2}$ $= F_{Ers}$ $F_R = f(F_{Sp1})$	$F_{Sp1} = \dfrac{c_3 F_H (c_1 - 1)}{2\mu}$ $F_{R'} = F_{Sp2}$ $F_R = F_{Ers}$
4		2 Ebenen	$M_k - M_{Sp} = 0$ $F_{Ers} m - F_{Sp} n = 0$	$F_{Sp} = \dfrac{m}{n} c_1 c_2 F_H$
5		2 Ebenen	$M_k - M_{Sp} = 0$ $F_{Ers} v - F_{Sp} u = 0$	$F_{Sp} = \dfrac{v}{u} c_1 c_2 F_H$
6	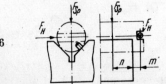	2 Ebenen	$M_k - M_{Sp} = 0$ $F_H m - F_{Sp} n = 0$	$F_{Sp} = \dfrac{m}{n} F_H$

2.2. Spannen

Tafel 2.2.2 (Fortsetzung)

Lfd. Nr.	Beispiel	Bestimmen nach	Wirken der Kräfte	Spannkraftgleichungen
7		3 Ebenen bei Längsdrehen	$M_{Sp} - M_d = 0$ $3 F_R \dfrac{d}{2} - F_{Ers} \dfrac{D}{2} = 0$ $3 \cdot 2 F_{Sp}\, \mu \dfrac{d}{2}$ $= c_1 c_2 F_H \dfrac{D}{2}$	$F_{Sp} = \dfrac{c_1 c_2 F_H D}{6 \mu d}$
8		3 Ebenen	$\left(F_{Sp} + \dfrac{F_V}{2}\right) \mu \dfrac{d}{2}$ $- M_d = 0$ $\left(F_{Sp} + \dfrac{F_V}{2}\right) \mu \dfrac{d}{2}$ $- P_{1Z}\dfrac{D}{20} = 0$	$F_{Sp} = P_{1Z}\dfrac{D}{d} - \dfrac{F_V}{2}$
9		3 Ebenen	$\left(F_{Sp} - \dfrac{F_V}{2} - \dfrac{G}{2}\right)$ $\times \mu \dfrac{d}{2} - M_d = 0$ $\left(F_{Sp} - \dfrac{F_V}{2} - \dfrac{G}{2}\right)$ $\times \mu \dfrac{d}{2} - P_{1Z}\dfrac{D}{20} = 0$	$F_{Sp} = P_{1Z} + 0{,}5$ $(F_V + G)$

Aus Gl. (2.2.23) ist erkennbar, daß das Verhältnis von D/d entscheidend für die Größe der Spannkraft sein wird. Bei großflächigen Werkstücken kann dieser Faktor die Größe von F_{Ers} derart beeinflussen, daß keine Spannkraft benötigt wird. In der Gl. (2.2.23) wurde bewußt die Masse des Werkstücks vernachlässigt, da es aufgrund des Werkstoffs, der Form und der Maße unterschiedlich sein kann, aber in jedem Fall die erforderliche Spannkraft verkleinern würde.

Werden großflächige Werkstücke weit außerhalb ihres Schwerpunktes durchbohrt, so besteht die Gefahr, daß beim Durchtreten des Bohrers die Werkstücke sich am Werkzeug hochziehen und damit die Bohrer brechen. Deshalb sollten in solchen Fällen die Werkstücke mit einer Spannkraft niedergehalten werden, die der Vorschubkraft entspricht, also

$$F_{Sp} = F_V. \tag{2.2.24}$$

Das Bohren gegen die Spannkräfte sollte vermieden werden. Läßt sich jedoch konstruktiv keine andere Lösung finden, so wird aus Gl. (2.2.23)

$$F_{Sp} = P_{1Z}\frac{D}{d} + 0{,}5\,(F_V + G). \tag{2.2.25}$$

In der Tafel 2.2.2 sind die Grundgleichungen für die Spannkräfte zusammengefaßt. Grundgleichungen deshalb, weil nur prismatische und zylindrische Körper gespannt und diese Körper prismatisch bzw. rund bearbeitet wurden. Bei Werkstücken schwieriger Form ist das Wirken der Kräfte genau zu untersuchen und dann neue Spannkraftgleichungen zu entwickeln.

Die auf das Werkstück wirkenden Kräfte dürfen das Werkstück und den Vorrichtungsgrundkörper nicht deformieren, weil sonst die Lagebestimmung des Werkstücks wieder aufgehoben würde. Nähere Ausführungen darüber sind in den Abschnitten 2.1. und 2.3. zu finden.

2.2.3. Mechanische Spannelemente

Zu den mechanischen Spannelementen werden Keile, Schrauben, Exzenter, Spannspiralen und Kniehebel gezählt. Keile und Schrauben beruhen auf dem Prinzip des Keiltriebs. Obwohl der Keiltrieb aus dem Fach Technische Mechanik bekannt ist, wird im folgenden noch einmal die Ableitung der Spannkraftgleichungen durchgeführt.

2.2.3.1. *Spannkeile*

Die Keilspanner untergliedern sich je nach der Art der Kraftaufbringung in Schlagkeile und indirekte Keilspanner.

Schlagkeile werden in Vorrichtungen untergeordneter Bedeutung (z. B. einfachen Bohr- und Schweißvorrichtungen) verwendet. Bei diesen Vorrichtungen spielt die Größe der Spannkraft eine unwesentliche Rolle. Es sollen die zu bearbeitenden Teile während der Fertigung ihre vorgeschriebene Lage nicht verändern. Da die Energie eines Hammerschlags von Hand nicht genau ermittelt werden kann, ist die Größe der Spannkraft sehr ungenau. Sie kann aber oft so groß werden, daß nach dem Lösen des Schlagkeils — wiederum durch den Schlag eines Hammers — sichtbare Spuren des Spannens mit dem Keil zurückbleiben. Diese Spuren nennt man Spannmarken. Jede Spannmarke beeinträchtigt die Güte der Oberfläche des Werkstücks. Vorrichtungen mit Schlagkeilen als Spannelemente werden nur eingesetzt, wenn die Werkstücke unbearbeitet bleiben oder die Oberfläche nachfolgend bearbeitet wird.

Durch die Einfachheit des Aufbaus einer solchen Vorrichtung liegen die Kosten für Konstruktion und Herstellung niedrig.

Die Keile sollen vor allem selbsthemmend sein. Selbsthemmung liegt vor, wenn die Bedingung erfüllt ist

$$\tan \alpha \leqq \tan \varrho \leqq \mu. \tag{2.2.26}$$

Ist $\mu = 0{,}1$, so ergibt sich Selbsthemmung, wenn $\tan \alpha \leqq 0{,}1$ wird und somit der Steigungswinkel $\alpha \leqq 5{,}6°$ ist. Diese Bedingung läßt sich durch das Steigungsverhältnis ausdrücken. Alle Keile mit einem kleineren oder gleichen Steigungsverhältnis wie 1 : 10 sind selbsthemmend. In der Praxis werden jedoch in der Regel nur Steigungen von 1 : 10, 1 : 12 und 1 : 20 verwendet.

Den Aufbau einer einfachen, durch Schlagkeile gespannten Vorrichtung zeigt Bild 2.2.11.

Es ist zu beachten, daß die Schlagkeile lose Teile sind. Damit sie nicht verlorengehen, werden sie mit Kettchen an der Vorrichtung befestigt.

Bei der Anwendung der *indirekten Keilspanner* wird die Spannkraft durch eine Spannschraube oder ein anderes Spannelement erzeugt und durch Keile übersetzt und umgelenkt.

2.2. Spannen

Zum besseren Verständnis des Kräfteverlaufs sind im Bild 2.2.12 die Einzelheiten eines Keilspanners dargestellt.

Die Größe der erzeugenden Kraft F_{erz} zum Aufbringen der Spannkraft F_{Sp} ergibt sich aus dem Gesetz, daß die Summe aller waagerechten Kräfte am Keil gleich 0 ist.

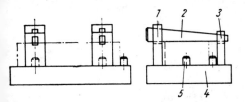

Bild 2.2.11. Schlagkeilspanner

1 vorderes Keillager; *2* Schlagkeil; *3* hinteres Keillager; *4* Vorrichtungsgrundkörper; *5* Bestimmelement

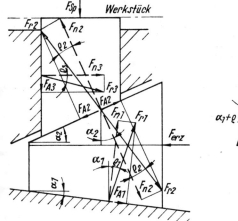
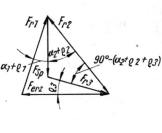

Bild 2.2.12. Indirekter Keilspanner und Kräfteplan

Summe aller waagerechten Kräfte am Keil gleich 0:

$$F_{erz} - F_{r1} \sin(\alpha_1 + \varrho_1) - F_{r2} \sin(\alpha_2 + \varrho_2) = 0. \qquad (2.2.27)$$

Summe aller senkrechten Kräfte am Keil gleich 0:

$$F_{r1} \cos(\alpha_1 + \varrho_1) - F_{r2} \cos(\alpha_2 + \varrho_2) = 0. \qquad (2.2.28)$$

Gl. (2.2.27) wird nach F_{erz} umgestellt und für F_{r1} der Wert aus Gl. (2.2.28) eingesetzt.

$$F_{erz} = F_{r1} \sin(\alpha_1 + \varrho_1) + F_{r2} \sin(\alpha_2 + \varrho_2)$$

$$F_{r1} = F_{r2} \frac{\cos(\alpha_2 + \varrho_2)}{\cos(\alpha_1 + \varrho_1)}$$

$$F_{erz} = F_{r2} \frac{\cos(\alpha_2 + \varrho_2) \sin(\alpha_1 + \varrho_1)}{\cos(\alpha_1 + \varrho_1)} + F_{r2} \sin(\alpha_2 + \varrho_2)$$

$$F_{erz} = F_{r2} [\cos(\alpha_2 + \varrho_2) \tan(\alpha_1 + \varrho_1) + \sin(\alpha_2 + \varrho_2)]. \qquad (2.2.29)$$

Summe aller waagerechten Kräfte am Spannstück gleich 0:

$$F_{r2} \sin(\alpha_2 + \varrho_2) - F_{r3} \cos \varrho_3 = 0. \qquad (2.2.30)$$

Summe aller senkrechten Kräfte am Spannstück gleich 0:

$$F_{Sp} + F_{r3} \sin \varrho_3 - F_{r2} \cos(\alpha_2 + \varrho_2) = 0. \tag{2.2.31}$$

Gl. (2.2.31) wird nach F_{Sp} umgestellt und für F_{r3} der Wert aus Gl. (2.2.30) eingesetzt.

$$F_{Sp} = F_{r2} \cos(\alpha_2 + \varrho_2) - F_{r3} \sin \varrho_3$$

$$F_{r3} = F_{r2} \frac{\sin(\alpha_2 + \varrho_2)}{\cos \varrho_3}$$

$$F_{Sp} = F_{r2} \cos(\alpha_2 + \varrho_2) - F_{r2} \frac{\sin(\alpha_2 + \varrho_2) \sin \varrho_3}{\cos \varrho_3}$$

$$F_{Sp} = F_{r2}[\cos(\alpha_2 + \varrho_2) - \sin(\alpha_2 + \varrho_2) \tan \varrho_3] \tag{2.2.32}$$

Dividiert man Gl. (2.2.29) durch Gl. (2.2.32), so wird

$$\frac{F_{erz}}{F_{Sp}} = \frac{F_{r2}[\cos(\alpha_2 + \varrho_2) \tan(\alpha_1 + \varrho_1) + \sin(\alpha_2 + \varrho_2)]}{F_{r2}[\cos(\alpha_2 + \varrho_2) - \sin(\alpha_2 + \varrho_2) \tan \varrho_3]}.$$

Dividiert man noch Zähler und Nenner durch $\cos(\alpha_2 + \varrho_2)$, so ergibt sich

$$F_{erz} = F_{Sp} \frac{\tan(\alpha_1 + \varrho_1) + \tan(\alpha_2 + \varrho_2)}{1 - \tan(\alpha_2 + \varrho_2) \tan \varrho_3}. \tag{2.2.33}$$

Sind die Steigungswinkel am Keil gleich groß ($\alpha_1 = \alpha_2 = \alpha$), so wird aus Gl. (2.2.33)

$$F_{erz} = F_{Sp} \frac{\tan(\alpha + \varrho_1) + \tan(\alpha + \varrho_2)}{1 - \tan(\alpha + \varrho_2) \tan \varrho_3}. \tag{2.2.34}$$

Sind an den Berührungsstellen die Reibungszahlen und damit die Reibungswinkel gleich groß ($\varrho_1 = \varrho_2 = \varrho_3 = \varrho$), so wird aus Gl. (2.2.34)

$$F_{erz} = F_{Sp} \frac{2 \tan(\alpha + \varrho)}{1 - \tan(\alpha + \varrho) \tan \varrho}. \tag{2.2.35}$$

Wenn man in die Vorrichtung einen einseitigen Keil einsetzt, wird der Keilwinkel $\alpha_1 = 0$. Aus Gl. (2.2.33) ergibt sich bei $\alpha_2 = \alpha$

$$F_{erz} = F_{Sp} \frac{\tan \varrho_1 + \tan(\alpha + \varrho_2)}{1 - \tan(\alpha + \varrho_2) \tan \varrho_3}. \tag{2.2.36}$$

Treten an den Berührungsstellen wieder gleiche Reibungszahlen auf, so wird aus Gl. (2.2.36)

$$F_{erz} = F_{Sp} \frac{\tan \varrho + \tan(\alpha + \varrho)}{1 - \tan(\alpha + \varrho) \tan \varrho}.$$

Nach den Additionstheoremen ist

$$\frac{\tan \varrho + \tan(\alpha + \varrho)}{1 - \tan(\alpha + \varrho) \tan \varrho} = \tan(\alpha + 2\varrho).$$

Damit wird aus Gl. (2.2.36)

$$F_{erz} = F_{Sp} \tan(\alpha + 2\varrho). \tag{2.2.37}$$

Der Kräfteplan im Bild 2.2.12 läßt erkennen, daß F_{Sp} gegenüber F_{erz} nur ve ändert werden kann, wenn die Keilwinkel verändert werden, da die Reibungswink

2.2. Spannen

konstant bleiben. Außerdem erkennt man aus Bild 2.2.13, daß Über- bzw. Untersetzungen der Kraft F_{erz} möglich sind. Aus diesem Diagramm läßt sich bei einem gegebenen Keilwinkel α bei gleichen Reibungszahlen sofort die Kraft F_{erz} ablesen, wenn F_{Sp} bekannt ist. Dieses Verfahren läßt sich nur beim einseitigen Keil anwenden.

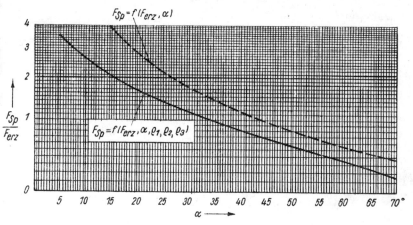

Bild 2.2.13. Diagramm zur Ermittlung des Übersetzungsverhältnisses F_{Sp}/F_{erz} in Abhängigkeit vom Keilwinkel

Während beim Schlagkeil unbedingte Selbsthemmung gefordert war, ist bei den indirekten Keilspannern die Selbsthemmung nicht erwünscht, weil sonst eine zusätzliche Kraft F'_{erz} zum Lösen des Keils benötigt würde. Selbsthemmende indirekte Keilspanner werden nur dann verwendet, wenn besonders große Übersetzungen von F_{Sp}/F_{erz} erforderlich sind. In diesem Fall ist die Größe der lösenden Kraft

$$F'_{erz} = F_{Sp} \tan(2\varrho - \alpha). \qquad (2.2.38)$$

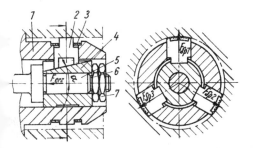

Bild 2.2.14. Keilspanndorn

1 Vorrichtungsgrundkörper; *2* Spannkeile; *3* Sicherungsblech; *4* Zugkeil; *5* Zugstange; *6* Befestigungsmutter; *7* Kontermutter

Bild 2.2.14 zeigt eine besondere Form des Keilspanners, wie er in Drehvorrichtungen eingesetzt wird. Im Vorrichtungsgrundkörper *1* gleitet, gezogen durch eine Zugstange *5*, der Zugkeil *4*. Durch die schiefen Ebenen, die im Winkel von 120° gleichmäßig am Umfang verteilt liegen, werden die Spannkeile *2* zum Spannen des Werkstücks verwendet. Ein umlaufendes Sicherungsblech *3* verhindert das Herausfallen der Spannkeile, wenn kein Werkstück gespannt ist. Die gekonterten Muttern *6* und *7* halten die Vorrichtungsteile zusammen.

In dieser Vorrichtung fällt die Reibung in der Führung des Grundkeils weg, weil der Zugkeil *4* durch die Spannkeile *2* allseitig abgestützt wird. Nach Gl. (2.2.36) wird aus

$$F_{erz} = F_{Sp1} \frac{\tan \varrho_1 + \tan(\alpha + \varrho_2)}{1 - \tan(\alpha + \varrho_2) \tan \varrho_3}$$

durch die Anzahl der Spannkeile

$$\frac{F_{erz}}{n} = F_{Sp1\ldots n} \frac{\tan \varrho_1 + \tan(\alpha + \varrho_2)}{1 - \tan(\alpha + \varrho_2) \tan \varrho_3}. \qquad (2.2.39)$$

Da $F_{Sp1} = F_{Sp2} = F_{Sp3}$ und $\tan \varrho_1 = 0$ ist, wird aus Gl. (2.2.39)

$$F_{erz} = n F_{Sp1\ldots n} \frac{\tan(\alpha + \varrho_2)}{1 - \tan(\alpha + \varrho_2) \tan \varrho_3}.$$

Die Kräfte $F_{Sp1\ldots n}$ können nicht unabhängig voneinander wirksam werden, und es wird für $n F_{Sp1\ldots n} = F_{Spges}$ eingesetzt. Daraus ergibt sich

$$F_{erz} = F_{Spges} \frac{1}{\dfrac{1}{\tan(\alpha + \varrho_2)} - \tan \varrho_3}. \qquad (2.2.40)$$

Beispiel

Es sind Werkstücke von 300 mm Länge und 80 mm Breite aus St 50 zu fräsen (schlichten).

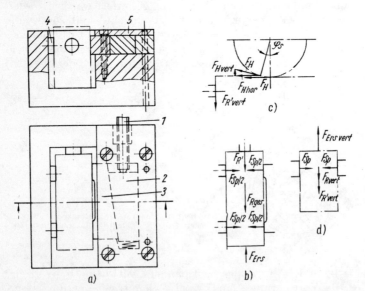

Bild 2.2.15. *Vorrichtung mit indirektem Keilspanner*
a) Gesamtansicht
b) Kräfte von oben betrachtet
c) Kräfte von der Seite betrachtet
d) Kräfte von vorn betrachtet
1 Spannelemente; *2* Antriebskeil; *3* Spannkeil; *4* Bestimmelement; *5* Abdeckplatte

2.2. Spannen

Werkzeug: Walzenfräser SS $\varnothing$ 80 × 100 (nach DIN 884) mit $Z = 8$ Zähnen. $\gamma = 12°$
Spanungsdaten: $a = 3$ mm, $s_Z = 0{,}1$ mm/Zahn, $v = 29$ m/min [2]
Vorrichtung: nach drei Ebenen bestimmtes Werkstück gemäß Bild 2.2.15
Spannart: indirekter Keilspanner, Keilwinkel 10°.

Die Ausgangsgrößen für die Berechnung einer Vorrichtung sind immer die Spanungsdaten. Deshalb erfolgt deren Berechnung an erster Stelle [2].

1. Berechnung der mittleren Hauptschnittkraft F_{m1Z} für einen Zahn

$$\cos \varphi_s = 1 - \frac{2a}{D} = 1 - \frac{6 \text{ mm}}{80 \text{ mm}} = 1 - 0{,}075 = 0{,}925$$

$$\varphi_s = 22{,}3°$$

$s_Z = 0{,}1$ mm/Zahn [2, Tabelle 17, für Schlichten]

$$h_m = \frac{114{,}6}{\varphi_s} s_Z \frac{a}{D} = \frac{114{,}6}{22{,}3°} \cdot 0{,}1 \text{ mm/Zahn} \cdot \frac{3 \text{ mm}}{80 \text{ mm}} = 0{,}0193 \text{ mm/Zahn}$$

$$k_s = \frac{k_{s1.1}}{h_m^m}$$

$$k_s = \frac{199 \text{ kp/mm}^2}{0{,}0193^{0{,}26}} = \frac{199}{0{,}358} = 560 \text{ kp/mm}^2$$

$k_{s1.1} = 199$ kp/mm²; $m = 0{,}26$ [2, Tabelle 1]

$$K_\gamma = 1 - \frac{\gamma - \gamma_{\text{Kienzle}}}{66{,}7} = 1 - \frac{12 - 6}{66{,}7} = 1 - 0{,}09 = 0{,}91$$

$K_V = 1{,}2$ [2, Tabelle 1 a]; $K_{\text{ver}} = 1{,}4$ (angenommen)

$$F_{m1Z} = B \, h_m \, k_s \, K_\gamma \, K_V \, K_{\text{ver}}$$

$$F_{m1Z} = 80 \text{ mm} \cdot 0{,}0193 \text{ mm} \cdot 560 \text{ kp/mm}^2 \cdot 0{,}91 \cdot 1{,}2 \cdot 1{,}4 = 1320 \text{ kp}$$

$$Z_{iE} = \frac{\varphi_s Z}{360°} = \frac{22{,}3° \cdot 8}{360°} = 0{,}62.$$

Es ist jeweils nur ein Zahn im Eingriff.

$$F_H = F_{m1Z} = 1320 \text{ kp}$$

2. Berechnung des indirekten Keilspanners

Nach Gl. (2.2.6) ergibt sich

$$F_R = c_2 F_H (c_1 - 1)$$

und für F_{Sp} nach Gl. (2.2.7) mit $c_2 = 3$; $c_1 = 1{,}4$ (s. Tafel 2.2.1); $\mu = 0{,}1$ (für Stahl/Stahl) wird

$$F_{Sp} = \frac{c_2 F_H (c_1 - 1)}{2\mu} = \frac{3 \cdot 1320 \text{ kp}(1{,}4 - 1)}{2 \cdot 0{,}1} = 7930 \text{ kp}.$$

Der Vollständigkeit halber soll auch der Einfluß der Vertikalkomponenten $F_{H\text{vert}}$ der Hauptschnittkraft F_H untersucht werden.

Nach Bild 2.2.15c ist

$$F_{H\text{vert}} = F_H \sin \varphi_s = 500 \text{ kp}.$$

Diese Kraft wirkt im Augenblick des Austretens des Fräserzahns aus dem Werkstück. Sie versucht das Werkstück aus der Vorrichtung herauszureißen. Setzt man hierfür die Ersatzkraft

$$F_{\text{Ers vert}} = c_2\, F_{H\,\text{vert}}$$

ein, wobei auf die Stoßzahl c_1 bewußt verzichtet wird, da keine erhöhten Kräfte des Anschneidens auftreten, so ergibt sich

$$F_{\text{Ers vert}} = 3 \cdot 500 \text{ kp} = 1500 \text{ kp}.$$

Aus Bild 2.2.15d und c ist zu ersehen, daß dieser Kraft die Kräfte $F_{R\,\text{vert}}$ und $F_{R'\,\text{vert}}$ entgegenwirken.

Daraus folgt

$$F_{R\,\text{vert}} = F_{\text{Ers vert}} - F_{R'\,\text{vert}}.$$

Da $F_{R\,\text{vert}} = 2\,\mu\, F_{Sp}$ und $F_{R'\,\text{vert}} = \mu\, F_{H\,\text{hor}}$ ist, wird

$$F_{Sp} = \frac{F_{\text{Ers vert}} - 0{,}1\, F_{H\,\text{hor}}}{2\,\mu}$$

und

$$F_{H\,\text{hor}} = F_H \cos \varphi_s = 1220 \text{ kp}.$$

Somit ergibt sich für die Spannkraft gegen Herausreißen

$$F_{Sp} = \frac{1500 \text{ kp} - 122 \text{ kp}}{0{,}2} = 6900 \text{ kp}.$$

Die vorher errechnete Spannkraft gegen Verschieben von 7930 kp reicht also aus. Mit $F_{Sp} = 6900$ kp sollten jedoch die Befestigungsschrauben der Abdeckplatte berechnet werden.

Aus Bild 2.2.13 läßt sich das Übersetzungsverhältnis (Keilwinkel 10°) ermitteln zu

$$\frac{F_{Sp}}{F_{\text{erz}}} = 2{,}57.$$

Folglich ergibt sich für die Spannschraube

$$F_{\text{erz}} = \frac{F_{Sp}}{2{,}57} = \frac{7930 \text{ kp}}{2{,}57} = 3085 \text{ kp}$$

$$d_3 = \sqrt{\frac{4\, F_{\text{erz}}}{\pi\, \sigma_{Z\,\text{zul}}}} = \sqrt{\frac{4 \cdot 3085 \text{ kp}}{\pi \cdot 1920 \text{ kp/cm}^2}} = \sqrt{2{,}049 \text{ cm}^2} = 1{,}43 \text{ cm}$$

($\sigma_{Z\,\text{zul}} = 0{,}3\, \sigma_s \quad \sigma_s = 6400$ kp/cm² für Werkstoff 8 G,

$\sigma_{Z\,\text{zul}} = 0{,}3 \cdot 6400$ kp/cm² $= 1920$ kp/cm²).

Gewählt wird nach DIN 13:

$d_3 = 1{,}693$ cm, $d = 20$ mm, entspricht M 20, $P = 2{,}5$ mm, $A_S = 2{,}45$ cm
$d_2 = 1{,}838$ cm.

Die weitere Berechnung der Spannschraube erfolgt nach den Bedingungen des folgenden Abschnitts.

2.2. Spannen

2.2.3.2. Spannschrauben

Für Spannschrauben kommen grundsätzlich nur standardisierte Gewinde zur Anwendung. Bevorzugt werden
Metrisches ISO-Gewinde nach DIN 13 Bl. 3
metrisches ISO-Feingewinde nach DIN 13 Bl. 4—10 und
Trapezgewinde, eingängig, nach DIN 103, 378 und 379.
Als Werkstoff sollte aus Verschleißgründen bevorzugt 8G eingesetzt werden. Im einzelnen geben die einschlägigen Normen der Bauteile Auskunft (s. Abschn. 2.9.).

Die Berechnung der Spannkräfte von Spannschrauben wird vom Keil hergeleitet, da das Gewinde als ein um einen Zylinder gewickelter Keil betrachtet werden kann [3, Bd. I, S. 225].

Danach wird

$$M_t = F_{Sp} \frac{d_2}{2} \tan(\alpha + \varrho').$$

Nicht nur der Steigungswinkel α und der hier aufgrund der 30° Neigung der Gewindespitzen verwendete reduzierte Reibungswinkel ϱ' beeinflussen die Größe der Spannkräfte, sondern auch die zusätzlich am Schraubenzapfen auftretenden Zapfenreibungsverluste.

Es werden vier Formen von Zapfen und damit auch vier verschiedene Größen von Zapfenreibungen unterschieden [4].

Bild 2.2.16. Kuppenzapfen mit punktförmiger Berührung

Bild 2.2.16 zeigt die punktförmige Spannkraftübertragung von der Spannschraube auf das Werkstück durch die kugelkopfartige Ausbildung des Zapfens. Diese Zapfenform darf nur zum Spannen unbearbeiteter Werkstückoberflächen verwendet werden, da es zur Spannmarkenbildung kommt. Bei dieser Zapfenform ist das theoretische Zapfenmoment $M_Z = 0$.

Da die Spannkraft F_{Sp} sich aus dem Gesetz $\Sigma M = 0$ ergibt, wird

$$-M_h + M_t + M_Z = 0$$
$$M_h = M_t + M_Z.$$

Da $M_Z = 0$, wird

$$M_h = M_t$$
$$M_h = F_h \, l_{\text{wirk}}$$
$$M_t = F_{Sp} \, (d_2/2) \tan(\alpha + \varrho')$$
$$F_h \, l_{\text{wirk}} = F_{Sp} \, (d_2/2) \tan(\alpha + \varrho'),$$

und durch Umstellung der Gleichung nach F_{Sp} wird

$$F_{Sp} = \frac{2 F_h \, l_{\text{wirk}}}{d_2 \tan(\alpha + \varrho')}. \tag{2.2.41}$$

M_h Handmoment
M_t Torsionsmoment
F_h Handkraft

Der Zapfen muß auf Berührungsdruck nach *Hertz* nachgewiesen werden, da eine Abplattung am Kugelkopf sofort ein Zapfenmoment ergeben würde und damit die Gl. (2.2.41) keine Berechtigung mehr hätte [4]. Die Gleichung für die Hertzsche Pressung verändert sich jedoch dadurch, daß die Verformung des Werkstücks nicht mehr nur im elastischen Bereich bestehen bleibt. Da der Schraubenzapfen (Werkstoff 8G) wesentlich härter ist als das Werkstück, kommt es am Werkstück zur Spannmarkenbildung. Jede Spannmarke ist eine plastische Verformung und hat in diesem Fall die Form einer Kugelkalotte. Damit ist die Bedingung während des Spannens, daß eine Kugel in eine Hohlkugel drückt, erfüllt. Der resultierende Radius wird mit dem Verhältnis $1/R = (1/R_1) - (1/R_2)$ sehr groß, da der Kalottenradius R_2 am Werkstück sich sehr stark dem Kuppenradius R_1 der Spannschraube nähert.

Bei einer Spannschraube M 20 nach DIN 6304 ist der Radius des Kugelkopfes 13 mm. Da R_2 sich nur geringfügig vergrößert, wird ein Maß von 13,23 mm angenommen.

$$\frac{1}{R} = \frac{1}{R_1} - \frac{1}{R_2} = \frac{1}{13} - \frac{1}{13{,}23} = \frac{13{,}23 \text{ mm} - 13 \text{ mm}}{171{,}99 \text{ mm}^2} = \frac{23}{17199 \text{ mm}} = \frac{1}{1335 \text{ mm}}.$$

Der reduzierte Radius ist also unter vorhergehender Annahme 100fach größer. Die endgültige Gleichung zum Nachweis des Kugelzapfens heißt deshalb:

$$p_{\text{vorh}} = 0{,}388 \sqrt[3]{\frac{F_{Sp} E^2}{100 R^2}} \qquad \begin{array}{c|c|c|c} p_{\text{vorh}} & F_{Sp} & E & R \\ \hline \text{kp/cm}^2 & \text{kp} & \text{kp/cm}^2 & \text{cm} \end{array}. \qquad (2.2.42)$$

Bei Werkstoffen mit unterschiedlichen E-Modulen erhält man [3]

$$E = 2 \frac{E_1 E_2}{E_1 + E_2};$$

$p_{\text{zul}} \leqq 9500 \text{ kp/cm}^2$ für Schraubenwerkstoff 8G [3, Bd. II, S. 83].

Bild 2.2.17. *Flachzapfen mit kreisflächenförmiger Berührung*

Im Bild 2.2.17 ist eine Zapfenform dargestellt, bei der die Berührungsstelle eine Kreisfläche darstellt. Da die Zapfenkanten abgerundet sind, kann nicht der volle Zapfendurchmesser in die Rechnung eingehen. Der reduzierte Zapfendurchmesser ist

$$d_{Z'} = 0{,}8\, d_Z.$$

Das Zapfenmoment wird in diesem Fall

$$M_Z = F_{Sp}\, \mu_2\, \frac{d_{Z'}}{4}.$$

2.2. Spannen

Aus dem Gesetz $\Sigma M = 0$ ergibt sich

$$-M_h + M_t + M_Z = 0$$
$$M_h = M_t + M_Z$$
$$F_h\, l_{\text{wirk}} = F_{Sp} \frac{d_2}{2} \tan(\alpha + \varrho') + F_{Sp}\, \mu_2 \frac{d_{Z'}}{4} = F_{Sp}\left[\frac{d_2}{2}\tan(\alpha + \varrho') + \mu_2 \frac{d_{Z'}}{4}\right].$$

Durch Umstellung der Gleichung nach F_{Sp} wird

$$F_{Sp} = \frac{2\, F_h\, l_{\text{wirk}}}{d_2 \tan(\alpha + \varrho') + \mu_2 \dfrac{d_{Z'}}{2}}. \tag{2.2.43}$$

Der Festigkeitsnachweis erfolgt auf Spannmarkenbildung.

$$p_{\text{vorh}} = \frac{F_{Sp}}{A_{Z'}} = \frac{4\, F_{Sp}}{d_{Z'}^2 \pi}. \tag{2.2.44}$$

Die zulässige Pressung wird

$$p_{\text{zul}} = 0.8\, \sigma_{d\,\text{zul}}.$$

Es müssen die Festigkeitswerte des Werkstücks verwendet werden, damit es nicht zur Spannmarkenbildung kommt.

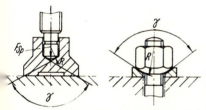

Bild 2.2.18. *Kugelzapfen mit kreislinienförmiger Berührung*

Bild 2.2.18 zeigt Zapfenformen, bei denen die Berührungsstellen Kreislinien sind. Das Zapfenmoment wird in diesen Fällen

$$M_Z = F_{Sp}'\, R\, \mu_2 \cos\frac{\gamma}{2}.$$

Aus dem Gesetz $\Sigma M = 0$ ergibt sich

$$-M_h + M_t + M_Z = 0$$
$$M_h = M_t + M_Z$$
$$F_h\, l_{\text{wirk}} = F_{Sp} \frac{d_2}{2}\tan(\alpha + \varrho') + F_{Sp}\, R\, \mu_2 \cos\frac{\gamma}{2}$$
$$= F_{Sp}\left[\frac{d_2}{2}\tan(\alpha + \varrho') + R\, \mu_2 \cos\frac{\gamma}{2}\right].$$

Durch Umstellung der Gleichung nach F_{Sp} wird

$$F_{Sp} = \frac{F_h\, l_{\text{wirk}}}{\dfrac{d_2}{2}\tan(\alpha + \varrho') + R\, \mu_2 \cos\dfrac{\gamma}{2}}. \tag{2.2.45}$$

Ein Festigkeitsnachweis für den Zapfen braucht in diesem Fall nicht geführt zu werden. Festigkeitsnachweise für das Druckstück nach DIN 6311 entfallen ebenfalls. Sollte jedoch das zu spannende Werkstück sehr weich sein (z. B. Pb-Legierungen), dann ist das Werkstück auf Spannmarkenbildung zu untersuchen.

Im Bild 2.2.19 ist eine Zapfenform dargestellt, bei der die Berührungsstelle kreisringförmig ist.

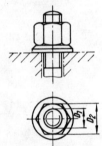

Bild 2.2.19. Schraube mit kreisringförmiger Berührung

In diesem Fall ist das Zapfenmoment [3, Bd. I, S. 230]

$$M_Z = F_{Sp}\, \mu_2 \frac{D_m}{2},$$

wobei $D_m = \dfrac{D_1 + D_2}{2}$ ist.

Aus dem Gesetz $\Sigma M = 0$ ergibt sich

$$-M_h + M_t + M_Z = 0$$
$$M_h = M_t + M_Z$$
$$F_h\, l_{\text{wirk}} = F_{Sp} \frac{d_2}{2} \tan(\alpha + \varrho') + F_{Sp}\, \mu_2 \frac{D_m}{2}$$
$$= F_{Sp}\left[\frac{d_2}{2} \tan(\alpha + \varrho') + \mu_2 \frac{D_m}{2}\right].$$

Durch Umstellung der Gleichung nach F_{Sp} wird

$$F_{Sp} = \frac{2\, F_h\, l_{\text{wirk}}}{d_2 \tan(\alpha + \varrho') + \mu_2\, D_m}. \tag{2.2.4}$$

Der Werkstoff des Werkstücks ist auf Spannmarkenbildung zu untersuchen. Dazu ist folgende Gleichung zu verwenden:

$$p_{\text{vorh}} = \frac{F_{Sp}}{A_Z} = \frac{4\, F_{Sp}}{\pi(D_2^2 - D_1^2)}. \tag{2.2.4}$$

Für p_{zul} wird wieder $0{,}8\, \sigma_{d\,\text{zul}}$ des Werkstücks eingesetzt.

Die Spannschraube ist festigkeitsmäßig nach der vierten Bachschen Hypothese über die Gestaltänderungsenergie nachzuweisen, nachdem sie über die Zugspannung errechnet und nach Normen oder Tabellen ausgewählt wurde. Da es si

2.2. Spannen

bei der Spannschraube um eine zusammengesetzte Festigkeit aus Zug und Torsion bzw. Druck und Torsion handelt, wird nach [3, Bd. II, S. 446] diese Vergleichsspannung

$$\sigma_V = \sqrt{\sigma_Z^2 + 3(\alpha_0 \tau_t)^2}.$$

Wenn

$$\alpha_0 = \frac{\sigma_{Z\,zul}}{1{,}73\ \tau_{t\,zul}}$$

ist und für $\tau_{t\,zul} = 0{,}6\ \sigma_{Z\,zul}$ eingesetzt wird, ergibt sich

$$\alpha_0 = \frac{\sigma_{Z\,zul}}{1{,}73 \cdot 0{,}6\ \sigma_{Z\,zul}} \approx 1.$$

Die Gleichung für die Vergleichsspannung vereinfacht sich damit zu

$$\sigma_V = \sqrt{\sigma_Z^2 + 3\tau_t^2} \qquad (2.2.48)$$

und

$$\tau_t = \frac{M_t}{W_t}. \qquad (2.2.49)$$

In jedem Fall muß $\sigma_V \leq \sigma_{Z\,zul}$ sein.

Die Gewindegänge sind auf Gewindepressung nachzuweisen, wenn die Mutterhöhe oder die Einschraublänge kleiner als der Gewindedurchmesser sind. Der Nachweis erfolgt nach der bekannten Gleichung

$$p_{vorh} = \frac{4\ F_{Sp}}{i\ \pi (d^2 - d_3^2)}. \qquad (2.2.50)$$

Für $p_{zul} = 0{,}34\ \sigma_{Z\,zul}$ des in der Mutter-Schrauben-Kombination verschleißgefährdetsten Werkstoffs ist

$$p_{vorh} \leq p_{zul}.$$

Die Spannkraft der Schraube ist nicht nur von ihren eigenen Maßen und von der Zapfenform abhängig, sondern auch von der Handkraft F_h und von der wirksamen Hebellänge l_{wirk}. Dabei sollte man sich an die Richtwerte in den Tafeln 2.2.3 und 2.2.4 halten.

Tafel 2.2.3. Größe der Handkräfte in Abhängigkeit von Spannfolgezeiten und Arbeitskräften

Arbeitskräfte	Zeit zwischen zwei Spannprozessen	Handkraft F_h
männlich	$\geq$ 1 min	15 kp
	$<$ 1 min	10 kp
weiblich	$\geq$ 1 min	7,5 kp
	$<$ 1 min	5 kp

Der Verwendung genormter Spannelemente ist anstelle von Sonderkonstruktionen der Vorzug zu geben. Genormte Bauelemente sind in jedem Fall billiger als vergleichbare Sonderanfertigungen.

Tafel 2.2.4. Wirksame Handhebellängen

Form des Hebels	l_{wirk}	Form des Hebels	l_{wirk}
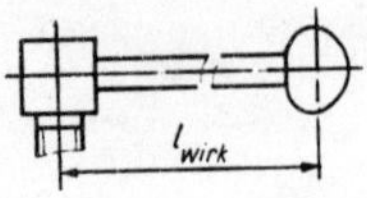	s. Skizze	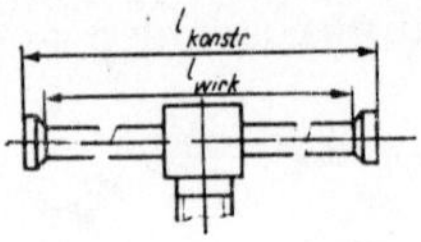	$= l_{konstr} - 20$ mm
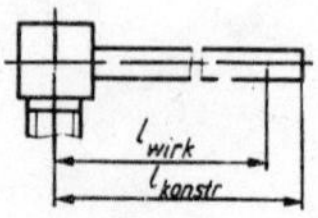	$= l_{konstr} - 50$ mm	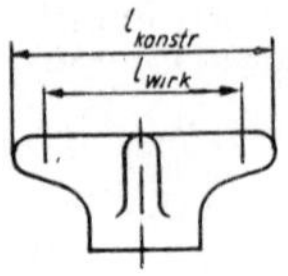	$= \frac{3}{4} l_{konstr}$
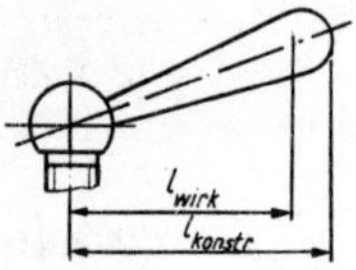	$= l_{konstr} - 30$ mm	Schraubenschlüssel einmaulig nach DIN 894	$= l_{konstr} - 50$ mm $l_{konstr} \approx 20\,d$
		Schraubenschlüssel zweimaulig nach DIN 895	$= l_{konstr} - 50$ mm $l_{konstr} \approx 15\,d$

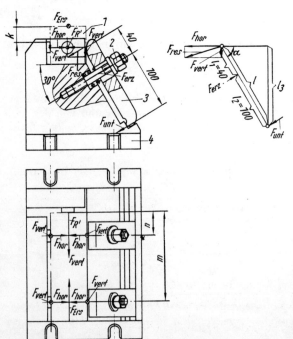

Bild 2.2.20. Vorrichtung für Langbearbeitung mit schrägangeordneten Spanneisen

1 Werkstück; 2 Spannelement; 3 Spanneisen; 4 Vorrichtungsgrundkörper

2.2. Spannen

Beispiel

Auf einer Hobelmaschine werden die Werkstücke St37 $40 \times 40 \times 120$ in eine Vorrichtung nach Bild 2.2.20 gespannt. Die Hauptschnittkraft beträgt 658 kp. Die Spannelemente sind auszuwählen und nachzuweisen. Die Ergebnisse sind zu diskutieren.

Lösung:

1. Ermittlung der Größe des Spannelements

Die Spannelemente müssen das Werkstück mit einer solchen Kraft niederhalten, daß beim Anschneiden des Werkzeugs das Werkstück nicht hochkippt. Die Schubkräfte werden vollständig durch das Bestimmelement aufgenommen.

Gegebene Maße aus der Konstruktion:

$k = 18$ mm, $n = 25$ mm, $m = 95$ mm, $l = 140$ mm, $l_1 = 40$ mm, $l_2 = 100$ mm, $l_3 = 121$ mm.

Summe der Kippmomente gleich 0:

$$F_{Ers} k - F_{vert} n - F_{vert} m = 0$$

$$F_{Ers} k = F_{vert} (n + m)$$

$$F_{vert} = \frac{F_{Ers} k}{n + m}.$$

Da F_{vert} sich aus F_{hor} ergibt, wird

$$F_{vert} = 2 \mu F_{hor}$$

$$2 \mu F_{hor} = \frac{F_{Ers} k}{n + m}$$

$$F_{hor} = \frac{F_{Ers} k}{2 \mu (n + m)}.$$

Summe der Drehmomente am Spanneisen gleich 0

$$F_{erz} l_1 - F_{hor} l_3 - F_{vert} l \cos \alpha = 0$$

$$F_{erz} l_2 - F_{hor} l_3 - F_{hor} \mu l \cos \alpha = 0 \qquad (l_3 = l \sin \alpha)$$

$$F_{erz} l_2 = F_{hor} l \sin \alpha + F_{hor} \mu l \cos \alpha$$

$$F_{erz} = \frac{F_{hor} l (\sin \alpha + \mu \cos \alpha)}{l_2}$$

$$= \frac{F_{Ers} k \, l (\sin \alpha + \mu \cos \alpha)}{l_2 \, 2 \mu (n + m)} = \frac{c_1 c_2 F_H k \, l (\sin \alpha + \mu \cos \alpha)}{l_2 \, 2 \mu (n + m)}$$

$$= \frac{1{,}6 \cdot 3 \cdot 658 \text{ kp} \cdot 1{,}8 \text{ cm} \cdot 14 \text{ cm} \, (0{,}866 + 0{,}1 \cdot 0{,}5)}{10 \text{ cm} \cdot 2 \cdot 0{,}1 \cdot (2{,}5 \text{ cm} + 9{,}5 \text{ cm})} = 3040 \text{ kp}.$$

Aus dieser Schraubenkraft, die an jedem Spanneisen wirken muß, läßt sich die Schraubengröße berechnen.

Schraubenwerkstoff: 8G

$$\sigma_{Z\,zul} = 0{,}3\,\sigma_s = 0{,}3 \cdot 6400 \text{ kp/cm}^2 = 1920 \text{ kp/cm}^2$$

$$d_3 = \sqrt{\frac{4\,F_{Ers}}{\pi\,\sigma_{Z\,zul}}}$$

$$= \sqrt{\frac{4 \cdot 3040 \text{ kp}}{\pi \cdot 1920 \text{ kp/cm}^2}}$$

$$= \sqrt{2{,}015 \text{ cm}^2} = 1{,}42 \text{ cm}.$$

Gewählt nach DIN 13:

$d_3 = 1{,}6933$ cm, $d = 20$ mm (entspricht M 20), $P = 2{,}5$ mm,
$A_S = 2{,}45$ cm², $d_2 = 1{,}84$ cm.

Stiftschraube nach DIN 938

2. Nebenrechnungen

$$\frac{d_2}{2} = \frac{1{,}84 \text{ cm}}{2} = 0{,}92 \text{ cm}$$

$$\tan \alpha = \frac{P}{\pi\,d_2} = \frac{0{,}25 \text{ cm}}{\pi \cdot 1{,}84 \text{ cm}} = 0{,}433$$

$$\tan \varrho' = \frac{\mu_1}{\cos \beta} = \frac{0{,}1}{0{,}866} = 0{,}1155$$

$$\begin{aligned}\alpha &= 2{,}5°\\ \varrho' &= 6{,}6°\\ \hline \alpha + \varrho' &= 9{,}1°\end{aligned} \;;\qquad \tan(\alpha + \varrho') = 0{,}1582$$

$R = 2{,}7$ cm nach DIN 6330
$\mu_2 = 0{,}1$ Stahl/Stahl
$\gamma = 120°$ nach DIN 6319

$$l_{\text{wirk}} = \frac{F_{erz}}{F_h}\left[\frac{d_2}{2}\tan(\alpha + \varrho') + R\,\mu_2\cos\frac{\gamma}{2}\right]$$

$$l_{\text{wirk}} = \frac{3040 \text{ kp}}{15 \text{ kp}}(0{,}92 \text{ cm} \cdot 0{,}1582 + 2{,}7 \text{ cm} \cdot 0{,}1 \cdot 0{,}5) = 57{,}1 \text{ cm}$$

3. Diskussion des Ergebnisses

Einen Schraubenschlüssel von 571 mm Länge für Gewinde M 20 gibt es nicht. Der Schraubenschlüssel ist nach DIN 894 ≈ 400 mm lang. Es gäbe die Möglichkeit, den Schraubenschlüssel zu verlängern, dann ist der Schraubenschlüssel ein nur zu dieser Vorrichtung gehörendes Bedienelement.

Folgende weitere Lösungswege sind zu untersuchen:
a) Einsatz einer größeren Anzahl von Spannschrauben und Spanneisen. Damit würden sich die Nebenzeiten erhöhen.
b) Änderung des Hebelverhältnisses am Spanneisen. Das würde jedoch zu einer erheblichen Vergrößerung der Baumaße der Vorrichtung führen.

2.2. Spannen

c) Umkonstruktion der Vorrichtung. Die erzeugenden Kräfte müßten im Drehpunkt bei F_{unt} angreifen. Der Drehpunkt würde sich in die Ebene der jetzt angreifenden Spannschraube verlagern. Die Baumaße der Vorrichtung würden sich vergrößern; sie könnten jedoch in Grenzen gehalten werden.
d) Minderung der Schnittkräfte. Die Hauptzeiten würden sich damit erhöhen.
e) Änderung des Fertigungsverfahrens. Darauf kann der Vorrichtungskonstrukteur nur über die Technologie Einfluß nehmen.
f) Einsatz von metrischem Feingewinde für die Spannschrauben. Diese Lösung führt ebenfalls zur Vergrößerung der Nebenzeiten.

4. Nachweis der Spannschraube

$$\sigma_V = \sqrt{\sigma_Z^2 + 3\tau_t^2}$$

Nebenrechnungen

$$\sigma_Z = \frac{F_{erz}}{A_S} = \frac{3040 \text{ kp}}{2{,}45 \text{ cm}^2} = 124 \text{ kp/cm}^2$$

$$\tau_t = \frac{M_t}{W_t} = \frac{F_{erz} \frac{d_2}{2} \tan(\alpha + \varrho') \cdot 16}{\pi d_3^3}$$

$$\tau_t = \frac{3040 \text{ kp} \cdot 0{,}92 \text{ cm} \cdot 0{,}1582 \cdot 16}{\pi \cdot 1{,}6933^3} = 464 \text{ kp/cm}^2$$

$$\sigma_V = \sqrt{100^2(1{,}24^2 \text{ kp}^2/\text{cm}^4 + 3 \cdot 4{,}64^2 \text{ kp}^2/\text{cm}^4)} = 807 \text{ kp/cm}^2$$

$$\sigma_V < \sigma_{Z\,zul} = 1920 \text{ kp/cm}^2$$

2.2.3.3. Spannexzenter

Der Spannexzenter ist ein Spannelement mit geringen Herstellkosten. Alle Größen sind nicht genormt, lassen sich aber ohne großen Aufwand schnell und einfach herstellen. Die Nachteile liegen in seinem geringen Schwenkwinkel φ und damit in einer geringen Hubhöhe H sowie den ungleichen Kräften F_{Sp} in Abhängigkeit von φ (Bild 2.2.21). In jedem Fall muß der Spannexzenter selbsthemmend sein.

Es gibt Druck- und Zugexzenter. Als Werkstoffe werden C15 einsatzgehärtet oder C60 oberflächengehärtet angewendet.

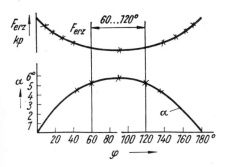

Bild 2.2.21. Abhängigkeit des Keilwinkels α und der Spannkräfte vom Schwenkwinkel φ beim Spannexzenter

Aus den Verhältnissen im Bild 2.2.22 läßt sich die Selbsthemmung nachweisen, wenn als Reibungszahl $\mu = 0,1$ gesetzt wird, also die Bedingung besteht, daß der Exzenter aus Stahl ein Werkstück aus Stahl spannt und auf einem Stahlbolzen gelagert wird.

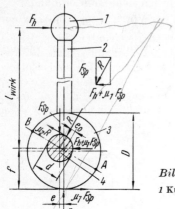

Bild 2.2.22. *Kräfte und Maße am Spannexzenter*
1 Kugelgriff; 2 Handhebel; 3 Exzenterscheibe; 4 Lagerbolzen

Aus dem Gesetz $\sum M = 0$ ergibt sich

$$F_{Sp}\, e + f\, \mu_1\, F_{Sp} + \frac{d}{2} \mu_2\, R - F_h\, l_\text{wirk} = 0.$$

Aus Abschn. 2.2.3.4. ist ersichtlich, daß $R \approx 1,0\, F_{Sp}$ ist. Der Einfachheit halber setzt man $R = F_{Sp}$. Damit wird aus der Momentengleichung

$$F_{Sp}\left(e + f\mu_1 + \frac{d}{2}\mu_2\right) = F_h\, l_\text{wirk}.$$

Selbsthemmung muß am Exzenter vorhanden sein, damit keine Kraft zum Halten des Bedienhebels benötigt wird. Somit wird $F_h\, l_\text{wirk} = 0$. Dividiert man die Gleichung noch durch F_{Sp} so wird

$$e + f\mu_1 + \frac{d}{2}\mu_2 = 0.$$

Da im genannten Fall $\mu_1 = \mu_2 = 0,1$ ist, lautet die Gleichung

$$e + 0,1\left(f + \frac{d}{2}\right) = 0.$$

Die Größe e ist von 0 bis e_0 veränderlich. Die ungünstigsten Bedingungen sind jedoch gegeben, wenn $e = e_0$ ist. In diesem Fall wird $f = D/2$.

$$e_0 = -0,1\left(\frac{D}{2} + \frac{d}{2}\right)$$

$$e_0 = -\frac{1}{20}(D + d).$$

Es ist empfehlenswert, $d = (1/3)\, D$ zu gestalten. Dann wird

$$e_0 = -\frac{1,33}{20} D$$

2.2. Spannen

und

$$e_0 = -0.066\, D$$

$$|e_0| \leq \frac{D}{15}. \qquad (2.2.51)$$

Unter dieser Bedingung wird am Exzenter Selbsthemmung erreicht.

Außerdem ergibt sich aus Bild 2.2.22, daß der Spannexzenter theoretisch nur im Bereich des Bogens AB, also nur im Winkel von 180°, spannen kann. Praktisch ist das jedoch nicht möglich, da die Punkte A und B Wendepunkte sind. Einwandfreies Spannen wird nur garantiert, wenn $F_{Sp} = f(\varphi) \approx$ const ist. Diese Forderung wird eingehalten, wenn nach Bild 2.2.21 der Schwenkwinkel $\varphi = 60$ bis $120°$ ist. In diesem Bereich ist der Verlauf der Spannkraftkurve annähernd gerade. Die Berechnung der Spannkräfte läßt sich aus Bild 2.2.22 ableiten.

Aus $\Sigma M = 0$ wird

$$F_{Sp}\, e + f\, \mu_1\, F_{Sp} + \frac{d}{2}\, \mu_2\, R - F_h\, l_{\text{wirk}} = 0.$$

Setzt man für $e = e_0$, für $f = D/2$ und für $R = F_{Sp}$ ein, dann ergibt sich

$$F_{Sp}\, e_0 + \frac{D}{2}\, \mu_1\, F_{Sp} + \frac{d}{2}\, \mu_2\, F_{Sp} = F_h\, l_{\text{wirk}}$$

$$F_{Sp} \left(e_0 + \frac{D}{20} + \frac{d}{20} \right) = F_h\, l_{\text{wirk}}$$

$$F_{Sp} = \frac{F_h\, l_{\text{wirk}}}{e_0 + \dfrac{D}{20} + \dfrac{d}{20}}. \qquad (2.2.52)$$

Unter der Annahme, daß $|e_0| = D/15$ und $d = (1/3)\, D$ ist, vereinfacht sich die Gleichung zu

$$F_{Sp} = \frac{F_h\, l_{\text{wirk}}}{e_0 + \dfrac{15}{20} e_0 + \dfrac{5}{20} e_0}$$

$$F_{Sp} = \frac{F_h\, l_{\text{wirk}}}{2\, e_0}. \qquad (2.2.53)$$

Damit am Exzenterumfang keine Abplattung entsteht, ist er auf plastische Verformung zu berechnen. Die Gleichung lautet [3. Bd. II, S. 82]

$$p_{\text{vorh}} = 0{,}418 \sqrt{\frac{2\, F_{Sp}\, E}{D\, l}} \quad \begin{array}{|c|c|c|c|c|} p_{\text{vorh}} & F_{Sp} & E & D & l \\ \text{kp/cm}^2 & \text{kp} & \text{kp/cm}^2 & \text{cm} & \text{cm} \end{array} \quad ; \qquad (2.2.54)$$

$$p_{\max} = \sigma_S \geq p_{\text{vorh}}$$

l Breite des Spannexzenters.

Da bei direkter Berührung des Spannexzenters mit dem Werkstück oft Spannmarken entstehen, dürfen entweder nur unbearbeitete Werkstückoberflächen gespannt werden, oder es müssen Druckstücke und Spanneisen eingesetzt werden.

Der Lagerzapfen ist auf Biegung und Flächenpressung nachzurechnen.

2.2.3.4. Spannspirale

Die Spannspirale hat nicht die Nachteile des Spannexzenters. Das Material besteht aus 16 MnCr 5 eingesetzt und wird nach der mechanischen Bearbeitung einsatzgehärtet. Betrachtet man Bild 2.2.23. so zeigt sich, daß die Spannspirale einen konstanten Steigungswinkel und demzufolge auch eine konstante Spannkraft bei gleicher Handkraft unabhängig vom Schwenkwinkel hat.

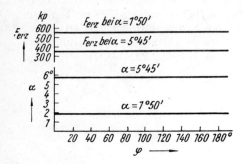

Bild 2.2.23. Abhängigkeit der Keilwinkel α und der Spannkräfte vom Schwenkwinkel φ bei Spannspiralen

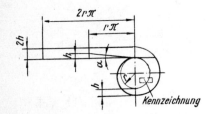

Bild 2.2.24. Konstruktionsmaße der Spannspirale

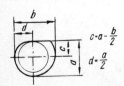

Bild 2.2.25. Ermittlung des Mittelpunktes der Spannspirale

Die Konstruktionsmaße der Spannspirale sind im Bild 2.2.24 charakterisiert.

Der Mittelpunkt zum Herstellen der Zapfenbohrung wird nach der Systematik aus Bild 2.2.25 gefunden.

Durch die Steigungswinkel $\alpha = 1°50'$ und $\alpha = 5°45'$ sind die Spannspiralen immer selbsthemmend.

Die Einsatzmöglichkeiten sind größer als beim Spannexzenter, weil ein praktischer Schwenkwinkel φ von 180° (meist im Bereich von 30 bis 210°) ausgenutzt werden kann. Somit wird auch die Hubhöhe größer.

2.2. Spannen

Die Spannspirale ist eine archimedische Spirale (Bild 2.2.26). Sie entsteht, wenn sich ein Punkt P mit gleichbleibender Geschwindigkeit auf einem Strahl $\overline{OA}$ bewegt, der sich seinerseits gleichförmig um den Pol 0 dreht. Hat der Punkt P auf dem Leitstrahl, bei einer Umdrehung von $360° = 2\pi$ im Bogenmaß, den Weg $\overline{OA} = r_0$ zurückgelegt, so lautet mit f' als Leitstrahl und φ als Polarwinkel die Polargleichung

$$f' = a\,\widehat{\varphi} = \frac{r_0\,\widehat{\varphi}}{2\pi} = \frac{r_0\,\varphi°}{360°}. \qquad (2.2.55)$$

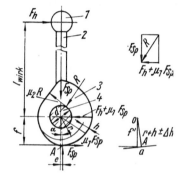

Bild 2.2.26. Hand- und Spannkräfte an der Spannspirale
1 Kugelgriff; 2 Handhebel; 3 Spiralscheibe; 4 Lagerbolzen

Als Subnormale steht a senkrecht auf $\overline{OA}$. Damit wird

$$\tan\alpha = \frac{a}{r + h \pm \Delta h}$$

$$e = (r + h \pm \Delta h)\sin\alpha$$

und

$$f' = (r + h \pm \Delta h)\cos\alpha.$$

Wird die Reibung zwischen Spannspirale und Werkstück sowie die Lagerreibung vernachlässigt, so ergibt sich die Momentengleichung

$$F_{Sp}\,e = F_{ho}\,l_{\text{wirk}};$$

F_{ho} Handkraft ohne Berücksichtigung der Reibung.

Wird die Reibung berücksichtigt, so folgt aus $\Sigma M = 0$

$$F_{Sp}\,e + \mu_1 F_{Sp}\,f + \mu_2 R\,\frac{d}{2} - F_h\,l_{\text{wirk}} = 0. \qquad (2.2.56)$$

Zur Auflösung der Gleichung ist zunächst die Größe der Kraft R zu ermitteln. Aus Bild 2.2.26 erkennt man, daß

$$R = \sqrt{F_{Sp}^2 + (F_h + \mu_1 F_{Sp})^2}$$

ist.

Da der Wirkungsgrad der Spannspirale $\approx 33\%$ beträgt, wird die Handkraft F_h ungefähr 3mal so groß wie F_{ho}, also

$$3 F_{ho} = F_h = 3 F_{Sp}\,\frac{e}{l_{\text{wirk}}}$$

und damit

$$R = \sqrt{F_{Sp}^2 + \left(3 F_{Sp} \frac{e}{l_{\text{wirk}}} + F_{Sp} \mu_1\right)^2}$$

$$R = \sqrt{F_{Sp}^2 + 9 F_{Sp}^2 \left(\frac{e}{l_{\text{wirk}}}\right)^2 + 6 \mu_1 F_{Sp}^2 \frac{e}{l_{\text{wirk}}} + F_{Sp}^2 \mu_1^2}$$

$$R = F_{Sp} \sqrt{1 + 9\left(\frac{e}{l_{\text{wirk}}}\right)^2 + 6 \frac{e}{l_{\text{wirk}}} \mu_1 + \mu_1^2}.$$

Da $e/l_{\text{wirk}} = 0{,}0034$ (bei $\alpha = 1°50'$) bzw. $e/l_{\text{wirk}} = 0{,}0133$ (bei $\alpha = 5°45'$) ist und für $\mu_1 = 0{,}15$ bzw. $0{,}08$ angenommen wurden, ergibt sich bei $\alpha = 1°50'$

$$R = F_{Sp} \sqrt{1{,}026}$$

und bei

$$\alpha = 5°45'$$

$$R = F_{Sp} \sqrt{1{,}014}.$$

Die Handkräfte sind nur ungenau angenommene Werte, und es kann deshalb ohne weiteres mit

$$R = F_{Sp}$$

gerechnet werden.

Somit wird aus Gl. (2.2.56)

$$F_{Sp} e + \mu_1 F_{Sp} f + \mu_2 F_{Sp} \frac{d}{2} = F_h l_{\text{wirk}}$$

$$F_h l_{\text{wirk}} = F_{Sp} \left(e + \mu_1 f + \mu_2 \frac{d}{2}\right)$$

$$F_{Sp} = \frac{F_h l_{\text{wirk}}}{e + \mu_1 f + \mu_2 d/2}. \qquad (2.2.57)$$

Das Maß f ergibt sich aus Bild 2.2.26 zu

$$f = r + h \pm \Delta h.$$

Da $\Delta h \to 0$ geht, genügt es. die in Tafel 2.2.5 gekennzeichneten Maße $r + h = f$ einzusetzen. Die zur Berechnung notwendigen Maße und Größen sind aus Tafel 2.2.5 zu entnehmen. Die unterschiedlichen Reibungszahlen bei den verschiedenen Keilwinkeln der Spannspiralen ergeben sich aus praktischen Versuchen und sollen darauf hinweisen, daß nicht in jedem Fall Tabellenwerte kritiklos hingenommen werden dürfen. Sollte es vorkommen daß andere Größen von Spannspiralen selbst hergestellt werden müssen, so genügt es hier mit $\mu = 0{,}1$ zu rechnen.

Am Umfang der Spannspirale darf keine Abplattung entstehen. Deshalb ist sie auf plastische Verformung zu berechnen. Die Gleichung ähnelt der Gl. (2.2.54), berücksichtigt aber die Konstruktionsmaße r und h.

$$p_{\text{vorh}} = 0{,}418 \sqrt{\frac{F_{Sp} E}{(r + h) l}} \qquad \begin{array}{|c|c|c|c|c|} \hline p_{\text{vorh}} & F_{Sp} & E & r & h & l \\ \hline \text{kp/cm}^2 & \text{kp} & \text{kp/cm}^2 & \text{cm} & \text{cm} & \text{cm} \\ \hline \end{array} \qquad (2.2.58)$$

$$p_{\text{max}} = \sigma_S \gtreqless p_{\text{vorh}};$$

l Breite der Spannspirale

2.2. Spannen

Tafel 2.2.5. *Maße und Berechnungswerte für Spannspiralen*

∢	r mm	h mm	e mm	d mm	$\mu_1 = \mu_2$	$\dfrac{e}{l_{\text{wirk}}}$	F_{Sp} kp
1°5 0′	10	1	0,336	10	für alle	für alle	für alle
	16	1,6	0,536	15	≈ 0,15	0,0034	550
	25	2,5	0,838	20			
	32	3,2	1,071	30			
5 50′	8	2,5	1,052	8	für alle	für alle	für alle
	10	3,5	1,346	10	≈ 0,08	0,0133	350
	16	5	2,104	15			
	25	8	3,305	20			
	32	10	4,22	30			

Es empfiehlt sich beim direkten Spannen zur Vermeidung von Spannmarken nur unbearbeitete Werkstückoberflächen zu spannen oder zwischen Spannspirale und Werkstück ein Druckstück zu setzen oder die Spannspirale mit einem Spanneisen zu verwenden.

Der Lagerzapfen ist auf Biegung und Flächenpressung nachzurechnen.

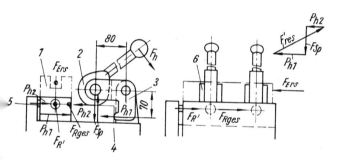

Bild 2.2.27. *Fräsvorrichtung mit Winkelspanneisen und Spiralspanner*

1 Werkstück; *2* Spannspirale; *3* Winkelspanneisen; *4* Vorrichtungsgrundkörper; *5* Bestimmelement; *6* Lager für Winkelspanneisen

Beispiel

Werkstücke werden nach Bild 2.2.27 in einer Hobelvorrichtung gespannt. Es tritt eine Hauptschnittkraft $F_H = 290$ kp auf, und zwei Spanneisen liegen hintereinander. Die Hebellängen am Winkelspanneisen betragen $l_2 = 80$ mm und $l_1 = 70$ mm. Aus Spannspiralformstahl 25×8 ($r \times h$) wird die Spannspirale hergestellt. Die Handkraft F_h beträgt 15 kp.

Gesucht: Spannkraftgleichung, Breite der Spannspirale, wirksame Handhebellänge, Hinweise auf weitere Berechnungen

Lösung:

Ermittlung der Spannkräfte

$$F_{R\,\text{ges}} = 2\mu\, P_{h1} + 2\mu\, F_{Sp} + \mu\, P_{h2} = 2\mu\left(P_{h1} + F_{Sp} + \frac{1}{2} P_{h2}\right).$$

Da P_{h1} und P_{h2} funktionell durch F_{Sp} ausgedrückt werden können, ergibt sich

$$P_{h1} = \frac{l_2}{l_1} F_{Sp}$$

und

$$P_{h2} = \mu_1 F_{Sp}.$$

Eingesetzt in die vorhergehende Gleichung erhält man

$$F_{Rges} = 2\mu \left(\frac{l_2}{l_1} F_{Sp} + F_{Sp} + \frac{1}{2} \mu_1 F_{Sp} \right)$$

$$F_{Rges} = 2\mu F_{Sp} \left(\frac{l_2}{l_1} + 1 + \frac{1}{2} \mu_1 \right).$$

Diese Gleichung wird nach F_{Sp} umgestellt zu

$$F_{Sp} = \frac{F_{Rges}}{2\mu \left(\frac{l_2}{l_1} + 1 + \frac{1}{2} \mu_1 \right)}.$$

Da in diesem Beispiel durch das Bestimmelement eine Kraft F_R erzeugt wird, erhält man nach Gl. (2.2.6)

$$F_{Rges} = c_2 F_H (c_1 - 1).$$

Eingesetzt in die vorhergehende Gleichung wird

$$F_{Sp} = \frac{c_2 F_H (c_1 - 1)}{2\mu \left(\frac{l_2}{l_1} + 1 + \frac{1}{2} \mu_1 \right)}$$

$$F_{Sp} = \frac{3 \cdot 290 \text{ kp} (1{,}6 - 1)}{2 \cdot 0{,}08 \left(\frac{80 \text{ mm}}{70 \text{ mm}} + 1 + 0{,}04 \right)} = 1480 \text{ kp}.$$

Da zwei Spannelemente diese Kraft aufbringen müssen, wird ein Spannelement $F_{Sp}/2 = 740$ kp erzeugen.

2. Berechnung der Breite der Spannspirale

Durch die Kräfte F_{Sp} und P_{h2} ergibt sich eine resultierende Kraft, die die Spannspirale auf plastische Verformung beansprucht.

$$F_{res} = \sqrt{F_{Sp}^2 + P_{h2}^2} = \sqrt{F_{Sp}^2 (1 + \mu_1^2)}$$

$$F_{res} = \sqrt{740 \text{ kp}^2 (1 + 0{,}0064)} = 754 \text{ kp}.$$

Die Mindestbreite ergibt sich nach Umstellung der Gl. (2.2.58) zu

$$l_{min} = \frac{0{,}418^2 \; F_{res} \; E}{(r + h) \sigma_S^2}$$

$$l_{min} = \frac{0{,}175 \cdot 745 \text{ kp} \cdot 2{,}1 \cdot 10^6 \text{ kp/cm}^2}{(2{,}5 \text{ cm} + 0{,}8 \text{ cm}) \cdot 6{,}2^2 \cdot 10^6 \text{ kp}^2/\text{cm}^4} = 2{,}16 \text{ cm}.$$

2.2. Spannen

Gewählt wird $l_{gew} = 23$ mm.

$$p_{vorh} = 0{,}418 \sqrt{\frac{F_{res}\,E}{(r+h)\cdot l}} = 6000 \text{ kp/cm}^2$$

$p_{vorh} < \sigma_s = 6200$ kp/cm² (16MnCr5)

3. Ermittlung der wirksamen Handhebellänge

Durch Umstellung der Gl. (2.2.57) ergibt sich

$$l_{wirk} = \frac{F_{Sp}\left(e + \mu_1 f + \mu_2 \dfrac{d}{2}\right)}{F_h}$$

$$l_{wirk} = \frac{740 \text{ kp}[3{,}305 \text{ mm} + 0{,}08\,(25 \text{ mm} + 8 \text{ mm}) + 0{,}08 \cdot 10 \text{ mm}]}{15 \text{ kp}}$$

$= 332$ mm.

4. Hinweise zur Berechnung der Spannspiralen- und Winkelhebellagerung.

Mit der Kraft F_{res} wird der Lagerbolzen an der Spannspirale auf Biegung und Flächenpressung berechnet. Aus F_{res} und P_{h1} ergibt sich eine neue resultierende Kraft F'_{res}. Mit F'_{res} ist der Lagerbolzen am Winkelspanneisen auf Biegung und Flächenpressung zu berechnen.

Durch die Kraft $F_{R'}$ wird das Werkstück auf Pressung beansprucht. Es ist auf Spannmarkenbildung nachzurechnen. Mit der gleichen Kraft wird die Halterung des Bestimmelements auf Biegung beansprucht. Diese Halterung ist deshalb auf Biegung nachzurechnen.

2.2.3.5. Kniehebelspanner

Bei den Kniehebelspannern unterscheidet man Kniehebelspanner handbetätigt und Kniehebelspanner kraftbetätigt (Bild 2.2.28).

Es gibt senkrecht und waagerecht spannende Kniehebelspanner. Bei den senkrecht spannenden Kniehebelspannern wird eine minimale Spannkraft von 125 kp garantiert, während bei den waagerecht spannenden Kniehebelspannern mindestens 215 kp Spannkraft vorhanden sind.

Die Kniehebelspanner können auch mit Druckluftzylindern kombiniert werden (Bild 2.2.29). Bei diesem System wird eine minimale Spannkraft von 190 kp angegeben.

In der kombinierten Zusammensetzung Kniehebel und Druckluftspanner lassen sich vielfältige Anwendungsmöglichkeiten schaffen. Eine Auswahl davon wird im Bild 2.2.30 gezeigt.

Zur Ermittlung der Spannkräfte an einem Kniehebelsystem nach Bild 2.2.30a und b ist das System nochmals vergrößert im Bild 2.2.31 dargestellt. Die Berechnung erfolgt nach [3, S. 118/119].

$$F_R = \frac{F_{erz}}{2} \tan \varrho$$

$$F_1 = \frac{F_{erz}}{2 \tan(\alpha + \beta)}$$

$$F_{Sp} = F_1 - F_R$$

$$F_{Sp} = \frac{F_{erz}}{2}\left[\frac{1}{\tan(\alpha + \beta)} - \tan \varrho\right] \qquad (2.2.59a)$$

Bild 2.2.28. *Handbetätigter Kniehebelspanner senkrecht und waagerecht spannend auf einem Bohrtisch*

(VEB Vorrichtungsbau Hohenstein)
Foto: Römer, Karl-Marx-Stadt

Bild 2.2.29. *Pneumatischer Kniehebelspanner an einer Bohrvorrichtung*

(VEB Vorrichtungsbau Hohenstein)
Foto: Römer, Karl-Marx-Stadt

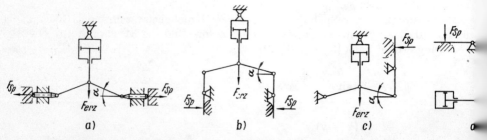

Bild 2.2.30. *Systeme von kombinierten Kniehebelspannern* [6]
a), b) ganze Kniehebelsysteme
c), d) halbe Kniehebelsysteme

2.2. Spannen

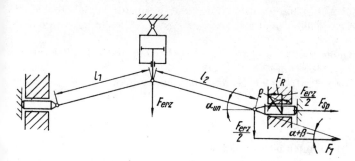

Bild 2.2.31. *Kräfte an einem ganzen Kniehebelsystem*

Ist ein Hebelarm an einem Festpunkt angelenkt, so ergibt sich ein halbes Kniehebelsystem (s. Bild 2.2.30 d).
Die Spannkraft ergibt sich nach [3] aus

$$F_{sp} = F_{erz}\left[\frac{1}{\tan(\alpha + \beta)} - \tan \varrho\right];$$

$$\beta = \arcsin\left(\frac{2R}{l}\mu\right)$$

R Radius der Gelenkbolzen.

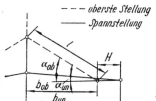

Bild 2.2.32. *Hub eines Kniehebelsystems*

Von Bedeutung ist noch der Hub H. Er wird nach dem Bild 2.2.32 berechnet. Bei einem halben Kniehebelsystem nach Bild 2.2.30c und d wird

$$H = 2b_{un} - 2b_{ob}$$
$$H = 2l(\cos \alpha_{un} - \cos \alpha_{ob}). \tag{2.2.60a}$$

Bei einem ganzen Kniehebelsystem nach Bild 2.2.30a und b entfällt der Hub auf zwei Spannstellen, und es wird

$$H = H_1 + H_2.$$

Da aber $H_1 = H_2$ ist, wird

$$H_1 = H_2 = \frac{H}{2}$$

und aus Gl. (2.2.60a)

$$H_1 = H_2 = l(\cos \alpha_{un} - \cos \alpha_{ob}). \tag{2.2.60b}$$

Die Gln. (2.2.59a) bis (2.2.60b) haben nur Gültigkeit, wenn die Kniehebellängen $l_2/l_1 = 1$ sind. Sind die Kniehebel ungleich lang, so sind die Gleichungen mit dem Verhältnis von l_2/l_1 zu multiplizieren.

Die Berechnung der Gelenkbolzen und der Kniehebel erfolgt nach den bekannten Bedingungen der Maschinenteile und der Festigkeitslehre.

Die Berechung der Druckluft- oder Hydraulikzylinder erfolgt nach Abschn. 2.2.4.

Beispiel

Für das im Bild 2.2.31 gezeichnete Kniehebelsystem mit $l_2 = l_1 = 225$ mm, $R = 15$ mm, $\alpha_{un} = 10°$, $\alpha_{ob} = 40°$ und einer geforderten Spannkraft von 1850 kp ist die Kraft des Druckluftzylinders zu berechnen. Wie groß ist der Hubweg?

1. Kraftberechnung

Durch Umstellung der Gl. (2.2.59a) ergibt sich

$$F_{erz} = \frac{2F_{Sp}}{\dfrac{1}{\tan(\alpha + \beta)} - \tan \varrho}.$$

Gegeben:

$$\beta = \arcsin\left(\frac{2R}{l}\mu\right) = \arcsin\frac{30}{225} \cdot 0{,}1 = \arcsin 0{,}0133,$$

$\sin \beta = 0{,}0133, \quad \beta = 0{,}76°, \quad \alpha_{un} = 10°, \quad \tan \varrho = 0{,}1$

$$F_{erz} = \frac{2 \cdot 1850 \text{ kp}}{\dfrac{1}{0{,}1867} - 0{,}1} = \frac{3700}{5{,}26} \text{ kp} = 704 \text{ kp}.$$

Es ist ein Druckluftzylinder zu wählen, der eine Mindestkraft von $F_{erz\,min} = 704$ kp aufbringt.

$p_{min} = 4{,}5$ kp/cm²

2. Hubwegberechnung

$$H_1 = H_2 = l(\cos \alpha_{un} - \cos \alpha_{ob})$$

$H_1 = 225 \text{ mm} (0{,}9848 - 0{,}7660) = 49{,}25$ mm.

2.2.3.6. Zusammenfassung

Die Spannkräfte bei mechanischen Spannelementen weichen stark voneinander ab, da die Handkräfte F_h nicht genau anzugebende, sondern durchschnittlich angenommene Werte sind. Der Einsatz von Drehmomentenschlüsseln lohnt nicht den Aufwand.

Zur Vermeidung von Spannmarken können Druckstücke zwischen Werkstück und Spannelemente gesetzt werden.

Kleine Spannwege werden durch Keile, Kreisexzenter und Spannspiralen kurzzeitig überwunden.

2.2. Spannen

Größere Spannwege überwinden nur Kniehebel kurzzeitig.

Schrauben können große Spannwege in längeren Zeiten zurücklegen. Dabei hängen die Spannzeiten auch noch von der Größe der Steigung ab. Die Spannwege und Spannzeiten sind wesentlich kleiner zu halten, wenn Schrauben mit schwenkbaren Spanneisen eingesetzt werden.

Werkstoffe für Spannelemente müssen an der Oberfläche verschleißfest, im Kern aber zäh sein. Es eignen sich (besonders für Exzenter, Spiralen und Keile) einsetzbare und einsatzgehärtete Werkstoffe. Für Schrauben verwendet man vorwiegend die Werkstoffe 8G und 10K.

Der Handel bietet ein Sortiment von Vorrichtungsbauteilen an. Alle diese Teile sind billiger als eine Selbstanfertigung und helfen somit, die Kosten zum Bau von Vorrichtungen erheblich zu verringern.

2.2.4. Spannen mit Druckübertragungsmedien

Die Wirkungsweise und der prinzipielle Aufbau von Vorrichtungen, die mit Druckübertragungsmedien arbeiten, sind aus Bild 2.2.33 ersichtlich. Luft, Wasser, Öl

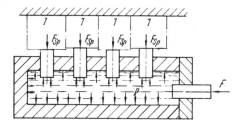

Bild 2.2.33. Schematische Darstellung der hydraulischen Druckübertragung

1 Werkstück

und plastisch formbare Massen werden heute in der Technik als Druckübertragungsmedien benutzt. Die physikalischen und chemischen Eigenschaften des jeweils zur Verwendung kommenden Mediums müssen in der speziellen Vorrichtungskonstruktion berücksichtigt werden.

Folgende Vorteile lassen sich erzielen:

Erzeugung großer Kräfte
einfache Kraftübersetzung
einfache Änderung der Kraftrichtung
Ausbildung als Einzelspannzylinder oder mehrfache Anordnung (Mehrfachspannung)
Schaltung mehrerer Spannzylinder von einem Bedienelement aus
einstellbare, konstante Spannkraft, die durch Anzeigeeinrichtungen kontrollierbar ist
bei Mehrfachspannung ausgleichendes Spannverhalten
durch einstellbare Spannkraft Verhinderung des Verspannens labiler Werkstücke
Richtung und Größe der wirkenden Kräfte genau bekannt (der Vorrichtungskörper kann also leichter ausgeführt werden als bei Vorrichtungen, die mit Handkraft betätigt werden, wo die tatsächlich wirkenden Kräfte vom Bedienenden abhängig sind [5 kp, 40 kp oder mehr])
hohe Lebensdauer, da keine Überbelastung auftritt

physische Entlastung des Bedienenden, der nur Schaltbewegungen ausführt (dadurch ist eine bessere Überwachung und Kontrolle des Produktionsablaufs gewährleistet)
Mehrmaschinenbedienung möglich
Einsparung von Hilfszeiten
Automatisierung von Arbeitsvorgängen durch die Anwendung solcher Vorrichtungen möglich

Berechnung der Spannkraft und der Spannwege

Allen Vorrichtungen, die mit flüssigen Druckübertragungsmedien arbeiten, liegt das physikalische Gesetz von *Pascal* zugrunde:

> Wird eine Flüssigkeit einem äußeren, nur in einer Richtung wirkenden Druck ausgesetzt, so pflanzt sich dieser auf alle Teile nach allen Richtungen hin unverändert fort.

Berechnung der Kräfte (Bild 2.2.34)

Zwischen der äußeren Kraft F, dem inneren Druck p und der Fläche des Druckkolbens A_1 besteht die Beziehung

$$F = p\,A_1$$

$$p = \frac{F}{A_1}. \tag{2.2.61}$$

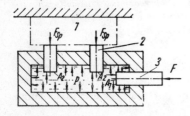

Bild 2.2.34. *Darstellung des Gesetzes von Pascal*
1 Werkstück; 2 Spannkolben; 3 Druckkolben

Für die Spannkraft F_{Sp}, den inneren Druck p und die Fläche des Spannkolbens A_2 gilt sinngemäß

$$F_{Sp} = p\,A_2$$

$$p = \frac{F_{Sp}}{A_2}. \tag{2.2.62}$$

Somit stehen äußere Kraft und Spannkraft in dem Zusammenhang

$$\frac{F_{Sp}}{A_2} = \frac{F}{A_1}$$

oder

$$F_{Sp} = F\,\frac{A_2}{A_1}. \tag{2.2.63}$$

Man kann also das Verhältnis A_2/A_1 als Kraftübersetzungsverhältnis bezeichnen Je größer dieses Verhältnis ausgeführt wird, desto höher wird die Kraftübersetzung sein.

2.2. Spannen

Spannweg und Volumenberechnung

Für die Berechnung wird angenommen, daß die zur Verwendung kommenden Medien inkompressibel sind. Das trifft für Flüssigkeiten bei den praktisch benutzten Drücken durchaus zu. Daraus folgt, daß das Verdrängungsvolumen des Druckkolbens gleich dem Verdrängungsvolumen aller Spannkolben ist.

$$V_1 = V_2$$
$$A_1 s_1 = A_2 s_2 n.$$

Der erforderliche Weg des Druckkolbens s_1 ist dann

$$s_1 = \frac{A_2}{A_1} s_2 n. \qquad (2.2.64)$$

2.2.4.1. Plastische Medien

Plastische Medien sind solche, deren Aggregatzustand bei Raumtemperatur zwischen fest und flüssig liegt.

Sollen sie für Spannvorrichtungen brauchbar sein, so müssen sie bestimmte Eigenschaften haben [4] [6] [7].

Eigenschaften der Druckmedien

Ihr innerer Widerstand gegen Verformung darf nur sehr klein sein, damit nur geringe Verformungsarbeit erforderlich ist. Sie sollen sich ähnlich wie Flüssigkeiten verhalten, damit sie unterschiedliche Querschnitte in den Vorrichtungen gut durchfließen können.

Um ein störungsfreies Arbeiten zu gewährleisten, darf das Medium nicht zu Lufteinschlüssen neigen.

Luft ist kompressibel und kann durch die Spalte zwischen Kolben und Zylinder entweichen. Dieser Umstand führt zu Druckabfall und kann zum Lösen der Werkstückspannung führen.

Außerdem ist es wichtig, daß das Medium bei Temperaturschwankungen seine Eigenschaften im Temperaturbereich von 5 bis 60 °C nicht ändert. Bis 60 °C deshalb, weil die bei der Werkstückbearbeitung entstehende Wärme auf die Vorrichtung übergeleitet wird.

Das Medium darf Metalle und Dichtungswerkstoffe chemisch und physikalisch nicht angreifen.

In den Spalten zwischen Kolben und Zylinder können Leckverluste auftreten. Diese Leckverluste sind um so geringer, je kleiner das vorhandene Spiel und der wirkende spezifische Druck sind, je größer die Kohäsion des Mediums und je kleiner seine Adhäsion gegenüber Metallen ist.

In der Praxis wird häufig der Fehler gemacht, daß man ein beliebiges, gerade vorhandenes Medium als Druckübertragungsmittel benutzt. So sind in der Vergangenheit Medien wie Weichgummi, Paraffin, Wachs und Schmierfett benutzt worden. Auch heute findet man noch Vorrichtungen, die mit derartigen Medien arbeiten.

Am besten haben sich Druckübertragungsmedien auf Polyplastbasis bewährt, wie z. B. Ekalit 10. Dieses Medium hat ein gallertartiges Aussehen und Verhalten und nur ein geringes Adhäsionsvermögen gegenüber Metallen. Beim Erstarren tritt ein Volumenschwund von etwa 6% ein. In die Kanäle der Vorrichtungen füllt man diese Massen in flüssigem Zustand. Zu diesem Zweck sind die Plastemassen im Ölbad auf etwa 100 bis 150 °C zu erwärmen. Die Vorrichtung selbst ist ebenfalls auf diese Temperatur zu bringen, um ein vorzeitiges Erstarren des Mediums in den Kanälen zu verhindern. Vernachlässigt man diese Hinweise, so ist damit zu rechnen, daß Lufteinschlüsse zurückbleiben und Funktionsstörungen auftreten.

Anwendungsgebiet der Vorrichtungen mit plastischen Medien

Mit Drucköl und Druckluft kann man im Prinzip die gleichen Probleme lösen wie mit plastischen Medien. Der Vorteil der Vorrichtungen mit plastischen Medien liegt in der Unabhängigkeit von Druckerzeugungsanlagen, wie Ölpumpe oder Kompressor. Überall dort, wo diese Anlagen nicht vorhanden sind oder ihr Einsatz nicht möglich ist, kann man Vorrichtungen mit plastischen Medien sinnvoll anwenden.

Konstruktionsrichtlinien

Das Druckgehäuse ist aus einem Stück zu fertigen. Bei geschraubten und geschweißten Grundkörpern treten auf Grund der hohen Drücke leicht Leckverluste auf.

Wichtig ist es, daß die Luft aus den Kanälen beim Füllvorgang restlos entweichen kann. Gegebenenfalls sind Entlüftungslöcher vorzusehen. Für die Ausbildung des Spiels zwischen Kolben und Zylinder bei der Anwendung von Polyplasten als Druckmedien gilt nach *Abendroth* das Diagramm im Bild 2.2.35.

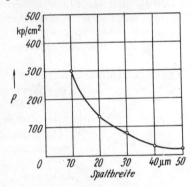

Bild 2.2.35. *Abhängigkeit des Mediendrucks von der Spaltbreite für Kolbenabdichtungen* [6]

Es können also mit einer Passung H 7/g 6 je nach vorhandener Spaltbreite Drücke bis zu 300 kp/cm² im Medium zugelassen werden. Für höhere Drücke sind engere Passungen und bessere Oberflächengenauigkeiten erforderlich, die nur durch Läppen und ähnliche Bearbeitungsverfahren realisierbar sind. Deshalb ist es zweckmäßig, bei höheren Drücken Dichtmanschetten zu verwenden. Die Kosten der Dichtungen werden durch geringere Herstellungskosten der Passungen ausgeglichen.

Da sich Leckverluste nicht ganz vermeiden lassen, tritt bei jedem Spannvorgang eine geringe Volumenverringerung des plastischen Mediums ein. Werden sehr viele Spannvorgänge ausgeführt, so reicht nach einer gewissen Zeit das vorhandene Volumen nicht mehr aus, um den erforderlichen Spannhub auszuführen. In einem solchen Fall muß das verlorengegangene Medium wieder aufgefüllt werden. Hinausschieben kann man diesen Zeitpunkt durch folgende Maßnahmen:

2.2. Spannen

Verlängern der Druckkolben und Druckspindeln
Anordnen von Distanzbuchsen zwischen Verschlußschraube und Dichtung, die zu gegebener Zeit entfernt werden
Kombination beider Maßnahmen

Ausbildung einfacher Hubböcke oder Spannböcke mit Plastmasse

Der Heber im Bild 2.2.36 dient zum Ausrichten schwerer Werkstücke auf Werkzeugmaschinen bzw. schwerer Aggregate bei Montagearbeiten und macht diese Arbeiten kranunabhängig. Dabei ist zu beachten, daß das Gewinde der Druck-

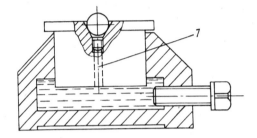

Bild 2.2.36. *Einfacher Hubbock mit plastischem Medium*

1 Entlüftungsloch

schraube dicht sein muß. Der mögliche Innendruck (hier relativ niedrig) hängt vom Spiel im Gewinde und in der Kolbenpassung ab. Die Kolbenrückführung muß zwangsläufig erfolgen (z. B. im Schraubstock), weil sonst Lufteinschlüsse möglich sind. Bei Überlastung weicht das Medium sehr schnell durch den vorhandenen Gewindespalt aus. Diese Form ist nur für wenig Lastspiele geeignet, und es wurde wegen geringer Bauhöhe und seltenem Einsatz eine Schraube mit Vierkantkopf gewählt.

Die Ausbildung des Druckkolbens nach Bild 2.2.37 bringt bei dem Heber im Bild 2.2.36 einige Vorteile.

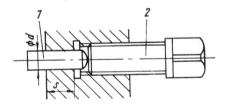

Bild 2.2.37. *Zweckmäßige Ausbildung von Druckkolben und Druckschraube*

1 Kolben ($s = 2\,d$); *2* Druckschraube

Das Spiel zwischen Druckkolben und Zylinder kann mit einfachen Mitteln sehr eng hergestellt werden, das im Gewinde dagegen nicht. Dadurch können bei sonst gleicher Bauweise des Hebers größere Innendrücke verwirklicht und somit größere Lasten gehoben werden.

Aufbau von Ausgleichsspannern mit Druckübertragungsmedien

Die Ausgleichsspannung mit plastischen Medien kann man sehr vielseitig anwenden. Sie ist gegenüber mechanischen Systemen (s. Bild 2.2.39) viel einfacher im Aufbau.

Das im Bild 2.2.38 gezeigte System kann man innerhalb von Mehrfachspannvorrichtungen anwenden. Es werden dabei alle Werkstücke mit gleicher Spannkraft gespannt. Fertigungstoleranzen im Werkstück, in den Bestimmelementen und in der Vorrichtung werden ausgeglichen. Die gesamte auf das System wirkende Kraft teilt sich in n Teile auf, wenn n Spannstellen vorhanden sind. Im Bild 2.2.39 würde je Spannstelle 1/4 der gesamten Spannkraft wirken.

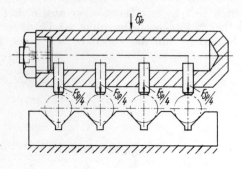

Bild 2.2.38. *Ausgleichspanner mit plastischem Medium*

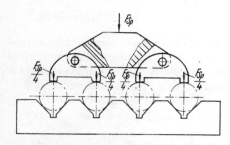

Bild 2.2.39. *Mechanischer Ausgleichspanner*

Aus Bild 2.2.39 ist ersichtlich, daß der mechanische Aufbau einer Ausgleichspannung viel aufwendiger ist. Funktionstüchtig ist sie nur, wenn alle Führungen (im Bild 2.2.39 nicht dargestellt) und Gelenke einwandfrei hergestellt und gewartet werden.

Die im Bild 2.2.40 dargestellte Mehrfachspannvorrichtung genügt in ihrer Funktion den meisten Ansprüchen. Die Kolben *1* und *2* sollen eine Führungslänge von $1{,}5\,d$ bis $3\,d$ haben. Da die plastischen Medien nicht selbst zurückfließen, sind

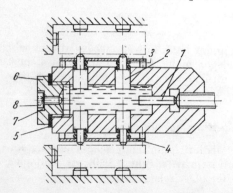

Bild 2.2.40. *Mehrfachspannvorrichtung mit plastischem Medium*

1 Druckkolben; *2* Spannkolben; *3* Rückdruckfeder;
4 Federhalteblech (Schutz gegen Verschmutzung);
5 Dichtung;   *6* Verschlußschraube;   *7* Dichtung;
8 Entlüftungs- und Verschlußschraube

2.2. Spannen

Schraubenfedern *3* zur Rückführung der Kolben anzuordnen. Das Stützblech *4* ist gleichzeitig ein Schutz gegen Verschmutzung. Bei der Konstruktion ist auf einen möglichst einfachen Füllvorgang zu achten. Die Dichtungen *5* und *7* müssen unbedingt verwendet werden. Die Verschlußschraube wurde mit einem zusätzlichen Gewindeloch versehen, aus dem zuviel eingefülltes Medium austreten kann. Je größer der Schraubendurchmesser ausgeführt wird, desto leichter kann man den Volumenschwund des Mediums beim Abkühlen ausgleichen. Die Schraube *8* drückt das im Gewindeloch vorhandene Medium in den Vorrichtungskörper hinein und schiebt die Kolben *2* etwas heraus. Dadurch wird eine Vorspannung in den Federn *3* erzeugt, die die Kolben in die Ausgangslage zurückführen.

Die zum Zurückführen der Kolben erforderlichen Kräfte betragen 2 bis 10 kp/cm² Kolbenfläche. Die Rückholkraft ist abhängig von der Passung, der Verzweigung der Kanäle und der Plastizität des Mediums.

Der erreichte Spanndruck kann ohne Meßeinrichtung nicht kontrolliert werden und ist in solchem Fall vom Gefühl des Bedienenden abhängig. Sehr leicht kann durch Verschmutzen oder Verklemmen ein schwerer Gang der Gewindespindel hervorgerufen und eine Spannkraft vorgetäuscht werden, die in Wirklichkeit nicht vorhanden ist.

Mehrfachspannvorrichtung mit ausgleichendem Spannverhalten und Druckanzeige

Das Bild 2.2.41 zeigt eine robuste und betriebssichere Druckmeßeinrichtung, die gleichzeitig Leckverluste ausgleicht. Das ausgleichende Verhalten und die Druckanzeige sind durch den Einbau eines zusätzlichen Kolbens *1* und Tellerfedern *2* erreicht worden. Der Zeiger *3* kann durch einen Eichvorgang entsprechend eingestellt werden. Dadurch sind Innendruck und Spannkraft kontrollierbar und nicht

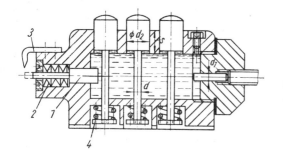

Bild 2.2.41. Mehrfachspannvorrichtung mit Druckanzeige und gleichzeitigem Ausgleich der Leckverluste

1 Ausgleichkolben; *2* Tellerfedern; *3* Zeiger; *4* Rückdruckfeder

mehr vom Gefühl des Bedienenden abhängig. Im Gegensatz zu den Rückholfedern *4* brauchen die Tellerfedern nicht mit Vorspannung eingebaut zu werden. Durch den Einbau des federnden Kolbens *1* wird die schädliche Wirkung der Leckverluste aufgehoben.

Druckmessung mit Manometer

Für das Messen des Betriebsdrucks verschiedener Medien werden Manometer industriell gefertigt. Es liegt nahe, Manometer auch für die Druckmessung plastischer Massen zu benutzen. Ein direkter Anschluß ist aber nicht möglich, da die engen Öffnungen der Manometer dem Durchfluß der plastischen Massen einen zu großen

Widerstand entgegensetzen. Aus diesem Grund ist eine Koppelflüssigkeit (z. B. Öl) erforderlich. Der spezifische Druck der plastischen Masse wird über einen Koppelkolben auf die Koppelflüssigkeit übertragen (Bild 2.2.42).

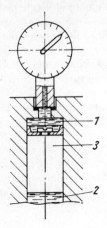

Bild 2.2.42. *Druckmessung mit Koppelkolben und Manometer*
1 Öl; *2* plastisches Medium; *3* Koppelkolben

Zwangläufiges Zurückführen der Spannkolben ohne Federn

Durch ein Zweikanalsystem wird im Bild 2.2.43 die zwangläufige Rückführung der Spannkolben erreicht. Dieses System ist aber nur dann funktionsfähig, wenn beachtet wird, daß die Kolbenflächen in den Kanälen *I* und *II* voneinander abhängig sind. Durch Drehung der Schraube wird der Kolben mit der Fläche A_1 um den Weg s_1 bewegt, und es entsteht das Verdrängungsvolumen $V_1 = A_1 s_1$, das eine Bewegung der Spannkolben bewirkt.

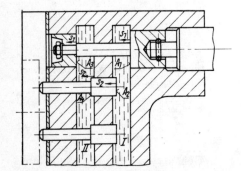

Bild 2.2.43. *Zwangläufige Kolbenrückführung durch Zweikanalsystem* [5]

Der dabei zurückgelegte Weg s_2 der Spannkolben ist von ihrer Anzahl n abhängig. Es ergibt sich

$$A_1 s_1 = A_2 s_2 n$$

und

$$s_2 = \frac{A_1 s_1}{A_2 n}. \tag{2.2.65}$$

Gleichzeitig mit der Bewegung des Druckkolbens wird der Kolben mit der Fläche A_3 um den gleichen Betrag s_1 bewegt. Es wird also das Volumen V_2 für die

2.2. Spannen

Bewegung der Spannkolben frei gemacht.

$$V_2 = A_3 s_1.$$

Die Spannkolben benötigen für ihre zwangläufige Bewegung das Volumen

$$V_2 = A_4 s_2 n$$

$$s_2 = \frac{A_3 s_1}{A_4 n}.$$

Der Weg s_2 an der Ober- und Unterseite der Spannkolben ist gleich, und es gilt deshalb auch

$$s_2 = \frac{A_1 s_1}{A_2 n}.$$

Daraus folgt

$$\frac{A_1}{A_2} = \frac{A_3}{A_4}. \qquad (2.2.66)$$

Da die verwendeten Medien inkompressibel sind, muß dieses Flächenverhältnis eingehalten werden, andernfalls blockieren die Medien die Bewegung der Kolben.

Spannkolbenausführungen in Plastespannvorrichtungen

Die richtige und zweckmäßige Ausführung der Spannkolben ist entscheidend für die Funktionstüchtigkeit der Spannvorrichtung. Besondere Sorgfalt ist für die Abdichtung der Kolben notwendig, denn bei Vorrichtungen ohne Druckausgleich führen Leckverluste sofort zur Lösung der Werkstückspannung.

Leckverluste können auch durch Kühlwasser verursacht werden, das durch das Spiel zwischen Kolben und Zylinder beim Rückhub angesaugt wird. Es verbindet sich mit der Plastemasse und wird beim Spannvorgang mit den abgespülten Teilen der Plastemasse herausgedrückt. Deshalb müssen beim Einsatz von Kühlwasser die Kolben auch nach außen abgedichtet werden. Die Ausbildung der Spannkolben richtet sich nach der Art der notwendigen Werkstückspannung. Ausführungsformen für die Druckspannung von Werkstücken sind in den vorangegangenen Beispielen gezeigt worden.

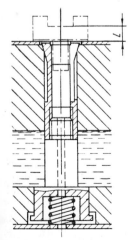

Bild 2.2.44. *Werkstückspannung mit Spannzange*

Eine Spannvorrichtung, bei der das Werkstück mit einer Spannzange nach DIN 6341 gespannt wird, ist im Bild 2.2.44 dargestellt. Der Schaftdurchmesser dieser Spannzangen wird mit einer Passung g5 geliefert und ist ausreichend genau, um bei normalen Drücken abdichtend zu wirken. Da das untere Ende dieser Zangen nicht gehärtet ist, kann man das Befestigungsgewinde innen vorsehen. Durch die Kolbenstange wird ein Loch gebohrt, um evtl. eindringendem Kühlwasser oder Spänen den freien Durchtritt nach unten zu ermöglichen.

Durch Anordnung einer Auflageplatte ist man z. B. in der Lage, das im Bild 2.2.44 eingetragene Maß L mit sehr hoher Genauigkeit zu fertigen.

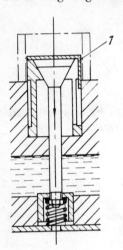
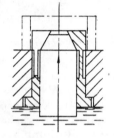
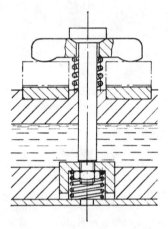

Bild 2.2.45. Innenspannung mit Spannzange und Zugkolben
1 Späneschutz

Bild 2.2.46. Innenspannung mit Spannzange und Druckkolben [5]

Bild 2.2.47. Gleichzeitiges Spannen zweier Werkstücke durch Zugkolben

Die Spannzange im Bild 2.2.45 wird durch die keglig ausgebildete Kolbenstange gespreizt. Die Befestigung der Spannzange mit Hilfe eines Preßsitzes ist ausreichend.

Die Zurückführung des Druckkolbens im Bild 2.2.46 kann (wie auch bei der Ausführung nach Bild 2.2.45) durch zweckmäßige Ausbildung des Zangenkegels erreicht werden.

Gleichzeitiges Spannen zweier Werkstücke durch eine Zugstange zeigt Bild 2.2.47.

Abdichtung der Kolben mit Manschetten

Um ein einwandfreies Arbeiten der Plastespannvorrichtungen bei hohen Drücken zu erreichen, ist eine vollständige Abdichtung der Kolben zu gewährleisten. Das Arbeiten ohne Dichtungen erfordert sehr enge Toleranzen und sehr gute Oberflächenqualitäten, also bei höheren Drücken einen großen Fertigungsaufwand und hohe Kosten. Deshalb ist der Einsatz von Manschetten ab 300 kp/cm² Druck zweckmäßig. Manschetten werden aus verschiedenen Werkstoffen hergestellt, z. B. aus Leder, Gummi, Plasten und Metall. Der jeweils zulässige Höchstdruck wird von

2.2. Spannen

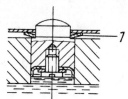

Bild 2.2.48. *Kurze Kolbenausführung mit Manschette und außenliegender Feder*

1 Tellerfeder

den Herstellern angegeben. Genügen diese Manschetten nicht den Anforderungen, so kann man Stahlmanschetten selbst anfertigen (Bild 2.2.48).

Der Verschleiß der Manschetten tritt durch die Reibung zwischen Zylinderwand und Manschette auf. Je besser die Oberflächenqualität und Härte der Zylinderwand ist, desto höher wird die Lebensdauer sein.

Ausbildung der Stahlmanschetten

Stahlmanschetten werden mit dem Spannkolben aus einem Stück gefertigt (Bilder 2.2.49 und 2.2.50). Die Ausbildung als Manschette zeigt Bild 2.2.49.

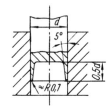

Bild 2.2.49. *Kolben mit Stahlmanschetten für Drücke von 100 bis 500 kp/cm²*

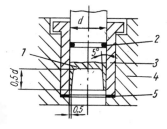

Bild 2.2.50. *Ausbildung der Stahlmanschetten für Drücke über 500 kp/cm²*

1 Kolben mit angearbeiteter Stahlmanschette; *2* Gummidichtung; *3* gehärtete Führungsbuchse; *4* Vorrichtungsgrundkörper; *5* Dichtung

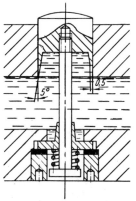

Bild 2.2.51. *Spannkolben mit Manschetten aus Stahl* [5]

Bei der Belastung mit dem Nenndruck wird die Stahlmanschette gedehnt bzw. gestaucht, und zwar soweit, daß das Spiel zwischen Manschette und Zylinder Null wird, d. h., die Stahlmanschette liegt an der Zylinderwand an und dichtet vollständig ab.

Diese Dehnung der Manschette aus Stahl darf die zulässige Dehnung des Werkstoffs nicht überschreiten, weil sonst ein einwandfreies Arbeiten nicht gewährleistet ist. Deshalb ist im genannten Fall die Passung H7/g6 anzuwenden. Durch Einsetzen gehärteter Zylinderbuchsen aus C15 kann die Lebensdauer der Vorrichtung erheblich verbessert werden. Das Eindringen von Kühlwasser kann durch Dichtringe am Kolben verhindert werden (Bild 2.2.50).

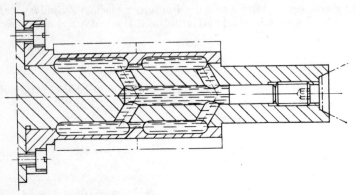

Bild 2.2.52. *Doppeldehndorn* [5]

Dehndorne und Dehnhülsen

Sie eignen sich besonders für die Feinbearbeitung von runden Werkstücken, die bereits mit einer Aufnahmepassung versehen sind. Die erreichbare Rundlaufgenauigkeit ist abhängig vom Spannbereich. Bei einem Spannbereich von 2 $D/1000$ (D Aufnahmedurchmesser in mm) beträgt der Rundlauffehler etwa 10 μm und bei einem Spannbereich von $D/1000$ etwa 5 μm.

Die Dehnung der Wand wird durch hohen Druck erreicht, der durch das plastische Medium auf die Wand der Dehnhülse übertragen wird. Der Spannbereich solcher Vorrichtungen ist klein, da die auftretende Dehnung den elastischen Bereich nicht überschreiten darf. Die Berechnung des Spannbereichs Δd erfolgt nach dem Hookschen Gesetz.

$$\varepsilon = \frac{\Delta l}{l} = \frac{\sigma}{E}$$

($l = d\pi$, $\Delta l = \Delta d\pi$)

$$\varepsilon = \frac{\Delta d\pi}{d\pi} = \frac{\sigma_E}{E}$$

$$\Delta d = \frac{\sigma_E d}{E};$$

(2.2.67)

σ_E Spannung an der Elastizitätsgrenze
d mittlerer Durchmesser der Dehnhülse
E Elastizitätsmodul

2.2. Spannen

Als Werkstoff für Dehnhülsen wird zweckmäßig Federstahl mit einer hohen Elastizitätsgrenze gewählt, weil so ein maximaler Spannbereich erzielt werden kann.

Das Überschreiten der elastischen Dehnung hat zur Folge, daß die Dehnhülse nicht wieder auf ihr Ausgangsmaß zurückfedert. Deshalb ist es zweckmäßig, zur Begrenzung des Kolbenhubs einen Anschlag vorzusehen, der eine zu große Beanspruchung der Dehnhülse verhindert (Bild 2.2.53). Diese Begrenzung kann auch

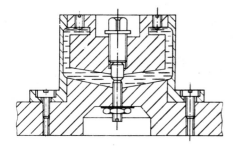

Bild 2.2.53. *Dehndorn mit Hubbegrenzung*

für leichtverformbare Werkstücke erforderlich sein. Zweckmäßige Abmessungen der Dehnhülsen können der Tafel 2.2.6 entnommen werden. Die Dehnhülse läßt sich besser montieren, wenn man den Durchmesser D_1 am vorderen Bund um 1 mm kleiner ausführt.

Damit beim Spannen keine Leckverluste zwischen Dehnhülse und Grundkörper auftreten, muß der Bund B (s. Tafel 2.2.6) mit genügender Vorspannung auf dem Grundkörper sitzen (erforderliche Passung H7/s6) die Hülse wird durch Abkühlung des inneren Körpers auf -70 bis $-100\,°C$ und Erwärmung des äußeren Körpers auf 150 bis 200 °C aufgezogen. Die Stegbreite B muß genügend breit ausgeführt werden. Für mittlere Drücke (≈ 300 kp/cm^2) im Medium ist eine Stegbreite B von $0{,}1\,l$ ausreichend, wenn die Buchse bei den angegebenen Temperaturen aufgeschrumpft wird. Für höhere Belastungen sind größere Stegbreiten erforderlich.

Tafel 2.2.6. *Druckschrauben und Spannhülsen für Dehndorne und Dehnfutter*

Abmessungen der Druckschrauben in Abhängigkeit vom Durchmesser D und der Werkstücklänge L

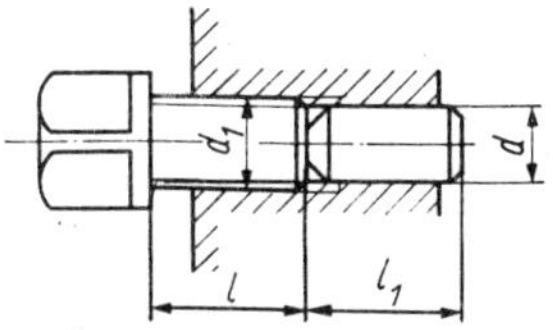

	d	l
	$1{,}2\sqrt{D}$	für L 0,1 ... 0,25 D
	$1{,}5\sqrt{D}$	für L 0,25 ... 0,5 D
	$1{,}8\sqrt{D}$	für L über 0,5 D

Wenn Spannkolben durch Federn zurückgeführt werden, dann zweiteilig ausführen.

d	10	12	14	16	18
d_1	M 12 × 1,5	M 14 × 1,5	M 16 × 1,5	M 18 × 1,5	M 20 × 1,5
$l = l_1$	20	24	28	30	34

Tafel 2.2.6 (Fortsetzung)
Abmessungen der Spannhülsen

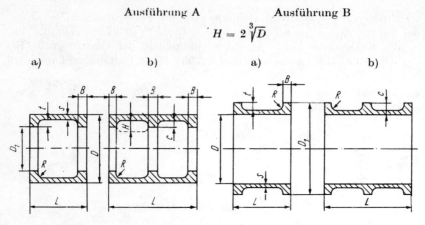

Ausführung	D	s	t	D_1	L	R	C
A Hülse für Dehndorne	nach Werkstückbohrung	für A und B $0,02 D$ + 0,5 mm, nicht unter 1 mm	für A und B 0,5 bis 0,8 H	$D - 2(s + t)$	für A und B Ausführung a) $L = \dfrac{D}{2}$ bis D Ausführung b) $L > D$	für A und B 0,03 bis 0,05 D	für A und B $t - 1$ bis 3 mm
B Hülse für Dehnfutter	nach Werkstückaußendurchmesser			$D + 2(s + t)$			

2.2.4.2. Spannen mit Flüssigkeiten

Zur hydrostatischen Druckerzeugung wird heute vorwiegend Hydrauliköl benutzt [8] [9]. Sehr viele Bauelemente der Ölhydraulik sind standardisiert und stehen dem Anwender als erprobte und betriebssichere Bauelemente zur Verfügung. Mit Hilfe der Ölhydraulik lassen sich Drücke bis zu 320 kp/cm² mit Standardgeräten verwirklichen. Eine Druckerhöhung bis 640 kp/cm² ist vorgesehen. Man kann auf Grund der hohen Drücke mit kleinen Spannzylindern große Spannkräfte erzeugen.

Vorteilhaft werden vor allem größere Vorrichtungen (z. B. für die Langbearbeitung) mit Hydraulikspannern ausgerüstet. Als Nachteil werden die erforderlichen Leitungen und Druckstromerzeuger angesehen. Die Spannstellen lassen sich nicht so dicht anordnen wie bei den Vorrichtungen mit plastischen Medien. Solche Hydrauliksysteme sind durch ihre universelle Verwendbarkeit vorteilhaft für Vorrichtungen mit kurzer Einsatzdauer. Lediglich die Ölleitungen müssen evtl. ausgewechselt werden, damit sie den Abmessungen der verschiedenen Vorrichtungen entsprechen.

Der Aufbau des Hydraulikteils einer Spannvorrichtung läßt sich in Druckstromerzeuger (Pumpen), Leitungen und Verteiler, Steuerorgane (Ventile) und Druckstromverbraucher (Spannzylinder) untergliedern.

2.2. Spannen

Druckstromerzeuger (Pumpen)

Man unterscheidet Konstantpumpen und Verstellpumpen. Hinzu kommen für den Vorrichtungsbau die Handpumpen und die Druckübersetzer.

Konstantpumpen (z.B. Zahnradpumpen) liefern einen konstanten Förderstrom, bei *Verstellpumpen* kann dieser verändert werden. In Vorrichtungen werden Konstantpumpen für kontinuierliche Arbeitsfolgen (z. B. beim Arbeiten in einer automatischen Anlage) eingesetzt.

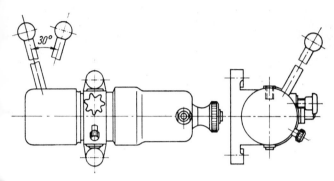

Bild 2.2.54. *Hydraulikdruckerzeuger*

Handpumpen (Bild 2.2.54) sind speziell für Vorrichtungen konstruiert und bieten folgende Vorteile:
Ölbehälter in der Pumpe eingebaut
Druckleitung gleichzeitig Rückflußleitung
Rückschlagventil in der Pumpe vorhanden
keine Steuerventile und Energieleitungen erforderlich.
Als Nachteil ist die kleine Fördermenge von 2 cm^2/Hub zu nennen.
Handpumpen werden dort eingesetzt, wo zwischen dem Spannen und Entspannen größere Zeiträume liegen ($\geqq$ 3 min) und wo die Zeit für den manuellen Pumpvorgang nicht nachteilig in Erscheinung tritt. Der technische Aufwand ist gegenüber den Konstantförderpumpen wesentlich geringer. Es entfallen die Lecköl- und Rückflußleitungen sowie alle Ventile, da nur mit einfachwirkenden Spannzylindern gearbeitet wird. Für die Auswahl der Ölpumpe ist der erforderliche Öldruck und die Ölmenge (Förderstrom) ausschlaggebend.

Beim Einsatz von Handpumpen und Pneumodruckübersetzern (Bild 2.2.55) ist zu beachten, daß sie nur eine begrenzte Ölmenge enthalten und somit nicht beliebig viele Spannzylinder angeschlossen werden können.

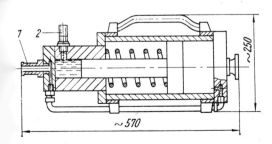

Bild 2.2.55. *Pneumatischer Druckübersetzer*

1 Eingangsnenndruck, Druckluft 6 kp/cm^2;
2 Ausgangsdruck Öl 160 kp/cm^2

Pneumohydraulische Drückübersetzer

Für ihren Einsatz ist ein Druckluftanschluß erforderlich. Es entfällt gegenüber der Handpumpe der manuelle Pumpvorgang. Dadurch wird der Spannvorgang verkürzt, so daß die hiermit ausgerüsteten Vorrichtungen auch für kurze Bearbeitungszeiten eingesetzt werden können.

Der übrige Aufbau des Hydraulikteils der Vorrichtung ist der gleiche wie bei der Handpumpe.

Leitungen und Verteiler

Als Leitungen werden nahtlose Rohre oder Schläuche verwendet. Nahtlose Rohre sind nach DIN 2448 und DIN 2395. Schlauchleitungen mit Anschlüssen nach DIN 9877 genormt.

Für *Rohrverbindungen* werden lötlose Rohrverschraubungen nach DIN 235? (Bild 2.2.56) und Rohrverschraubungen mit Schweißkugelbuchse nach DIN 236? (Bild 2.2.57) verwendet. Lötlose Verschraubungen lassen sich nur in Verbindung mit nahtlosen, zunderfreien und geglühten Stahlrohren einsetzen. Rohrverschraubungen mit Schweißkugelbuchse (Ermeto-Rohrverschraubung) lassen sich für alle nahtlosen Rohre verwenden. Die Schweißkugelbuchse muß an das Rohr geschweißt werden.

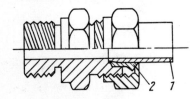

Bild 2.2.56. Lötlose Rohrverschraubung
1 Rohr; 2 Schneidring

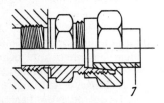

Bild 2.2.57. Rohrverschraubung mit Schweißkugelbuchse
1 Schweißkugelbuchse

Bei *Schläuchen* besteht die Möglichkeit, lösbare Verbindungen in Form von Schlauchkupplungen anzuwenden. Sie sind zu empfehlen, wenn mit einem Druckerzeuger nacheinander mehrere Vorrichtungen betrieben werden sollen. Man spart dadurch die Anschaffung mehrerer Druckerzeuger. Ölverteiler werden zur Leitungsverzweigung an geeigneten Stellen der Vorrichtung angebracht, um den Ölstrom an die einzelnen Spannzylinder zu leiten.

Steuerorgane (Ventile)

Steuerventile werden nur für Konstantförderpumpen und Verstellpumpen benötigt. Bei Verwendung von Handpumpen und Pneumodruckübersetzern entfallen die Steuerventile für den Hydraulikteil.

Druckstromverbraucher (Spannzylinder)

Die speziell für Vorrichtungen bestimmten *Spannzylinder* sind einfachwirkende Zylinder, d. h., die Rückführung der Kolben in die Ausgangsstellung geschieht

2.2. Spannen

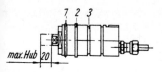

Bild 2.2.58. *Spannzylinder mit Druckkolben, hydraulisch, einseitig beaufschlagt. Spannkraft 280 kp und 760 kp*
1 Ring; 2 Sicherungsring; 3 Nut für Sicherungsring

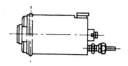

Bild 2.2.59. *Spannzylinder mit Zugkolben, hydraulisch, einseitig beaufschlagt. Spannkraft 450 kp*

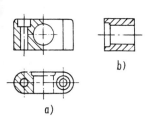

Bild 2.2.60. *Teile für Spannzylinder*
a) Halterung
b) Zwischenstück

durch Federkräfte (Bilder 2.2.58 und 2.2.59). Für die Befestigung der Spannzylinder in der Vorrichtung sind genormte Halterungen und Zwischenstücke zu verwenden (Bild 2.2.60).
Die genormten *Spanneinheiten* sind universell einsetzbar (Bilder 2.2.61 bis 2.2.63). Druckstromverbraucher können mit Handpumpen und Pneumodruckübersetzern betrieben werden.
Kommen Konstantförderpumpen zur Anwendung, so können alle Arbeitszylinder der ORSTA-Hydraulik verwendet werden.

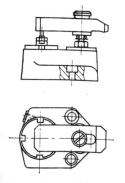

Bild 2.2.61. *Spannbock, hydraulisch, Betriebsdruck 63 kp/cm^2*

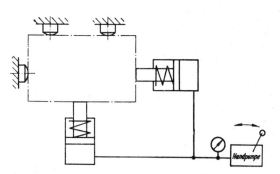

Bild 2.2.62. *Hydraulikspannvorrichtung mit einfachwirkenden Spannzylindern und Hydraulikdruckerzeuger*

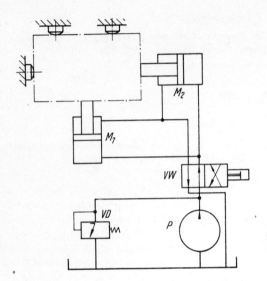

Bild 2.2.63. Hydraulikspannvorrichtun[g] mit doppeltwirkenden Spannzylinder und Konstantförderpumpe

2.2.4.3. Spannen mit Luft (Pneumatikspanner)

Druckluft eignet sich zur Kleinmechanisierung und zur Automatisierung ganz[er] Produktionsprozesse [10]. Im Bereich von 0,1 bis 1,2 at Überdruck wird sie in d[er] Meß-, Rechen-, Steuer- und Regelungstechnik angewendet. Von 2 bis 10 at Übe[r]druck zur Mechanisierung und Automatisierung von Maschinen, Werkzeugen, Vo[r]richtungen und Fahrzeugen. Durch den hohen Stand der Normung der Ba[u]elemente ist eine vielseitige Anwendung möglich. Darüber hinaus ist die He[r]stellung von Pneumatikzylindern so einfach, daß sie in jedem Werkzeugbau au[s]geführt werden kann.

Vorteile:
   große Betriebssicherheit
   einfache Wartung
   einfache Übertragung der Druckluft mit Schläuchen oder Rohrleitungen
   keine Rückflußleitungen
   zentrale Erzeugung
   geringer Platzbedarf bei zentraler Erzeugung
   geringer Kostenaufwand bei vorhandenem Druckluftnetz
   Explosions- und Kurzschlußsicherheit
   großer Kraft- und Geschwindigkeitseinstellbereich
   Überlastbarkeit ohne Folgen für die Pneumatik

Nachteile:

   Bewegung lastabhängig (gleichförmige Bewegungen lassen sich wegen der Ko[m]pressibilität der Luft nicht ohne weiteres ausführen)
   bei großen Kräften Arbeitszylinder mit großem Durchmesser erforderlich (ho[her] Luftverbrauch)
   Halten von Lasten in Mittelstellung des Kolbens nicht möglich

2.2. Spannen

Aufbau des pneumatischen Teils einer Vorrichtung

Um eine gute Funktionssicherheit und hohe Lebensdauer zu erreichen ist es notwendig, folgende Bauteile zu verwenden:
Leitungen
Luftreiniger mit Wasserabscheider
Druckminderventil
Druckluftnebelöler
Steuerventil
Rückschlagventil
Manometer
Arbeitszylinder

Die Zuführung der Druckluft erfolgt durch *Rohrleitungen* oder *Schläuche*. Für Vorrichtungen, die längere Zeit stationär im Einsatz sind, werden Rohre verwendet. Für kurzzeitigen Einsatz sind Schläuche mit Schlauchkupplung vorteilhafter. Jede Abzweigung von der Druckluftshauptleitung muß mit einem Absperrventil versehen werden, um die Vorrichtung außer Betrieb setzen zu können.

Durch die Temperaturschwankungen der Druckluft kommt es zur Kondensatbildung in der Druckleitung. Dieses Kondensat verschmutzt bei längerem Einsatz die Pneumatikaggregate und führt zur Korrosionsbildung und damit zu Funktionsstörungen. Deshalb ist der Einsatz von *Luftreinigern mit Wasserabscheidern* erforderlich.

Die Luft in den Hauptleitungen ist häufig Druckschwankungen unterworfen, die durch unterschiedliche Druckluftentnahme hervorgerufen werden. Soll eine Vorrichtung mit konstantem Luftdruck arbeiten, so ist der Einbau eines *Druckminderventils* erforderlich. Druckminderventile sind in einem vom Hersteller angegebenen Bereich einstellbar. Sie arbeiten so, daß bei unterschiedlichem Eingangsdruck stets ein konstanter Ausgangsdruck vorhanden ist.

Im Steuerventil, Rückschlagventil und im Arbeitszylinder gleiten metallische Teile aufeinander, die eine Schmierung erfordern. Das Schmieren wird von einem *Druckluftnebelöler* vorgenommen, der in die Druckleitung eingebaut wird und Öl in die Druckluft sprüht.

Für die Betriebssicherheit der Vorrichtung ist der Einbau eines *Rückschlagventils* erforderlich. Es verhindert bei Druckabfall in der Leitung ein Entweichen der Druckluft aus dem Arbeitszylinder und so z. B. ein Lockern der Werkstückspannung.

Der Einbau des *Manometers* ist so vorzunehmen, daß es im Blickfeld des Bedienenden liegt, der damit ständig den vorhandenen Luftdruck kontrollieren kann.

Arbeitszylinder unterscheidet man in einfach- und doppeltwirkende Arbeitszylinder mit und ohne Bremsung. Einfachwirkende Arbeitszylinder werden nur von einer Seite mit Druckluft beaufschlagt. Man spart bei ihrem Einsatz die Leitungen und Ventile für die zweite Seite (Bilder 2.2.64 und 2.2.65).

Bild 2.2.64. Symbol für Arbeitszylinder einfachwirkend mit Scheibenkolben. Rückführung des Kolbens durch Rückstellfeder

Werden Federn für das Zurückführen der Kolben verwendet, so sind die Federkräfte bei der Berechnung der Spannkraft zu berücksichtigen (Bild 2.2.66).

$$F_K = A_K p_v - F_R - F_F. \tag{2.2.68}$$

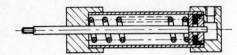

Bild 2.2.65. Einfachwirkender Arbeitszylinder

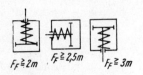

Bild 2.2.66. Größe der Rückstellfederkraft in Abhängigkeit von der Einsatzlage

F_F Federkraft in kp; m Masse in kg

Die Federkraft F_F gilt für die Endstellung der Feder.

$$F_R = (0{,}15 \ldots 0{,}25) A_K p_{ü};$$

0,15 bei Lippendichtung der Kolbenstange, 0,25 bei Stopfbuchsdichtung der Kolbenstange, Vorspannkraft = $(2 \ldots 3)$ Masse der Kolbenstange plus Masse des Kolbens

Die Rückholfedern sind mit Vorspannung einzubauen, deren Größe sich nach der Arbeitslage richtet. Einfachwirkende Arbeitszylinder eignen sich nicht für große Kolbenwege, weil die Rückholfedern zuviel Platz einnehmen und somit die Baulänge erheblich vergrößern.

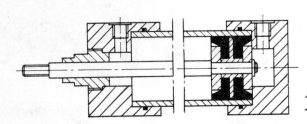

Bild 2.2.67. Doppeltwirkender Arbeitszylinder

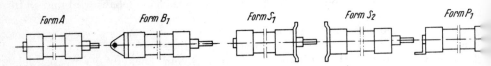

Bild 2.2.68. Bauformen von Arbeitszylindern

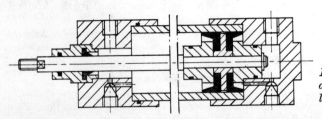

Bild 2.2.69. Doppeltwirkender Arbeitszylinder mit Endlagenbremsung

Bild 2.2.67 zeigt einen doppeltwirkenden Arbeitszylinder mit ND 6,3 km/cm², der in verschiedenen Bauformen (Bild 2.2.68) geliefert wird. Die Kolbenstange darf nur durch axiale Kräfte belastet werden.

2.2. Spannen

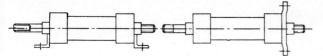

Bild 2.2.70. *Bauformen doppeltwirkender Arbeitszylinder mit Endlagenbremsung*

Der Arbeitszylinder kann auch einfachwirkend verwendet werden, wenn der Kolben durch eine äußere Kraft zurückgeführt wird. Bei doppeltwirkenden Arbeitszylindern mit Bremsung wird die Bremsung durch die abgesetzte Bauweise des Kolbens und durch die einstellbare Drosselschraube erreicht (Bilder 2.2.69 und 2.2.70).

Pneumatikspanneinheiten

Pneumatikhubböcke können universell verwendet werden, z. B. in Verbindung mit Spanneisen (Bilder 2.2.71 und 2.2.72). Ein direktes Spannen mit der Kolbenstange ist ebenfalls möglich. Werden mehrere Hubböcke in einer Vorrichtung verwendet, so können sie von einem Wegeventil manuell oder mechanisch gesteuert werden.

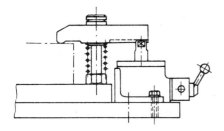

Bild 2.2.71. *Hubbock mit Spanneisen, pneumatisch*

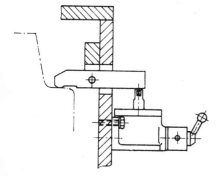

Bild 2.2.72. *Anwendungsbeispiel für Hubbock*

Die verfügbare Spannkraft an der Kolbenstange beträgt je nach Baugröße 20 bis 700 kp.

Der im Bild 2.2.73 gezeigte *Pneumatikspannbock* kann einzeln oder in Gruppen eingesetzt und geschaltet werden und überträgt je nach Baugröße eine Spannkraft von 390 bis 1750 kp.

Pneumatikbohrvorrichtungen (Bild 2.2.74) machen viele Einzelvorrichtungen überflüssig, da der Grundkörper immer wieder verwendet werden kann. Lediglich die Bohrplatte und die Werkstückaufnahme sind werkstückgebunden. Durch Vor-

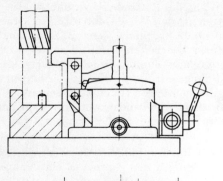

Bild 2.2.73. Spannbock, pneumatisch

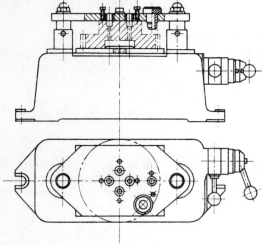

Bild 2.2.74. Pneumatikbohrvorrichtung

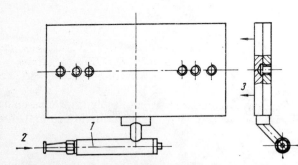

Bild 2.2.75. Luftgelagerte Platte
1 Griff mit Ventil; 2 Lufteintritt; 3 Luftaustritt

schalten von Druckminderventilen kann der Spanndruck vermindert werden, um leicht verformbare Werkstücke nicht zu verspannen.

Luftgelagerte Platten (Bild 2.2.75) sind in den Größen von 160 mm × 320 mm bis 280 mm × 630 mm erhältlich und können mit 270 bis 470 kp belastet werden. Wird dem Luftdruck der Weg in die luftgelagerte Platte durch das Ventil freigegeben, so tritt die Luft durch Kanäle unterhalb der Platte aus und bildet ein Luftpolster. Dadurch ist man in der Lage, schwere Werkstücke mit der Vorrichtung

2.2. Spannen

auf dem Maschinentisch zu bewegen, weil nur die Luftreibung zu überwinden ist. Die Anwendung dieser luftgelagerten Platten hat den Vorteil, daß man Werkstücke, die man bisher auf schwenkbaren Säulenbohrmaschinen oder Bohrwerken bearbeiten mußte, auf Ständerbohrmaschinen bearbeiten kann. Beachtet werden muß, daß Graugußspäne leicht durch die austretende Druckluft fortgeblasen werden. Es tritt eine starke Staubbelästigung auf, die aber durch Abfangen der Späne vermieden werden kann. Ähnliche Erscheinungen treten auch beim Arbeiten mit Kühlwasser auf, so daß man entsprechende Ableitungen vorsehen muß.

Saugluftspanner

Bei *Saugluftspannern* (Bild 2.2.76) entsteht die Anpreßkraft durch den äußeren Luftdruck gegenüber dem Saugnapf (Vakuum). Für den Einsatz ist eine Vakuumpumpe erforderlich, die den Saugnapf luftleer pumpt. Die Saugnäpfe sollen möglichst flach ausgebildet werden, um Vakuumpumpen mit kleiner Förderleistung

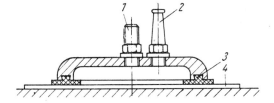

Bild 2.2.76. *Saugluftspanner*
1 Anschluß für Befestigung; 2 Vakuumanschluß; 3 Gummidichtung; 4 Werkstück

benutzen zu können. Die Anpreßkraft ist nur von der Größe der Berührungsfläche abhängig (Vakuumfläche), nicht vom Volumen. Im Handel befindliche Vakuumpumpen erzeugen etwa 90% Vakuum, d. h., je Quadratzentimeter Berührungsfläche wird eine Anpreßkraft von 0,9 kp erzeugt. Ihr Einsatz ist überall dort vorteilhaft, wo Magnetspanner versagen oder nicht erwünscht sind, z. B. bei Werkstücken aus Plast, Papier, Gummi und Holz, beim Entstapeln von Blechen usw.

2.2.5. Magnetspannplatten

Magnetspannplatten werden zum Spannen magnetisierbarer Werkstücke verwendet, wenn parallele Flächen erzeugt werden sollen. Ihr Einsatz erfolgt auf Schleif-, Fräs-, Hobel- und Drehmaschinen. Zur Anwendung kommen Elektromagnet- und Permanentmagnetspannplatten [4] [6] [7].

Elektromagnetspannplatten benötigen einen Gleichstromanschluß sowie besondere Schalter, die vor dem Stromabschalten kurzzeitig die Stromrichtung umkehren

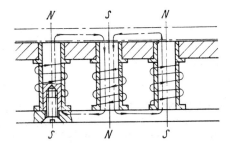

Bild 2.2.77. *Schema einer Elektromagnetspannplatte*

und dadurch die Werkstücke weitgehend entmagnetisieren. So lassen sich die Werkstücke leichter abheben, und Späne haften nicht mehr so fest am Werkstück.

Bild 2.2.77 zeigt den prinzipiellen Aufbau eines Elektromagnetspanners. Werden solche Elektromagnetspanner selbst hergestellt, so ist außer der Spannkraft und dem Strombedarf auch die Erwärmung der Magnetspulen nachzurechnen.

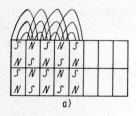

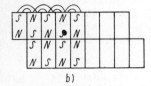

Bild 2.2.78. Wirkungsweise von Permanentmagnetspannplatten
a) spannende Stellung
b) entspannende Stellung

Die Wirkungsweise der *Permanentmagnetspannplatten* ist aus Bild 2.2.78 ersichtlich. Es wird keine Stromquelle und keine elektrische Installation benötigt. Die Spannkraft beträgt etwa 0,75 kp/cm² Werkstückfläche. Die Betätigung des Verschiebens geschieht durch Schwenken eines Hebels, der eine Exzenterwelle dreht. Dadurch wird das Unterteil um eine Polteilung verschoben, und die Magnetkraftlinien werden stark geschwächt. Für kleine Werkstücke wählt man zweckmäßig eine kleine Polteilung.

Verwendet werden Magnetspannplatten vorwiegend für leichte Spanungsarbeit, z. B. Schleifen. Werden Stützkörper verwendet, so können auch gröbere Spanungsarbeiten ausgeführt werden. Man erreicht gute planparallele Flächen, da die Anlage durch die magnetischen Kräfte einwandfrei gewährleistet wird. Je größer die Werkstückauflagefläche ist, desto größer wird die Spannkraft und damit

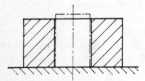

Bild 2.2.79. Aufspannring zur Vergrößerung der Spannfläche für Magnetspannplatten

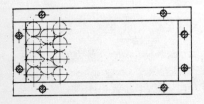

Bild 2.2.80. Aufspannrahmen zur Vergrößerung der Spannkraft für Magnetspannplatten

2.2. Spannen

die mögliche Spanungskraft. Bild 2.2.79 zeigt, wie man durch einen Aufspannring die Spannfläche einzelner Werkstücke vergrößern kann und dadurch eine festere Werkstückspannung erhält.

Das gleiche kann in der Serienfertigung durch einen Rahmen erreicht werden (Bild 2.2.80). Schlecht magnetisierbare Werkstücke können durch Hilfsspanneinrichtungen (ähnlich Bild 2.2.79) magnetisch gespannt werden. Sollen die fertigen Werkstücke unmagnetisch sein, so sind sie anschließend zu entmagnetisieren.

2.2.6. Elektromechanische Spanner

Der Einsatz elektromechanischer Spanner hat den Vorteil, daß nur eine Energieform und nur ein Leitungssystem im Betrieb benötigt wird. Besonders werden sie in Taktstraßen und an Drehmaschinen verwendet. Wegen der hohen Drehzahl der Elektromotoren ist es notwendig, ein Getriebe zu verwenden. Der relativ große Platzbedarf (Motor und Getriebe durchschnittlich 200 mm × 400 mm) läßt einen Einsatz in Einzelvorrichtungen nur selten zu.

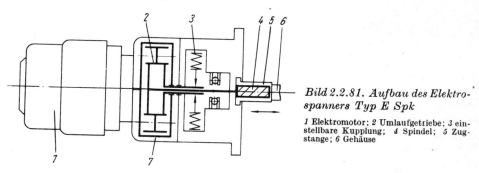

Bild 2.2.81. Aufbau des Elektrospanners Typ E Spk

1 Elektromotor; *2* Umlaufgetriebe; *3* einstellbare Kupplung; *4* Spindel; *5* Zugstange; *6* Gehäuse

Bild 2.2.81 zeigt den prinzipiellen Aufbau des Elektrospanners ohne Spannelement. Der Motor *1* treibt ein Umlaufgetriebe *2* an, das mit einer einstellbaren Kupplung *3* verbunden ist. Die Drehbewegung wird mit Spindel *4* und Spindelmutter *5* in eine Längsbewegung umgewandelt. Die jeweils benötigte Spannkraft kann an der Kupplung *3* eingestellt werden.

Als Spannelemente werden auf Drehmaschinen Keilhakenspannfutter und Planspiralfutter verwendet, die auf die Elektrospanner abgestimmt sind.

2.2.7. Elemente der Kraftübertragung

2.2.7.1. Spanneisen

Spanneisen werden eingesetzt, wenn die Spannschrauben oder andere Spannelemente nicht direkt auf das Werkstück wirken können oder sollen. Die verschiedenen Formen von genormten Spanneisen sind aus Bild 2.2.82 ersichtlich [4] [6] [7].

Mit Ausnahme des Spanneisens mit Pendellager sind grundsätzlich bei allen Spanneisen Kugelscheibe, Kegelpfanne und Abdrückfeder vorzusehen. Kugelscheibe und Kegelpfanne garantieren auch bei Schrägstellung der Spanneisen eine

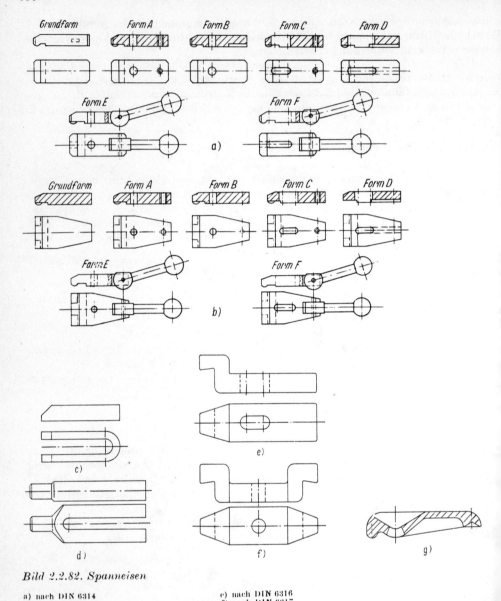

Bild 2.2.82. Spanneisen

a) nach DIN 6314
b) nach Werknorm
c) nach DIN 6315
d) nach Werknorm
e) nach DIN 6316
f) nach DIN 6317
g) nach Werknorm

einwandfreie Kraftübertragung. Werden anstelle von Kugelscheibe und Kegelpfanne nur Unterlegscheiben benutzt, so kommt es zur punktförmigen Berührung zwischen Spannmutter und Spanneisen bzw. Unterlegscheibe. Durch diese punktförmige Kraftübertragung tritt vorzeitiger Verschleiß bzw. Zerstörung der Spannelemente ein. Die Abdrückfedern (Tafel 2.2.7) haben die Aufgabe, das Spanneisen stets in der oberen Stellung zu halten, um ein unbehindertes Einlegen der Werk-

2.2. Spannen

stücke zu gewährleisten. Spanneisen mit Langloch gestatten ein Zurück- und Vorschieben der Spanneisen, so daß es möglich ist, die Werkstücke senkrecht hineinzulegen und senkrecht herauszunehmen.

Tafel 2.2.7. Abdrückfedern

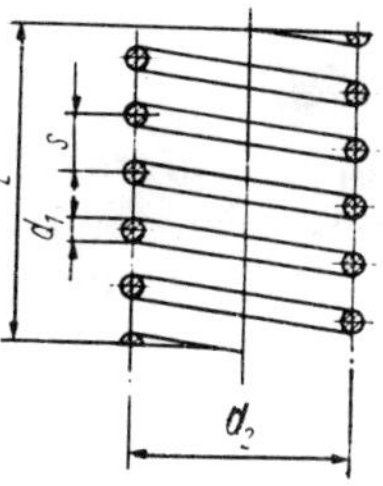

Schraube	d_1 mm	d_2 mm	s mm	Vorspannkraft der Feder kp
M 10	1,5	14	3,8	6
M 12	2	18	4,6	11
M 16	2,5	23	6	17
M 20	3	28	7,5	24

Berechnung

Mit Hilfe von Spanneisen kann man Richtung und Größe der eingeleiteten Kraft verändern. Bild 2.2.83 zeigt die Abhängigkeit der Spannkraft vor der eingeleiteten Kraft bei gleichbleibenden Abständen.

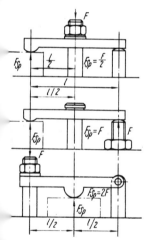

Bild 2.2.83. Abhängigkeit der Spannkraft von der Ausbildung des Spanneisens

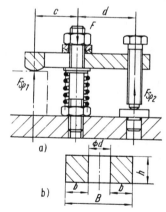

Bild 2.2.84. Mit Spanneisen gespanntes Werkstück
a) Spannkräfte; b) Spanneisenquerschnitt

Bild 2.2.84 verdeutlicht die Abhängigkeit der Spannkraft von der eingeleiteten Kraft und den Abständen der Stützung des Spanneisens.

Aus dem Momentensatz folgt

$$F_{Sp1} c - F_{Sp2} d = 0$$

$$F_{Sp2} = F_{Sp1} \frac{c}{d}. \tag{2.2.69a}$$

Aus der Summe aller Kräfte in y-Richtung ergibt sich

$$F = F_{Sp1} + F_{Sp2}.$$

Durch Einsetzen und Umstellen folgt dann

$$F = F_{Sp1} + F_{Sp1}\frac{c}{d}$$

$$F_{Sp1} = \frac{F}{1 + \dfrac{c}{d}}. \tag{2.2.69b}$$

Werden standardisierte Spanneisen verwendet, so muß man sich durch Berechnung davon überzeugen, ob die beim Betrieb auftretenden Biegespannungen die zulässigen Spannungen nicht überschreiten. Da Spanneisen auf Biegung beansprucht werden, gilt

$$\sigma = \frac{M_b}{W}.$$

Werden die Bezeichnungen nach Bild 2.2.84 gewählt, so wird

$$M_b = F_{Sp1}\, c$$

$$W = \frac{b\, h^2}{6}.$$

Da zwei symmetrische Rechtecke vorhanden sind, ist das gesamte Widerstandsmoment

$$W = \frac{2\, b\, h^2}{6},$$

und es gilt

$$\sigma = \frac{3 F_{Sp}\, c}{b\, h^2}. \tag{2.2.70}$$

Soll ein Spanneisen dimensioniert werden, so wählt man zweckmäßig $b \approx$ (s. Bild 2.2.86 b). Die erforderliche Höhe des Spanneisens errechnet sich dann zu

$$h = \sqrt{\frac{3 F_{Sp}\, c}{b\, \sigma_{\text{zul}}}}. \tag{2.2.71}$$

Beispiele

Stellvertretend für die Vielzahl von Anwendungsmöglichkeiten sollen einig Beispiele aufgeführt werden. Ein zurückziehbares Spanneisen mit Spannwind zeigt Bild 2.2.85. Ein schwenkbares Spanneisen mit Spannspirale ist im Bild 2.2.8 dargestellt. Das Spanneisen nach Bild 2.2.87 wird durch eine Feder beim Löse selbsttätig zurückgezogen und beim Spannen durch eine an der Mutter befestigt Kurvenscheibe vorgeschoben.

Um kurze Spannzeiten mit Spanneisen zu erzielen, sind Sechskantmutter ungeeignet, und es sollten besser Kugelgriffschrauben, Spannwinden und Spann spiralen verwendet werden.

2.2. Spannen

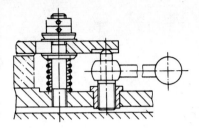

Bild 2.2.85. Spanneisen mit Spannwinde [5]

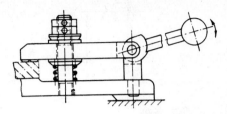

Bild 2.2.86. Spanneisen mit Spannspirale

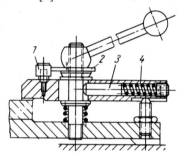

Bild 2.2.87. Spanneisen mit zwangsweiser Vor- und Rückbewegung [6]
1 Anschlag; *2* Kurvenscheibe; *3* Bolzen; *4* Feder

2.2.7.2. Winkelhebel

Winkelhebel dienen zur Kraftumlenkung und bei entsprechender Ausbildung zur Kraftverteilung.

Durch das Anordnen verschiedener Elemente kann man sie vielseitig einsetzen (Bild 2.2.89).

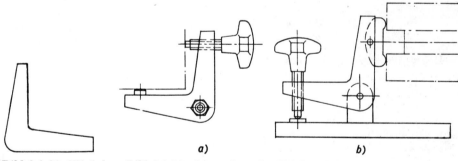

Bild 2.2.88. Winkelhebel

Bild 2.2.89. Anwendung des Winkelhebels
a) innenspannend; b) außenspannend

Berechnung der Spannkräfte

Die Wirkung der Kräfte am Winkelhebel zeigt Bild 2.2.90a. Danach ist

$$F_y c = F_{Sp} b \tag{2.2.72}$$

$$F_{Sp} = F_y \frac{c}{b}. \tag{2.2.73}$$

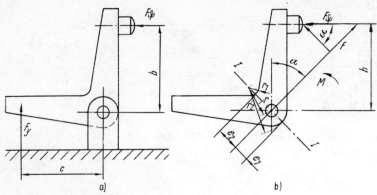

Bild 2.2.90. *Kraftübertragung durch Winkelhebel*
a) Kräfte; b) Spannungen

Durch Winkelhebel werden bei der Innenspannung Spannkräfte in zwei Richtungen erzeugt, die das Werkstück gegen zwei Bestimmebenen spannen.

Berechnung der Biegespannungen

Zur Ermittlung der Belastbarkeit eines Winkelhebels muß man die zulässigen Biegespannungen berechnen.

Winkelhebel stellen stark gekrümmte Träger dar und sind somit nach der Theorie der stark gekrümmten Träger zu berechnen.

Die Randspannungen im gefährdeten Querschnitt $I-I$ (Bild 2.2.90 b) berechnen sich zu

$$\sigma_1 = \frac{F}{A} + \frac{M}{rA} + \frac{Mr}{Z} \frac{e_1}{r+e_1} \qquad (2.2.74)$$

und

$$\sigma_2 = \frac{F}{A} + \frac{M}{rA} - \frac{Mr}{Z} \frac{e_2}{r-e_2}. \qquad (2.2.75)$$

Die Hilfsgröße Z ergibt sich aus

$$Z = \int y^2 \frac{r}{r+y}\, \mathrm{d}A.$$

Die Normalkraft F steht senkrecht auf dem Querschnitt $I-I$ und ist in der angegebenen Richtung positiv. Man ermittelt F aus der Kraft F_{Sp}.

$$F = \sin \alpha\, F_{Sp}. \qquad (2.2.76)$$

Das Moment M wird bestimmt zu

$$M = F_{Sp}\, b. \qquad (2.2.77)$$

Die positive Richtung von M ist im Bild 2.2.90b eingezeichnet.

A ist die Fläche des gefährdeten Querschnitts im Bild 2.2.96 b. Die Lösung des Z-Integrals mit

$$\lambda = -1 + \frac{r}{A} \int \frac{\mathrm{d}A}{r+y} \qquad (2.2.78)$$

2.2. Spannen

ist
$$Z = \lambda A r^2. \tag{2.2.79}$$

Für einen Rechteckquerschnitt mit der Höhe $H = 2e$ ist

$$\lambda = \frac{r}{2e} \ln \frac{1 + \frac{e}{r}}{1 - \frac{e}{r}} - 1. \tag{2.2.80}$$

Der Radius ist

$$r = \frac{r_1 + r_2}{2}. \tag{2.2.81}$$

2.2.7.3. Spannhaken

Die Spannkraft wird mit Spannhaken nur in einer Richtung auf das Werkstück weitergeleitet. Das Werkstück wird dabei auf die Vorrichtung oder auf den Werkzeugmaschinentisch gedrückt. Der Platzbedarf ist gegenüber den Spanneisen geringer. Spannhaken (Bild 2.2.91) werden durch Schrauben betätigt. Ein Anwendungsbeispiel zeigt das Bild 2.2.92.

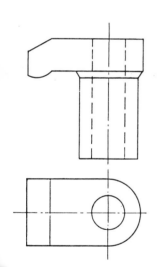

Bild 2.2.91. Spannhaken

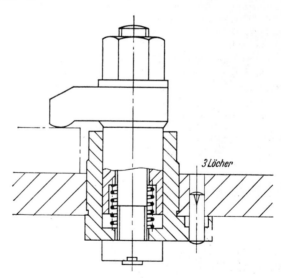

Bild 2.2.92. Spannhaken mit Buchse

An automatisierten Vorrichtungen wird man die Spannhaken hydraulisch betätigen und zum Zweck des besseren Einlegens der Werkstücke die Spannhaken beim Entspannen um 90° herausschwenken. Mit diesen Spannhaken (z. B. Hydraulikvertikalspanner, Bild 2.2.93) lassen sich bei einem Nenndruck, von 100 kp/cm² Spannkräfte von 1250 bzw. 3120 kp erzeugen.

Bei Berechnung der Spannkraft (Bild 2.2.94) unter Vernachlässigung der Reibungskräfte ist

$$F_{Sp} = F.$$

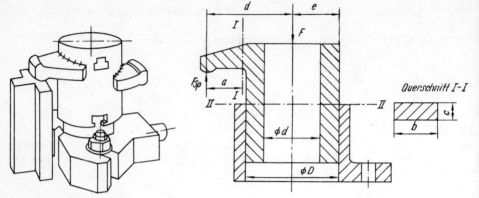

Bild 2.2.93. Hydraulikvertikalspanner   Bild 2.2.94. Kräfte am Spannhaken

Bei Berechnung der auftretenden Spannungen im Spannhaken sind die im Bild 2.2.94 mit $I–I$ und $II–II$ bezeichneten Querschnitte die am höchsten belasteten.

Im Querschnitt $I–I$ treten Biege- und Schubspannungen auf. Die Schubspannungen können wegen des kurzen Abstands a nicht vernachlässigt werden. Die Gesamtspannungen ermittelt man nach der Hypothese der größten Gestaltsänderung.

Danach ist

$$\sigma_{\text{vorh}} = \sqrt{\sigma_b^2 + 3\tau^2} \qquad (2.2.82)$$

$$\sigma_b = \frac{M_b}{W}$$

$$M_b = F_{Sp}\, a$$

$$W = b\, c^2/6$$

$$\sigma_b = 6\,\frac{F_{Sp}\, a}{b\, c^2} \qquad (2.2.83)$$

$$\tau = \frac{3}{2}\,\frac{Q}{F_{Sp}} \quad \text{(für Rechteckquerschnitt).} \qquad (2.2.84)$$

Im Querschnitt $II–II$ treten nur Biegespannungen auf.

$$\sigma_{b\,\text{vorh}} = \frac{M_b}{W}$$

$$M_b = F_{Sp}\,(e+d) - F\,e$$

$$W = \frac{\pi}{32}\,\frac{D^4 - d^4}{D}$$

$$\sigma_{b\,\text{vorh}} = \frac{F_{Sp}\,(e+d) - F\,e}{\dfrac{\pi}{32}\,\dfrac{D^4 - d^4}{D}}. \qquad (2.2.85)$$

2.2. Spannen

Unter der Voraussetzung, daß $F_{Sp} = F$ ist, vereinfacht sich diese Gleichung zu

$$\sigma_{b\,\text{vorh}} = \frac{F_{Sp}\, d}{\dfrac{\pi}{32}\dfrac{D^4 - d^4}{D}}. \tag{2.2.86}$$

2.2.7.4. Spannzangen

Spannzangen (Bild 2.2.95) dienen zum zentrischen Spannen von Werkstücken mit runden oder eckigen Querschnitten (Bild 2.2.96).

Die Werkstückspannung wird dadurch erreicht, daß entweder die Spannzange in einen festen Kegel hineingezogen oder ein Kegel über den Spannzangenkegel geschoben wird (Bild 2.2.97). Dadurch werden die federnden Segmente durchgebogen und das Werkstück gespannt. Bis 60 mm Spanndurchmesser werden drei Schlitze,

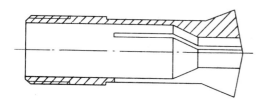

Bild 2.2.95. Spannzange für Zugspannung

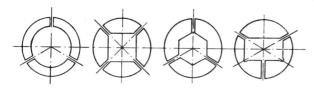

Bild 2.2.96. Spannquerschnitte für Spannzangen [5]

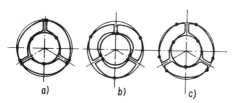

Bild 2.2.97. Berührungspunkte zwischen Werkstück und Spannzange [6]
a) Werkstückdurchmesser kleiner als Spannzangendurchmesser
b) Werkstückdurchmesser größer als Spannzangendurchmesser
c) Abflachung an Spannzangenkanten

über 60 bis 120 mm sechs Schlitze und über 120 bis 250 mm zwölf Schlitze angeordnet. Die Wanddicke der federnden Segmente soll 3 bis 5 mm betragen. Der Spannzangenwinkel beträgt bei den genormten Spannzangen 40°, für Spannzangen mit einem Spanndurchmesser über 60 mm ist ein Winkel von 30° wegen besserer Kraftübertragung vorteilhafter.

Um ein selbsttätiges Öffnen der Spannzangen zu gewährleisten, dürfen sie nicht selbsthemmend sein. Auch aus diesem Grund ist der Spannzangenwinkel nicht kleiner als 30° auszuführen. Als Werkstoff wird Mangan-Silizium-Stahl (Federstahl) verwendet. Um einem vorzeitigen Verschleiß der Spannzangen vorzubeugen, sind die Kanten abzuflachen (s. Bild 2.2.97 c) [4] [6] [7].

Damit ein guter Rundlauf und ein einwandfreies Spannen erreicht wird, müssen die Werkstücke an der Spannstelle genügend genau vorgearbeitet sein (Qualität IT 6 bis 11). Je größer die Durchmesserdifferenz zwischen Zangenbohrung und

Werkstück ist, desto ungenauer ist der Rundlauf und die Werkstückspannung (s. Bild 2.2.99a und b). Der zulässige Rundlauffehler beträgt bei den genormten Spannzangen 0,01 bis 0,04 mm je nach Spanndurchmesser.

Mit Spannzangen lassen sich kurze Spannzeiten erzielen.

Wenn die Maschine mit einer Werkstückvorschubeinrichtung versehen ist, z. B. Vorschubzange, so kann auch während des Laufs der Maschine gespannt werden. Wird die Spannzange beim Spannvorgang bewegt und ist kein Anschlag vorhanden, so verschiebt sich das Werkstück mit der Spannzange in Längsrichtung. Diese Längenabweichung ist abhängig vom Spiel zwischen Spannzange und Werkstück (Bild 2.2.98).

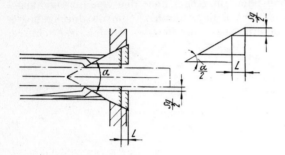

Bild 2.2.98. *Veränderung der Werkstücklage beim Arbeiten ohne Anschlag*

Die Längenabweichung errechnet sich zu

$$L = \frac{\frac{Sg}{2}}{\tan \alpha/2} = \frac{Sg}{2 \tan \alpha/2}. \qquad (2.2.87)$$

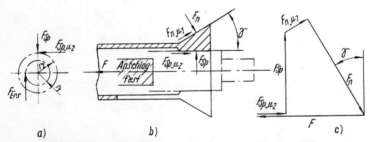

a)   b)   c)

Bild 2.2.99. *Spannzange*
a) Momente   b) Kräfte   c) Kräfteplan

Die Kräfte aus Bild 2.2.99 b sind im Bild 2.2.99 c zu einem Kräfteplan zusammengefaßt. Nach dem Kräfteplan gelten folgende Beziehungen:

$$\overset{+}{\Sigma \rightarrow} x = 0 = F_n \mu_1 \cos \gamma + F_n \sin \gamma + F_{Sp} \mu_2 - F$$

$$F_n = \frac{F - F_{Sp} \mu_2}{\mu_1 \cos \gamma + \sin \gamma}$$

$$+\downarrow \Sigma y = 0 = - F_{Sp} - F_n \mu_1 \sin \gamma + F_n \cos \gamma$$

$$F_n = \frac{F_{Sp}}{\cos \gamma - \mu_1 \sin \gamma}$$

2.2. Spannen

$$\frac{F - F_{Sp}\,\mu_2}{\mu_1 \cos \gamma + \sin \gamma} = \frac{F_{Sp}}{\cos \gamma - \mu_1 \sin \gamma}$$

$$\frac{F - F_{Sp}\,\mu_2}{F_{Sp}} = \frac{\mu_1 \cos \gamma + \sin \gamma}{\cos \gamma - \mu_1 \sin \gamma}$$

$$\frac{F}{F_{Sp}} - \tan \varrho_2 = \frac{\tan \varrho_1 + \tan \gamma}{1 - \tan \varrho_1 \tan \gamma}$$

$$\frac{F}{F_{Sp}} = \tan (\gamma + \varrho_1) + \tan \varrho_2 \,. \tag{2.2.88}$$

Ist kein Anschlag für das Werkstück vorhanden, so entfällt die Reibung zwischen Werkstück und Spannzange, und es gilt

$$\frac{F}{F_{Sp}} = \tan(\gamma + \varrho_1). \tag{2.2.89}$$

Die mögliche Zerspanungskraft ist nach Bild 2.2.99 b ohne Berücksichtigung von Sicherheitsfaktoren

$$F_{Sp}\,\mu_2\,r_2 = F_{Ers}\,r_1$$

$$F_{Ers} = \frac{F_{Sp}\,\mu_2\,r_2}{r_1}. \tag{2.2.90}$$

Zum Durchbiegen der Spannzange ist eine Kraft F_1 erforderlich, die der Spannkraft F_{Sp} entgegen gerichtet ist und damit die Spannkraft verkleinert. Diese Kraft ist bei größeren Spannzangen zu berücksichtigen.

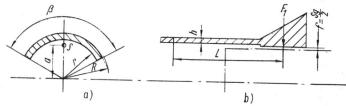

Bild 2.2.100. *Geometrische Abmessungen (a) und Kräfte (b), die die Durchbiegung der Spannzange beeinflussen*

β Sektorenwinkel des Zangensegments

Betrachtet man das Zangensegment als einseitig eingespannten Träger, so gilt Bild 2.2.100)

$$F_1 = \frac{3EJf}{L^3};$$

E Elastizitätsmodul des Zangenwerkstoffs
L Segmentlänge vom Schlitzende bis Kegelmitte
f Durchbiegung des Segments (entspricht dem halben Spiel zwischen Werkstück und Zangenbohrung)
F_1 Kraft zum Durchbiegen eines Zangensegments
J Trägheitsmoment eines Segments.

Sind n Zangensegmente an der Spannzange vorhanden, so ist der Betrag $n\,F_1$ bei der Berechnung der Spannkraft zu berücksichtigen. Das Trägheitsmoment für einen Sektorenwinkel $\beta = 120°$ bezogen auf den Schwerpunkt (Bild 2.2.100 b) ist

$$J_s = \frac{(R^4 - r^4) \, 1{,}48}{4} - a^2 A \, ; \qquad (2.2.91)$$

A Querschnittsfläche eines Segments.

2.2.8. Beispiele

1. Eine Spannvorrichtung mit plastischen Medien (s. Bild 2.2.41) soll dimensioniert werden. Aus der Schnittkraftberechnung ergibt sich eine Spannkraft von 700 kp je Spannstelle. Der Mediumdruck soll 200 kp/cm² nicht überschreiten und der Spannweg beträgt 3 mm.

Lösung:

Die Rückholfedern haben auf Grund der Strömungsverhältnisse und der erforderlichen Passung eine Kraft von 5 kp/cm² aufzubringen. Diese Kraft wirkt der Spannkraft entgegen.

Nach Gl. (2.2.62) gilt

$$F_{Sp} = p \, A_2$$

$$A_2 = \frac{F_{Sp}}{p}$$

$$p_{\text{wirk}} = p - p_{\text{Feder}}$$

$$p_{\text{wirk}} = (200 - 5) \text{ kp/cm}^2 = 195 \text{ kp/cm}^2$$

$$A_2 = \frac{700}{195} \text{ cm}^2 = 3{,}59 \text{ cm}^2.$$

A_2 ist eine Kreisringfläche, es müssen der Kolbenstangen- und der Kolbendurchmesser bestimmt werden.

Kraft der Rückholfeder

$$F_{\text{Feder}} = p_{\text{Feder}} \, A_2$$

$$F_{\text{Feder}} = 5 \cdot 3{,}59 \text{ kp} = 17{,}95 \text{ kp}.$$

Mit dieser Kraft wird die Kolbenstange belastet.

Eine Festigkeitsberechnung erübrigt sich wegen der geringen Belastung. Der Durchmesser wird gewählt mit $d = 6$ mm.

$$A_2 = \frac{d_2^2 \pi}{4} - \frac{d^2 \pi}{4}$$

$$d_2 = \sqrt{A_2 \frac{4}{\pi} + d^2}$$

$$d_2 = \sqrt{\left(3{,}95 \cdot \frac{4}{\pi} + 0{,}6^2\right) \text{ cm}^2} = 2{,}22 \text{ cm}.$$

Ausgeführt wird $d_2 = 22$ mm.

2.2. Spannen

Bestimmung des Druckkolbens

Nach Gl. (2.2.61) ist $p = F/A_1$. F und A_1 sind unbekannt. Zweckmäßig wählt man d_1 mit 20 mm und das Gewinde mit M24. Man erhält für $A_1 = 3{,}14$ cm^2.

$$F = p\, A_1$$
$$F = 200 \cdot 3{,}14 \text{ kp} = 628 \text{ kp}.$$

Diese Kraft muß von der Spannschraube aufgebracht werden.

Wird die Schraube mit einem 120 mm langen Hebel betätigt, so ergibt sich eine Handkraft

$$F_H = \frac{F \dfrac{d_2}{2} \tan(\alpha + \varrho')}{L}$$

$$F_H = \frac{628 \cdot \dfrac{22}{2} \cdot 0{,}1654}{120} \text{ kp} = 9{,}55 \text{ kp}.$$

Auswahl der Passung für Kolben und Zylinder

Nach Bild 2.2.35 ist eine Spaltbreite von 15 μm bzw. ein Spiel von 30 μm zulässig. Die Paßtoleranz für $\varnothing$22H6/g5 beträgt 31 μm. Da das Ist-Spiel kleiner als die Paßtoleranz ist, kan man diese Paarung verwenden.

Berechnung der Druckanzeigeeinrichtung

Um eine sichtbare Anzeige zu erhalten ist ein Federweg von ≈ 5 mm erforderlich. Den Anzeigekolben wählt man hier zweckmäßig mit einem Durchmesser von 12 mm Damit wirkt auf den Anzeigekolben eine Kraft von

$$F = A_1\, p$$
$$F = 1{,}07 \cdot 200 \text{ kp} = 214 \text{ kp}.$$

Die erforderlichen Abmessungen der Tellerfedern werden aus DIN 2092 entnommen. Gewählt werden Tellerfedern A10.
Diese Tellerfedern haben folgende Abmessungen:
Innendurchmesser 10,2 mm, Außendurchmesser 20 mm, Wanddicke $s = 1{,}2$ mm, Belastung bei 75% Federung 200 kp, Federweg bei 75% Belastung 0,36 mm, Höhe der unbelasteten Feder $h_0 = 1{,}68$ mm.
Bei 214 kp Belastung ist ein Federweg von 0,38 mm vorhanden. Um einen Anzeigeweg von 5 mm zu erhalten, müssen $5:0{,}38 = 13$ Tellerfedern wechselsinnig angeordnet werden. Die Höhe der Federsäule ist dann

$$i\, h_0 = 13 \cdot 1{,}68 \text{ mm} = 21{,}8 \text{ mm}.$$

2. Für das Werkstück nach Bild 2.2.101a ist ein Dehndorn zu berechnen. Nach Tafel 2.2.6 werden die Abmessungen der Dehnhülse bestimmt.

$$H = 2\sqrt[3]{D} = 2\sqrt[3]{75 \text{ mm}} = 8{,}5 \text{ mm}$$
$$s = 0{,}02\, D + 0{,}5 = (0{,}02 \cdot 75 + 0{,}5) \text{ mm} = 2 \text{ mm}$$
$$t = 0{,}6\, H = 0{,}6 \cdot 8{,}5 \text{ mm} = 5 \text{ mm}$$
$$D_1 = D - 2(s + t) = [75 - 2(2 + 5)] \text{ mm} = 61 \text{ mm}$$
$$R = 0{,}04\, D = 0{,}04 \cdot 75 = 3 \text{ mm}$$
$$c = t - 2 = 5 - 2 = 3 \text{ mm}$$

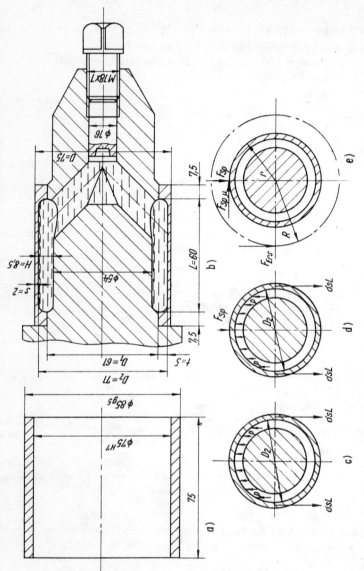

Bild 2.2.101. Dehndorn zur Bearbeitung einer Buchse

a) Buchse   b) Dehndorn
c) Darstellung des Gleichgewichts zwischen innerem Druck und den Spannungen in der Hülse
d) Gleichgewicht der inneren und äußeren Kräfte
e) Darstellung der wirkenden Momente am Dehndorn

2.2. Spannen

Die Druckschraube hat folgendes Maß:

$$d = 1{,}8\,\sqrt{D} = 1{,}8 \cdot \sqrt{75}\ \text{mm} = 15{,}58\ \text{mm}$$

Gewählt: $d = 16$ und Schraube M 18 × 1.5

Mit diesen Abmessungen ist der Dehndorn im Bild 2.2.101b dargestellt. Die Breite des Steges (7,5 mm) wurde gewählt.

Berechnung des maximalen Spannbereichs

Nach Gl. (2.2.67) ist

$$\Delta d = \frac{\sigma_E D}{E}\,.$$

Wählt man als Werkstoff für die Dehnhülse 34CrMo4V mit $\sigma_S = 6500\ \text{kp/cm}^2$ und $\sigma_E = 6300\ \text{kp/cm}^2$, so wird

$$\Delta d = \frac{6300 \cdot 7{,}5}{2{,}1 \cdot 10^6}\ \text{cm} = 0{,}0225\ \text{cm}\,.$$

Die Bohrung 75H7 des Werkstücks hat die Abmaße $+\,0.03$.

Dem möglichen Spannbereich von 0,225 mm steht nur ein erforderlicher Spannbereich von 0,03 mm gegenüber.

Für einen Spannbereich von $2\,D/1000 = 2 \cdot 75\ \text{mm}/1000 = 0{,}15\ \text{mm}$ beträgt nach Abschn. 2.2.4.1. der mögliche Rundlauffehler 0.01 mm.

Um den Dehndorn vor Zerstörung zu bewahren, darf der maximale Spannbereich Δd nicht überschritten werden. Deshalb ist es wichtig zu wissen, wie weit die Schraube hineingedreht werden darf, um eine Begrenzung anbringen zu können.

Bezeichnet man mit V_1 das Vergrößerungsvolumen, das erforderlich ist, um Δd zu verwirklichen, und mit V_2 das Volumen, das der Kolben für diesen Zweck verdrängen muß, so gilt:

$$V_1 = D_2\,\pi\,\frac{\Delta d}{2}\,L = 71 \cdot \pi \cdot 0{,}1125 \cdot 60\ \text{mm}^3 = 1510\ \text{mm}^3$$

$$V_2 = \frac{d^2\,\pi}{4}\,h\,;$$

h Kolbenhub.

Da $V_1 = V_2$ gilt, ist

$$h = \frac{V_1}{\dfrac{d^2\,\pi}{4}} = \frac{1510}{201{,}06}\ \text{mm} = 7{,}5\ \text{mm}\,.$$

Die Schraube darf also nur 7,5 mm hineingeschraubt werden.

Ferner ist zu untersuchen, wie groß die Handkraft beim Erreichen von Δd ist, wenn sich kein Werkstück auf dem Dehndorn befindet.

Vernachlässigt man die Randspannungen an den Einspannstellen und beachtet nur den Bereich l, so ergibt sich ein dünnwandiger Kessel. Bild 2.2.101 c stellt das Gleichgewicht der Kräfte dar.

Es gilt

$$2\sigma_E s l = p D_2 l$$

$$D_3 = \frac{D + D_2}{2} = \frac{(75 + 71)\text{ mm}}{2} = 73 \text{ mm}$$

$$p = \frac{2\sigma_E s}{D_2} = \frac{2 \cdot 6300 \cdot 0{,}2}{7{,}1} \text{ kp/cm}^2 = 355 \text{ kp/cm}^2.$$

Der erforderliche Mediumdruck, um das Maß Δd zu erreichen, beträgt also 355 kp/cm².

Der Kolben wird mit $pA = 355 \cdot 2{,}01 = 713{,}55$ kp belastet. Dreht man die Schraube mit einem 100 mm langen Schlüssel, so ist eine Handkraft von

$$F_h = \frac{F_k \dfrac{d_2}{2} \tan(\alpha + \varrho')}{l_{\text{wirk}}}$$

$$F_h = \frac{713{,}5 \cdot 0{,}835 \cdot 0{,}134}{10} \text{ kp} = 8 \text{ kp}$$

erforderlich.

Die Größe der Spannkraft ergibt sich aus Bild 2.2.101 d. Danach stehen folgende Kräfte im Gleichgewicht:

$$F_{Sp} + 2\sigma_{\text{vorh}} s l - p D_2 l = 0$$

$$\sigma_{\text{vorh}} = \frac{\Delta d_{\text{vorh}} E}{D_3}.$$

Δd_{vorh} ist die im speziellen Fall erforderliche Durchmesservergrößerung, die sich nach dem Ist-Maß des Werkstücks richtet.

$$F_{Sp} = p D_2 l - 2 \frac{\Delta d_{\text{vorh}}}{D_3} E s l.$$

Bei $p = 200$ kp/cm² und $\Delta d_{\text{vorh}} = 0{,}003$ cm ist

$$F_{Sp} = \left(200 \cdot 7{,}1 \cdot 6 - 2 \cdot \frac{0{,}003}{7{,}3} \cdot 2{,}1 \cdot 10^6 \cdot 0{,}2 \cdot 6\right) \text{ kp} = 6460 \text{ kp}.$$

Die mögliche Spanungskraft am Werkstückumfang kann nach Bild 2.2.101 e berechnet werden.

$$M_d = F_{\text{Ers}} R - F_{Sp} \mu r = 0$$

$$F_{\text{Ers}} = \frac{F_{Sp} \mu r}{R}$$

$$F_{\text{Ers}} = \frac{6460 \cdot 0{,}1 \cdot 37{,}5}{42{,}5} \text{ kp} = 570 \text{ kp}.$$

3. Das im Bild 2.2.102 dargestellte Spanneisen 125 nach DIN 6315 ist zu berechnen. Die Spannkraft wird mit einem Spannzylinder erzeugt. Der Öldruck beträgt 63 kp/cm² und die Kolbenkraft 760 kp.

2.2. Spannen

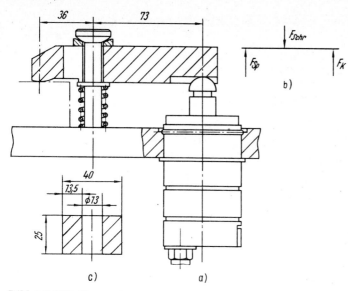

Bild 2.2.102. *Spanneisen*
a) mit Spannzylindern   b) Kräfte   c) Querschnitt

Spannkraft (Bild 2.2.102a und b)

$$F_K \cdot 73 = F_{Sp} \cdot 36$$

$$F_{Sp} = \frac{F_K \cdot 73}{36}$$

$$F_{Sp} = \frac{760 \cdot 73}{36} \text{ kp} = 1540 \text{ kp}.$$

Belastung der Spannschraube (Bild 2.2.102b)

$$F_{Schr} = F_K + F_{Sp}$$

$$F_{Schr} = (760 + 1540) \text{ kp} = 2300 \text{ kp}.$$

Der Schraubenwerkstoff 10K hat eine Streckgrenze von 90 kp/mm². Gewählt wird eine Spannschraube M12.

$$\sigma_{vorh} = \frac{F_{Schr}}{A_{Schr}} = \frac{2300 \text{ kp}}{0{,}743 \text{ cm}^2} = 3090 \text{ kp/cm}^2$$

$$\sigma_{vorh} < \sigma_{zul}$$

$$M_b = F_{Sp} \cdot 36 = 1540 \text{ kp} \cdot 3{,}6 \text{ cm} = 5540 \text{ kpcm}.$$

Spanneisen nach DIN 6315 werden aus St60 gefertigt.

$$\sigma_{b\,zul} = 2100 \text{ kp/cm}^2.$$

Gewählt wird die Spanneisenbreite mit 40 mm, so daß der Querschnitt nach Bild 2.2.102c vorhanden ist.

Nach Gl. (2.2.70) errechnet sich die vorhandene Biegespannung zu

$$\sigma_{\text{vorh}} = \frac{3 F_{Sp} c}{b h^2}$$

$$\sigma_{\text{vorh}} = \frac{3 \cdot 1540 \text{ kp} \cdot 3{,}6 \text{ cm}}{1{,}35 \text{ cm} \cdot 2{,}5^2 \text{ cm}^2} = 1865 \text{ kp/cm}^2.$$

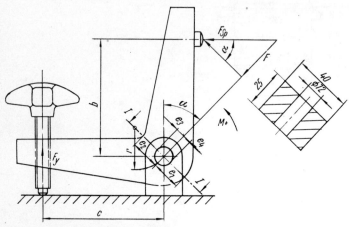

Bild 2.2.103. *Winkelhebel mit Spannschraube*

4. Der Winkelhebel 100 × 25 ist nach Bild 2.2.103 belastet und gelagert. Zu ermitteln sind die Spannkraft und die Spannungen im Querschnitt *I—I*.

Berechnung der Spannkraft

Die Kraft F_y wird mit Hilfe der Schraubenberechnung ermittelt und beträgt $F_y = 400$ kp.

Nach Gl. (2.2.73) ist bei $c = 84$ mm und $b = 84$ mm

$$F_{Sp} = F_y \frac{c}{b}$$

$$F_{Sp} = 400 \cdot \frac{84}{84} \text{ kp} = 400 \text{ kp}.$$

Berechnung der Randspannungen

Nach Gl. (2.2.74) und (2.2.75) ist

$$\sigma_1 = \frac{F}{A} + \frac{M}{rA} + \frac{Mr}{Z} \frac{e_1}{r + e_1}$$

$$\sigma_2 = \frac{F}{A} + \frac{M}{rA} - \frac{Mr}{Z} \frac{e_2}{r - e_2}.$$

2.2. Spannen

Vorbereitung der in den Gleichungen enthaltenen Größen

Nach Gl. (2.2.76) ist bei $\alpha = 45°$ (s. Bild 2.2.103)

$$F = \sin \alpha \, F_{Sp}$$
$$F = 0{,}7071 \cdot 400 \text{ kp} = 282{,}84 \text{ kp}.$$

Das Moment M ist nach Gl. (2.2.77)

$$M = F_{Sp} \, b$$
$$M = 400 \text{ kp} \cdot 8{,}4 \text{ cm} = 3360 \text{ kpcm}.$$

Die Querschnittsfläche A im Querschnitt $I-I$ ist

$$A = 25(40-12) \text{ mm}^2 = 700 \text{ mm}^2 = 7 \text{ cm}^2.$$

Die Größen $r = 2{,}8$ cm, $e_1 = 2$ cm und $e_2 = 2$ cm werden der Zeichnung entnommen.

Nach Gl. (2.2.79) ist

$$Z = \lambda \, A \, r^2.$$

Für zusammengesetzte Flächen gilt:

$$\lambda = \frac{\lambda_1 A_1 + \lambda_2 A_2 + \ldots + \lambda_n A_n}{A_1 + A_2 + \ldots + A_n}.$$

Nach Gl. (2.2.80) ist

$$\lambda_1 = \frac{r}{2e} \ln \frac{1 + \dfrac{e}{r}}{1 - \dfrac{e}{r}} - 1$$

$$\lambda_1 = \frac{2{,}8}{2{,}2} \ln \frac{1 + \dfrac{2{,}0}{2{,}8}}{1 - \dfrac{2{,}0}{2{,}8}} - 1 = 0{,}254.$$

Für λ_2 gilt ($r = 2{,}8$ cm, $e_3 = 0{,}6$ cm, $e_4 = 0{,}6$ cm):

$$\lambda_2 = \frac{r}{2e} \ln \frac{1 + \dfrac{e}{r}}{1 - \dfrac{e}{r}} - 1$$

$$\lambda_2 = \frac{2{,}8}{2 \cdot 0{,}6} \ln \frac{1 + \dfrac{0{,}6}{2{,}8}}{1 - \dfrac{0{,}6}{2{,}8}} - 1 = 0{,}01418$$

$$\lambda = \frac{\lambda_1 A_1 - \lambda_2 A_2}{A_1 - A_2}$$

$$\lambda = \frac{0{,}254 \cdot 10 - 0{,}01418 \cdot 3}{10 - 3} = 0{,}3567$$

$$Z = \lambda A r^2$$
$$Z = 0{,}3567 \cdot 7 \text{ cm}^2 \cdot 2{,}8^2 \text{ cm}^2 = 19{,}57 \text{ cm}^4$$
$$\sigma_1 = \frac{F}{A} + \frac{M}{rA} + \frac{Mr}{Z}\frac{e_1}{r+e_1}$$
$$\sigma_1 = \left(-\frac{288{,}84}{7} + \frac{3360}{2{,}8 \cdot 7} + \frac{3360 \cdot 2{,}8}{19{,}57} \cdot \frac{2}{2{,}8+2}\right) \text{kp/cm}^2$$
$$= 329{,}14 \text{ kp/cm}^2$$
$$\sigma_2 = \frac{F}{A} + \frac{M}{rA} - \frac{Mr}{Z}\frac{e_2}{r-e_2}$$
$$\sigma_2 = \left(\frac{288{,}84}{7} + \frac{3360}{2{,}8 \cdot 7} - \frac{3360 \cdot 2{,}8}{19{,}57} \cdot \frac{2}{2{,}8-2}\right) \text{kp/cm}^2$$
$$= -1070{,}33 \text{ kp/cm}^2$$

2.2.9. Normen für Spannelemente

Tafel 2.2.8

Prinzipskizze	Benennung	DIN/Werknorm
Mechanische Spannelemente		
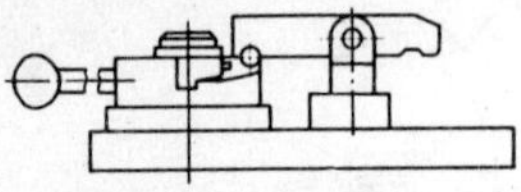	Drehkeil	
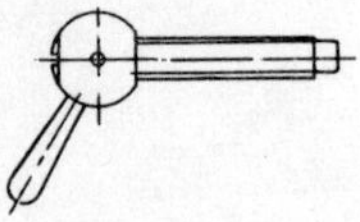	Kegelgriffschraube	6308
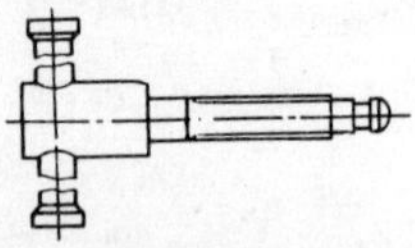	Knebelschraube mit losem Knebel	6306
	mit festem Knebel	6304
	Knebelmutter	6305
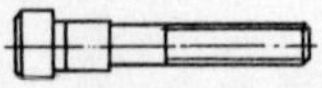	T-Nutenschraube	787
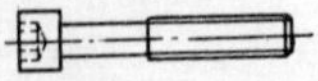	Zylinderschraube mit Innensechskant	912
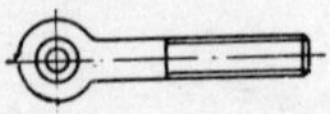	Augenschraube	444
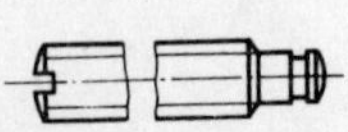	Gewindestift mit Druckzapfen	6332

2.2. Spannen

Tafel 2.2.8 (Fortsetzung)

Prinzipskizze	Benennung	DIN/Werknorm
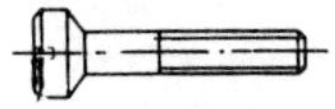	Spannschraube	30-12 803
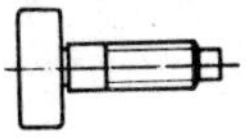	Blattschraube	6309
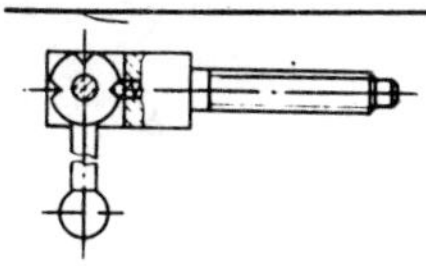	Schwenkhebel	
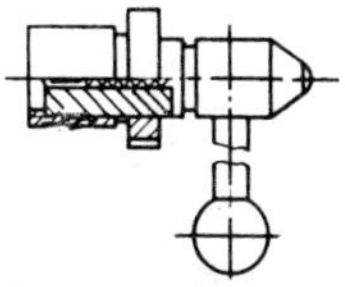	Spannwinde	
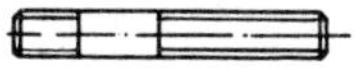	Stiftschraube	939
	Gewindespindel (mit Trapezgewinde)	
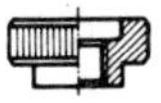	Flache Rändelmutter	467 6303
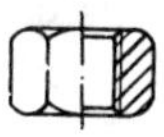	Sechskantmutter 1,5 d	6330
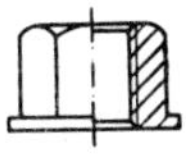	Sechskantmutter 1,5 d mit Bund	6331
	Flügelmutter	315
	Kugelscheibe, Kegelpfanne	6319
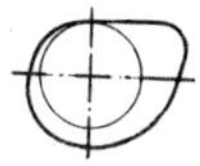	Spannspiralformstahl	
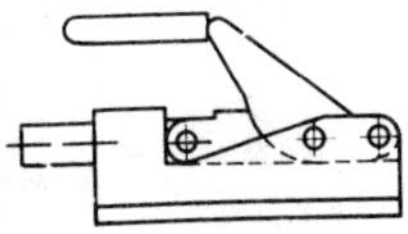	Kniehebelspanner	

Tafel 2.2.8 (Fortsetzung)

Prinzipskizze	Benennung	DIN/Werknorm
Hydraulische Spannelemente [1]		
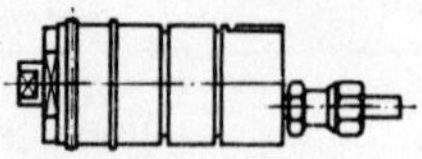	Spannzylinder, einfachwirkend, Druck	
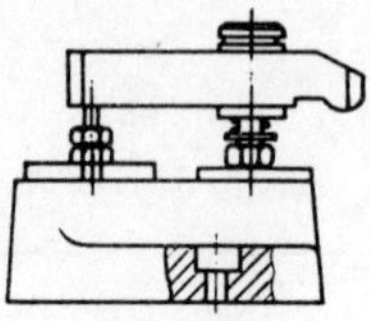	Hydraulikspanneinheit	
Pneumatische Spannelemente [2]		
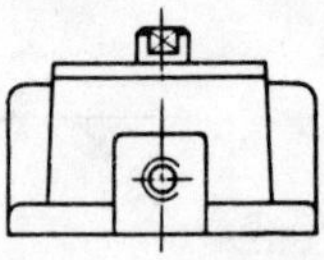	Pneumatikhubbock	
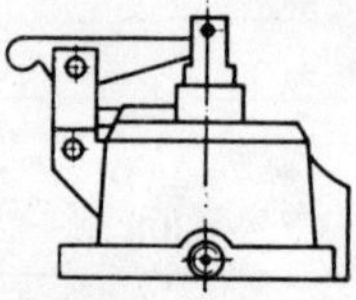	Pneumatikspannbock	
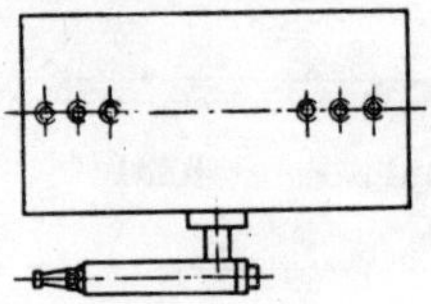	Luftgelagerte Platte	
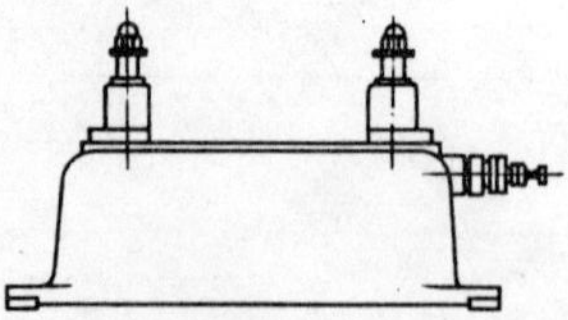	Pneumatikbohrvorrichtung	
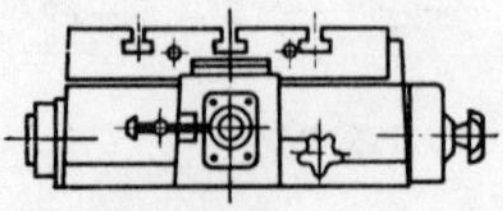	Rundteiltisch pneumatisch	

[1] Weitere hydraulische Spannelemente s. *Voigt*: Grundlagen der Hydraulik.
[2] Weitere pneumatische Spannelemente s. *Schlicker*: Pneumatik im Maschinenbau.

2.2. Spannen

Tafel 2.2.8 (Fortsetzung)

Prinzipskizze	Benennung	DIN/Werknorm
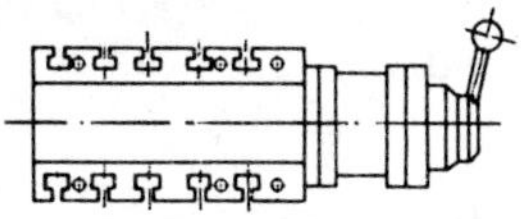	Spanneinheit für Zug und Druck	
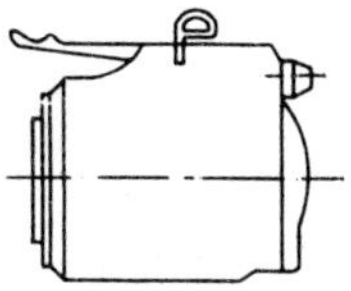	Druckluftmotor mit Schlagkupplung	
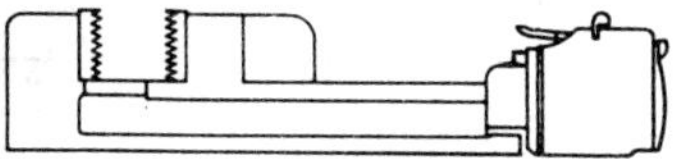	Druckluft-Maschinenschraubstock	
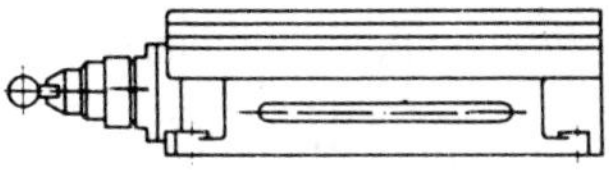	Pneumatik-Mehrzweckfräsvorrichtung	

Elektromagnetische Spannelemente

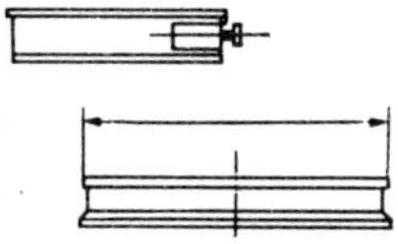	Elektromagnetspannplatte	

Kraftübertragungselemente

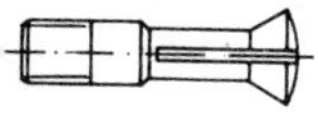	Spannzangen für Zugspannung bis 46 mm Spanndurchmesser	6341
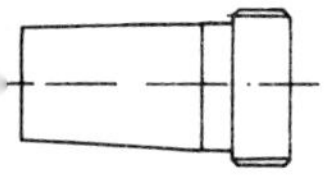	Kegelhülsen für kurze Spannzangen	
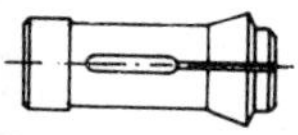	Spannzangen für Druckspannung	
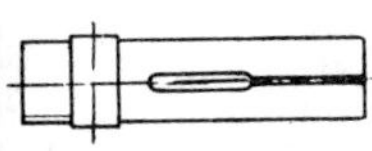	Vorschubzange	6344

Tafel 2.2.8 (Fortsetzung)

Prinzipskizze	Benennung	DIN/Werknorm
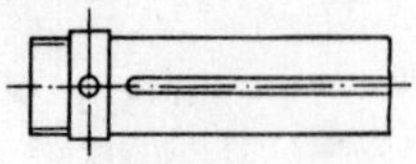	Vorschubzange für Mehrspindeldrehautomaten	
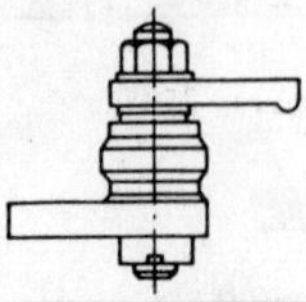	Spannhaken mit Buchse	
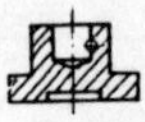	Druckstück	6311
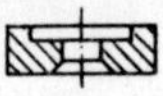	Druckscheibe	6312

	Spanneisen, flach
	    gabelförmig
	    U-förmig
	    gekröpft
		6314
		6315
		
		6316

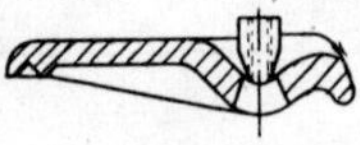	Spanneisen mit Pendellager	
	Winkelhebel	
	Ausgleichteil	
	Vorsteckscheibe	

2.2.10. Wiederholungsfragen

1. Was versteht man unter Haupt- und Hilfsspannern?
2. Mit welcher Größe werden die Schnittkräfte bei der Konstruktion der Vorrichtun berücksichtigt?
3. Welche Kraftrichtung müssen die Spannelemente haben?
4. Welche Möglichkeiten des Verhaltens von Schnitt- und Spannkräften gibt es i Abhängigkeit vom Fertigungsverfahren?

2.2. Spannen

5. Die Prinzipien der Spannkräfte der mechanischen Spannelemente sind zu begründen.
6. Welche Steigungsverhältnisse haben Schlagkeile, und warum lassen sich ihre Spannkräfte nicht berechnen?
7. Weshalb soll bei den indirekten Keilspannern der Steigungswinkel größer als 6° gehalten werden?
8. Welche Zapfenformen bei Spannschrauben treten auf, und wie gehen die Zapfenreibungsverluste in die Spannkraftberechnung ein?
9. Unter welchen Bedingungen können welche Handkräfte eingesetzt werden?
10. Der Einsatz eines Spannexzenters im Bereich $\varphi = 60°$ ist zu erläutern.
11. Warum ist der Einsatz einer Spannspirale vorteilhafter als die Verwendung eines Spannexzenters?
12. Wann ist die Nachweisrechnung auf Spannmarkenbildung notwendig, und welche Spannelemente betrifft das?
13. Welche Vorteile haben Kniehebelspanner entgegen den anderen mechanischen Spannelementen?
14. Welche Werkstoffe sollen bevorzugt für mechanische Spannelemente angewendet werden?
15. Welche Vorteile bieten die genormten Vorrichtungsbauteile gegenüber Sonderkonstruktionen?
16. Was ist die Folge von Leckverlusten bei Vorrichtungen mit plastischen Medien ohne Druckausgleich?
17. Wodurch kann man die schädlichen Folgen der Leckverluste verhindern?
18. Was ist beim Einfüllen der plastischen Medien in Vorrichtungen zu beachten?
19. Welche Vorteile haben Vorrichtungen mit plastischen Medien gegenüber Vorrichtungen mit Ölhydraulik oder Druckluft?
20. Welche Rundlaufgenauigkeit erreicht man mit Dehndornen?
21. Warum sind Handpumpen für Vorrichtungen vorteilhaft?
22. In welchen Fällen ist die Ölhydraulik für Vorrichtungen vorteilhaft einsetzbar?
23. Welche Vor- und Nachteile haben Vorrichtungen mit Druckluft?
24. Wie soll der mechanische Teil einer Pneumatikspannvorrichtung ausgebildet sein, wenn diese auf einer Drehmaschine zum Einsatz kommt?
25. Welche Vor- und Nachteile haben luftgelagerte Platten für Bohrvorrichtungen?
26. Wann sind Saugluftspanner vorteilhaft anzuwenden?
27. Aus welchen Hauptteilen besteht ein elektromechanischer Spanner?
28. Welches ist das Hauptanwendungsgebiet der elektromechanischen Spanner?
29. Weshalb müssen bei einem Spanneisen Kugelscheibe und Kegelpfanne angeordnet werden?
30. Welche Spannelemente kann man zur Krafterzeugung an Spanneisen anordnen?
31. Welche grundsätzlichen Anwendungsmöglichkeiten gibt es für Winkelhebel?
32. Welche Richtung hat die Spannkraft bei Winkelhebeln?
33. Welche Vorteile haben Spannhaken gegenüber Spanneisen?
34. Welches ist die höchstbeanspruchte Stelle am Spannhaken?
35. Welche Querschnittsformen kann man mit Spannzangen spannen?
36. Wie groß ist der Spannbereich und die Rundlaufgenauigkeit von Spannzangen?
37. Aus welchen Werkstoffen werden Spannzangen gefertigt?
38. Wie muß das Werkstück an der Spannstelle beschaffen sein?

2.11. Übungen

Ein Werkstück wird nach Bild 2.2.104a mit zwei hintereinanderliegenden Spanneisen gespannt. Das Werkstück wird im Gegenlauffräsen an der Oberfläche bearbeitet, wobei eine Hauptschnittkraft von 380 kp auftritt.

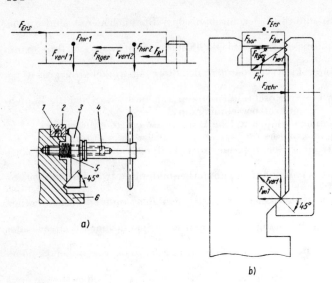

Bild 2.2.104
Formschlüssiges Spanneisen mit Spannschraube
a) Darstellung
b) Kräfte
1 Bestimmelement; 2 Werkstück
3 Spanneisen; 4 Spannelement
5 Abdrückfeder für Spanneisen
6 Vorrichtungsgrundkörper

Gegeben:

Hebelverhältnis am Spanneisen 1:3; Schraube nach DIN 938. Werkstoff 8G mit $\sigma_S = 64$ kp/mm²; Mutter nach DIN 6305. Form B. Werkstoff 10S20K; $\sigma_{zul} = 12$ kp/mm²; Kugelscheibe und Kegelpfanne nach DIN 6319. Die Federkraft wird vernachlässigt.

Gesucht:

Kräftebild, Spannkraftgleichung, Schraubengröße mit Festigkeitsnachweis, Knebellänge, Größe des Bestimmelements.

Die Kraftübertragung an der Spannstelle erfolgt formschlüssig.

Lösung:

Kräftebild s. Bild 2.2.104 b.

Spannkraftgleichung

$$F_{R\,ges} = 456 \text{ kp}$$

$$F_{unt} = \frac{F_R}{7\,\mu} = 652 \text{ kp}$$

$$F_{hor} = 1956 \text{ kp}$$

Schraubengröße mit Festigkeitsnachweis

$$F_{Schr\,ges} = 2608 \text{ kp}$$

$$F_{Schr\,1;2} = 1304 \text{ kp}$$

$$d_{3\,erf} = 0{,}943 \text{ cm}$$

Gewählt: M12 mit $d_{3\,vorh} = 0{,}9853$ cm; $P = 0{,}175$ cm; $A_s = 0{,}843$ cm².

$$\sigma_T = 1890 \text{ kp/cm}^2 < \sigma_{zul} = 1920 \text{ kp/cm}^2 \text{ [11]}$$

2.2. Spannen

Knebellänge

$$l_w = 154 \text{ mm}$$

Größe des Bestimmelements

$$d_{\text{erf}} = 1{,}08 \text{ cm}$$
$$d_{\text{gew}} = 1{,}2 \text{ cm}$$
$$\tau_{a\,\text{vorh}} = 1005 \text{ kp/cm}^2 < \tau_{a\,\text{zul}} = 1240 \text{ kp/cm}^2.$$

2. Werkstücke nach Bild 2.2.105 werden mit zwei hintereinanderliegenden Spanneisen gespannt. Die Werkstücke werden einzeln gespannt und im Gegenlauffräsen gefräst, wobei eine Hauptschnittkraft von $F_H = 450$ kp auftritt. Die Hauptschnittkraft wirkt in die Blattebene hinein. Es werden Spannspiralen mit einer Spannkraft von je 350 kp bei $F_h = 15$ kp verwendet. Der Abstand vom Angriffspunkt der Spannkraft am Werkstück bis zur Lagermitte des Spanneisens beträgt 35 mm.

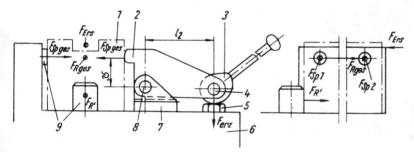

Bild 2.2.105. Winkelspanneisen mit Spannspirale
1 Werkstück; *2* Winkelspanneisen; *3* Spannspirale; *4* Lagerbolzen der Spannspirale; *5* Verschleißkopf; *6* Vorrichtungsgrundkörper; *7* Lagerbock für Winkelspanneisen; *8* Lagerbolzen für Spanneisen; *9* Bestimmelemente

Gesucht:

Kräftebild, Spannkraftgleichung, Hebellänge der langen Seite des Spanneisens, Breite des Exzenters mit Festigkeitsnachweis, Größe des Bestimmelements.

Lösung:

Kräftebild s. Bild 2.2.105.

Spannkraftgleichung

$$F_{Sp\,\text{ges}} = \frac{F_R}{2\mu} = \frac{c_2 F_H(c_1 - 1)}{2\mu} = 2700 \text{ kp}$$

$$F_{Sp\,1;2} = 1350 \text{ kp}$$

Hebellänge

$$l_2 = 135 \text{ mm}$$

Breite des Exzenters

Gewählt: Spannspiralformstahl 32 × 10 Tafel 2.2.5.

$b_{erf} = 1{,}05$ cm

$b_{gew} = 1{,}2$ cm

$\sigma_{b\,vorh} = 5740$ kp/cm² $< \sigma_{zul} = 6200$ kp/cm² (16MnCr5e)

Größe des Bedienelements

$d_{erf} = 1{,}18$ cm

$d_{gew} = 1{,}5$ cm

$\tau_{a\,vorh} = 766$ kp/cm² $< \tau_{a\,zul} = 1240$ kp/cm²

3. Die im Bild 2.2.106 dargestellte Vorrichtung soll dimensioniert werden.

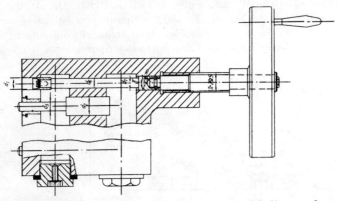

Bild 2.2.106. *Spannvorrichtung mit plastischem Medium und zwangsläufiger Rückführung der Spannkolben*

Gegeben:

Gewinde der Druckspindel Tr26 × 5; Flankendurchmesser 23,5; Reibungszahl im Gewinde $\mu = 0{,}12$; Reibungszahl zwischen Kugel und Senkung $\mu = 0{,}1$; $R = 10$ mm; $\gamma = 120°$; Handkraft 15 kp; Handraddurchmesser 200 mm; Mediumdruck 200 kp/cm²; Spannweg $s_2 = 3$ mm; Spannkraft je Spannstelle $F_{Sp} = 1000$ kp; $n = 6$; $d_5 = d_6 = 12$ mm.

Gesucht:

Schraubenkraft, die auf den Kolben wirkt; Kolbendurchmesser d_1, d_2, d_3 und Kolbenflächen A_1, A_2, A_3, A_4; Kolbenweg s_1; es ist zu untersuchen, ob sich die Vorrichtung nicht selbst blockiert.

Lösung:

Schraubenkraft

$F = 555$ kp

Kolbendurchmesser und Kolbenflächen

$d_1 = 18{,}75$ mm; $A_1 = 2{,}775$ cm²

$d_2 = 25{,}2$ mm; $A_2 = 5$ cm²

$d_3 = 16{,}57$ mm; $A_3 = 2{,}147$ cm²

$A_4 = A_2 - A_5 = 3{,}869$ cm²

2.2. Spannen

Kolbenweg

$$s_1 = 32{,}4 \text{ mm}$$

Für das Nichtblockieren lautet die Bedingung

$$A_1/A_2 = A_3/A_4.$$

Kritik: Durch Anordnen eines Ausgleichkolbens im Kanal *II* können die Abmessungen der Kolbendurchmesser auf ganze Zahlen gebracht werden. Der erforderliche Kolbenhub des Ausgleichkolbens muß berechnet werden.

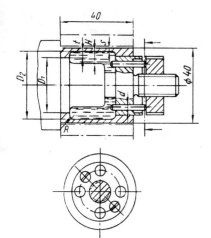

Bild 2.2.107. *Dehndorn für genaue Rundbearbeitung mit plastischem Medium*

4. Der im Bild 2.2.107 dargestellte Dehndorn mit vier Druckkolben ist zu berechnen.

Gegeben:

Werte s. Bild 2.2.107.

Gesucht:

Abmessungen H, s, t, D_1 und R; Spannbereich; Kolbenhub.

Lösung:

Abmessungen

$$H = 6{,}8 \text{ mm}, \ s = 1{,}3 \text{ mm}, \ t = 4 \text{ mm}, \ D_1 = 29{,}4 \text{ mm}, \ R = 2 \text{ mm}.$$

Spannbereich

$$d = 0{,}12 \text{ mm}$$

Kolbenhub

$$s_1 = 3{,}5 \text{ mm}$$

5. Das Spanneisen nach Bild 2.2.108 aus St60 ist zu berechnen.

Gegeben:

$\sigma_{b\,\text{zul}} = 2600 \text{ kp/cm}^2$, $B_1 = 32 \text{ mm}$, $h = 16 \text{ mm}$, $c = 33 \text{ mm}$, $d = 38 \text{ mm}$, $d_1 = 11 \text{ mm}$.

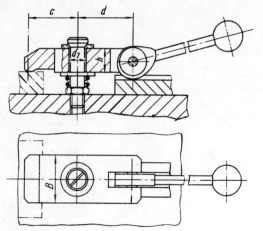

Bild 2.2.108. *Spanneisen mit Spannspirale*

Gesucht:

Zulässige Spannkraft, erforderliche Kraft an der Spannspirale

Lösung:

Spannkraft

$$F_{Sp} = 687 \text{ kp}$$

Kraft an der Spannspirale

$$F_{Sp2} = 595 \text{ kp}$$

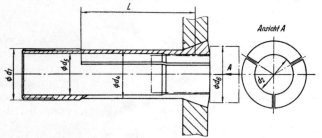

Bild 2.2.109. *Spannzange*

6. Eine Spannzange nach Bild 2.2.109 ist zu berechnen.

Gegeben:

Zugkraft, die die Spannzange in den Außenkegel zieht, $F = 2000$ kp; Spanndurchmesser $d_2 = 46$ mm, $\gamma = 20°$, $\mu_1 = \mu_2 = 0{,}1$; $L = 140$ mm, $d_4 = 55{,}5$ mm, $d_5 = 47$ mm, $E = 2{,}1 \cdot 10^6$ kp/cm², $f = S_G/2 = 0{,}1$ mm, $d_1 = 60$ mm.

Gesucht:

Spannkraft ohne Berücksichtigung der Kräfte für das Durchbiegen der Segmente; Kraft für das Durchbiegen der Segmente; Spannkraft unter Berücksichtigung der Kräfte für das Durchbiegen der Segmente. Wie groß darf die Ersatzkraft am Werkstückdurchmesser d_6 werden?

Lösung:

Spannkraft ohne Durchbiegen
$$F_{Sp} = 4160 \text{ kp}$$

Biegekraft für Segmente
$$F_1 = 11{,}5 \text{ kp}$$
$$I_s = 0{,}45 \text{ cm}^4$$
$$\left(a = \frac{2}{3} \frac{R^3 - r^3}{R^2 - r^2} \frac{\sin \beta/2}{\arc \beta/2}, \quad \text{s. Bild 2.2.102b}\right)$$
$$n F_1 = 34{,}5 \text{ kp}$$

Spannkraft mit Durchbiegen
$$F_{Sp\,\text{vorh}} = F_{Sp} - n F_1 = 4125{,}5 \text{ kp}$$

Ersatzkraft bei d_6
$$F_{\text{Ers}} = 315 \text{ kp}$$

2.3. Vorrichtungsgrundkörper

2.3.1. Begriff und Zweck

Im Abschn. 1.3. ist gezeigt worden, daß die meisten Vorrichtungen aus Bestimmelementen, Spannelementen und dem Grundkörper (s. Bilder 1.3.1 und 1.3.2) bestehen.

Der Vorrichtungsgrundkörper ist das Bauelement, auf dem die Bestimmelemente und die zum Spannen des Werkstücks oder des Werkzeugs erforderlichen Bauteile gefestigt sind.

Durch den Grundkörper wird bei Vorrichtungen, die in der Zerspanung einbesetzt werden, der Kraftfluß, der von der Arbeitsspindel über das Werkzeug zum Werkstück führt, auf den Maschinentisch übertragen. Der Kraftfluß wird also über die Vorrichtung und somit wesentlich über den Grundkörper geschlossen. Es darf dabei jedoch nicht übersehen werden, daß die Spannelemente und teilweise auch die Bestimmelemente, sofern sie an der Kraftübertragung beteiligt sind, ebenfalls den Anforderungen der Kraftübertragung genügen müssen.

Bei Vorrichtungen, für die die auftretenden Kräfte nicht im Vordergrund stehen, hat der Grundkörper nur den Zweck, die einzelnen Bauteile oder Baugruppen der Vorrichtung so aufzunehmen, daß die Vorrichtung funktionstüchtig ist.

Für den Grundkörper haben sich Platten, Winkel und Kästen als immer wieder auftretende Formen herausgebildet. Teilweise arbeiten Betriebe mit Werknormreihen.

Dadurch ist es möglich, die Konstruktion und die Fertigung der Grundkörper zu rationalisieren. Alle Möglichkeiten sind hier jedoch nicht ausgeschöpft.

Für den Grundkörper ergeben sich folgende allgemeine Gesichtspunkte der Konstruktion:

    genügende Steifigkeit
    genügende Genauigkeit
    billige Fertigung

Je nach Art der Vorrichtung kann der Gesichtspunkt der Steifigkeit stärker oder schwächer in den Vordergrund treten. So ist die Steifigkeit für eine Bohrvorrichtung nicht so entscheidend wie für eine Fräsvorrichtung. Für alle Arten von Vorrichtungen ist aber die notwendige Genauigkeit und die billige Fertigung des Grundkörpers maßgebend. Bevor die verschiedensten Grundkörper hinsichtlich der an sie gestellten Anforderungen behandelt werden, ist der Begriff der Steifigkeit genauer zu formulieren.

2.3.2. Steifigkeit

Der Begriff der *Steifigkeit* stammt aus dem Werkzeugmaschinenbau. Mit Werkzeugmaschinen müssen bestimmte Genauigkeiten erzielt werden. Formänderungen, die durch auftretende Kräfte während der Bearbeitung an den einzelnen Bauteilen der Maschine verursacht werden, dürfen relativ enge Grenzen nicht überschreiten. Die Berechnung der Festigkeit der Bauteile tritt gegenüber der Ermittlung ihrer zulässigen Formänderungen in den Hintergrund. Daraus ergibt sich, daß Werkzeugmaschinen hinsichtlich der Festigkeit ihrer Bauteile meist überdimensioniert sind.

Mit modernen Maschinen werden Drehzahlen erreicht, deren Größenordnungen in den Bereich der Eigenfrequenzen der Bauelemente reichen. Dadurch entsteht das bekannte Rattern, das bei Fräs- und Schleifmaschinen beobachtet werden kann. Aus diesen Gründen wird der Steifigkeit in der modernen Werkzeugmaschinenkonstruktion große Beachtung geschenkt.

Im Kraftfluß der Werkzeugmaschine während der Bearbeitung eines Werkstücks ist deshalb auch die Steifigkeit der Vorrichtung von besonderer Wichtigkeit. Allerdings sind die im Augenblick vorliegenden theoretischen Erkenntnisse noch nicht ausreichend. Die Steifigkeitsberechnung für Vorrichtungen ist kompliziert und zeitaufwendig.

Bei Steifigkeitsbetrachtungen ist die statische von der dynamischen Steifigkeit zu unterscheiden.

Die *statische Steifigkeit* ist der Quotient aus einer statisch wirkenden Kraft und der durch diese Kraft verursachten Formänderung. Somit gilt

$$C_{\text{stat}} = \frac{F_x}{\Delta x}. \tag{2.3.1}$$

Die *dynamische Steifigkeit* ist der Quotient aus dynamisch wirkender Kraft $F_{x\,\text{dyn}}$ und dem Ausschlag, den diese Kraft im Resonanzfall verursacht. Es ergibt sich

$$C_{\text{dyn}} = \frac{F_{x\,\text{dyn}}}{\Delta x_{\text{dyn}}}. \tag{2.3.2}$$

Die Ermittlung der statischen Steifigkeit ist somit ein Elastizitäts- und die der dynamischen Steifigkeit ein Schwingungsproblem.

Um eine qualitative Betrachtung zu ermöglichen, wird der Begriff der Vergrößerungsfunktion eingeführt. Nach [12] ist die Vergrößerungsfunktion das Verhältnis aus erzwungener Amplitude und statischem Ausschlag durch die erregende Kraft:

$$V = \frac{\Delta x_{\text{dyn}}}{\Delta x}. \tag{2.3.3}$$

2.3. Vorrichtungsgrundkörper

Werden die Gln. (2.3.1) und (2.3.2) in Gl. (2.3.3) eingesetzt, so ergibt sich

$$C_{\text{dyn}} = C_{\text{stat}} \frac{1}{V}. \tag{2.3.4}$$

Diese Gleichung gilt nur für Einmassensysteme. Sie ermöglicht es jedoch, die dynamische Steifigkeit auf die statische Steifigkeit zurückzuführen, und gibt für eine Abschätzung gewisse Anhaltswerte.

Der Vorrichtungsgrundkörper wird meist auf Biegung beansprucht. Aus

$$C_{\text{stat}} = \frac{F_x}{\Delta x}$$

wird

$$C_{\text{stat}} = \frac{1}{K_1} \frac{I}{l^3} E. \tag{2.3.5}$$

wenn

$$\Delta x = K_1 \frac{F_x l^3}{E I}$$

die Durchbiegung am Ort des Kraftangriffs ist und K_1 als Konstante der Einspannungsart in die Ausgangsgleichung eingesetzt wird.

Von den geometrischen Abmessungen des Grundkörpers sind für eine große Steifigkeit diejenigen bedeutungsvoll, die ein großes Trägheitsmoment ergeben. Das gilt besonders für den Hebelarm l. Außerdem wirken sich Werkstoffe mit großem Elastizitätsmodul günstig auf die Steifigkeit von Vorrichtungen aus.

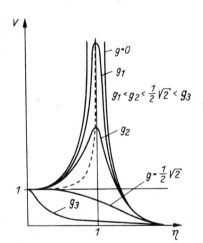

Bild 2.3.1. *Vergrößerungsfunktion* [12]

Gl. (2.3.4) sagt aus, daß die dynamische Steifigkeit mit der statischen Steifigkeit linear größer wird und der Vergrößerungsfunktion indirekt proportional ist. Im Bild 2.3.1 ist die Vergrößerungsfunktion in Abhängigkeit von der Abstimmung

$$\eta = \frac{\Omega}{\omega} \tag{2.3.6}$$

und dem Dämpfungsmaß

$$g = \frac{d}{2} \frac{1}{\sqrt{m\,C_{\text{stat}}}} \qquad (2.3.7)$$

dargestellt [12, S. 341].

Gl. (2.3.7) gilt nur, wenn man eine geschwindigkeitsproportionale Dämpfung annimmt, die für den Grundkörper eine grobe Näherung darstellt.

Das Diagramm für die Vergrößerungsfunktion (Bild 2.3.1) läßt zwei Bereiche erkennen. Im linken Bereich (unterkritischer Bereich) ist die Abstimmung $\eta < 1$, d. h., die Erregerfrequenz ist kleiner als die Eigenfrequenz. Für $\eta > 1$ (überkritischer Bereich) wird die Erregerfrequenz größer als die Eigenfrequenz. Bei großem Unterschied zwischen den Frequenzen ist der Einfluß durch das Frequenzverhältnis größer als der durch das Dämpfungsmaß. In der Nähe von $\eta = 1$ (Resonanzstelle) hat dagegen das Dämpfungsmaß wesentlichen Einfluß. Kleine Vergrößerungskonstanten (bestimmte Werte der Vergrößerungsfunktion) ergeben sich also für ein großes Dämpfungsmaß g und einen großen Unterschied zwischen Erreger- und Eigenfrequenz.

Für die Eigenfrequenz gilt die bekannte Gleichung

$$\omega = \sqrt{\frac{C_{\text{stat}}}{m}}. \qquad (2.3.8)$$

Da in den Gln. (2.3.7) und (2.3.8) die Masse jeweils im Nenner steht, ist sie so klein wie möglich zu halten. Die statische Steifigkeit soll für eine große Eigenfrequenz möglichst groß, für ein großes Dämpfungsmaß hingegen möglichst klein sein. Für den Fall, daß man in der Nähe der Resonanzstelle arbeitet, nimmt mit größerer statischer Steifigkeit das Dämpfungsmaß ab, der Vergrößerungsfaktor also sehr stark zu, und die dynamische Steifigkeit wird dadurch bedeutend kleiner. Der nachteilige Einfluß zu großer statischer Steifigkeit wird jedoch praktisch bedeutungslos, wenn man mit genügend großen Frequenzunterschieden zwischen Erreger- und Eigenfrequenz arbeitet.

Diese Überlegungen gelten für den unterkritischen Bereich $\eta < 1$. Bei schnelllaufenden Feinbearbeitungsmaschinen treten jedoch relativ große Erregerfrequenzen auf. Um einen genügend großen Unterschied in den Frequenzen zu erhalten, kann es dann vorteilhafter werden, mit einem Frequenzverhältnis $\eta > 1$, also im überkritischen Bereich, zu arbeiten. In diesem Sonderfall müßte die Eigenfrequenz durch Vergrößern der Masse oder Verringern der statischen Steifigkeit möglichst klein werden.

Zusammenfassend kann festgestellt werden:
1. Die statische Steifigkeit muß genügend groß sein, um Ungenauigkeiten am Werkstück durch Formänderungen des Vorrichtungsgrundkörpers zu vermeiden.
2. Durch ein großes Trägheitsmoment des beanspruchten Querschnitts des Grundkörpers, durch gedrängte Bauweise (kleine Hebelarme) und durch Werkstoffe, die einen großen E-Modul haben, wird die statische Steifigkeit vergrößert (bei Torsionsschwingungen ist der Gleitmodul des Werkstoffs und das Trägheitsmoment gegen Torsion maßgebend).
3. Rattermarken am Werkstück treten nicht auf, wenn der Unterschied zwischen Erreger- und Eigenfrequenz genügend groß ist. Die Masse des Grundkörpers ist deshalb klein zu halten (unterkritischer Bereich).
4. Zu große statische Steifigkeit verringert die dynamische Steifigkeit.

2.3. Vorrichtungsgrundkörper

2.3.3. Gegossene Grundkörper

Als Werkstoff für gegossene Grundkörper wird Grauguß oder Leichtmetall verwendet. Grundkörper aus Leichtmetall werden nur bei größeren Vorrichtungen zur Erleichterung der Arbeit eingesetzt. Dieser Gesichtspunkt ist besonders bei Vorrichtungen zu berücksichtigen, die während der Durchführung des Arbeitsgangs zu kippen oder zu schwenken sind (z. B. Bohrvorrichtungen).
In den meisten Fällen besteht der Grundkörper aus Grauguß.

Vorteile:

Es tritt nur sehr geringer Verzug durch frei werdende Spannungen während der spanabhebenden Bearbeitung auf.
Gußgerechtes Konstruieren (Radien an Übergängen, Aushebeschrägen, gleichmäßige Wanddicken usw.) ist leichter zu beherrschen als schweißgerechtes Konstruieren.
Freisparungen und größere Bohrungen werden im Gußstück berücksichtigt.
Oft wird die schwingungsdämpfende Eigenschaft des Graugusses als ein wesentlicher Vorteil angeführt. Im Werkzeugmaschinenbau hat sich jedoch gezeigt, daß die Dämpfung schweißgerecht konstruierter Stahlkonstruktionen größer ist.

Nachteile:

Wegen der Modellkosten sind Gußausführungen in Einzelfertigung unwirtschaftlich.
Manche zu bearbeitende Stellen sind nur durch den Einsatz von Fingerfräsen und ggf. Schaben erreichbar.
Die Bearbeitungszugaben sind relativ groß.
Es sind größere Terminfristen durch Modellherstellung und Durchlauf in der Gießerei erforderlich.
In jedem Fall ist die Ausführung eines Grundkörpers in Grauguß kritisch abzuwägen.

2.3.4. Geschweißte Grundkörper

Beim geschweißten Grundkörper können die Prinzipien des Leichtbaus angewendet werden.
Ein Vergleich zwischen Stahl und Grauguß kann mit Hilfe der Ähnlichkeitsmechanik geführt werden. Für die statische Biegesteifigkeit gilt nach Gl. (2.3.5)

$$C_{stat} = \frac{1}{K_1} \frac{I}{l^3} E \;.$$

Nimmt man an, daß die Abmessungen der Guß- und Stahlausführung gleich sind, so ist die statische Biegesteifigkeit nur mit dem E-Modul variabel. Nach [12, S. 85] gilt für

Stahl: $\qquad E_{St} = 2{,}1 \cdot 10^6 \text{ kp/cm}^2$
Grauguß: $\qquad E_{GG} = 0{,}8 \cdot 10^6 \text{ kp/cm}^2$

Die statische Biegesteifigkeit wird damit

$$\frac{C_{stat\,St}}{C_{stat\,GG}} = \frac{E_{St}}{E_{GG}} = \frac{2{,}1}{0{,}8} \approx 2{,}6$$

$$C_{stat\,St} \approx 2{,}6 \, C_{stat\,GG} \;.$$

Da der E-Modul für Grauguß nicht konstant ist, kann die statische Biegesteifigkeit für Stahl rund zweimal größer angenommen werden. Bei gleicher Steifigkeit kann deshalb ein geschweißter Grundkörper wesentlich leichter gestaltet werden und auch die Eigenfrequenzen nach Gl. (2.3.8) werden größer. Außerdem lassen sich bei Schweißkonstruktionen sog. Scheuerflächen erzielen. Der Begriff der Scheuerflächen wurde von *Heiß* [14] erstmals geprägt. Man versteht darunter solche Flächen gefügter Bauteile, zwischen denen bei Schwingungen Reibung durch Relativbewegung dieser sich berührenden Flächen entsteht. Dieser Effekt erhöht das Dämpfungsmaß wesentlich. Schweißkonstruktionen haben dadurch gegenüber Graugußkonstruktionen auch eine günstigere Dämpfung. Selbstverständlich sind diese Gesichtspunkte nur bei großen Grundkörpern bedeutungsvoll.

Als weitere Vorteile der Schweißkonstruktion sind niedrigere Kosten bei Einzelfertigung, kürzere Terminfristen und einfachere Änderungsmöglichkeiten zu beachten.

Die wesentlichen Nachteile der Schweißkonstruktion sind
Verzug durch Schrumpfen und durch Freiwerden von Spannungen bei Oberflächenbearbeitung (große Bearbeitungszugaben)
Normalglühen des Grundkörpers
alle für die Funktion der Vorrichtung wichtigen Flächen müssen nach dem Schweißen, also am gefügten Bauteil, bearbeitet werden.
Wegen dieser Nachteile sind folgende Konstruktionsrichtlinien bei geschweißten Grundkörpern zu beachten [1]:
Die Schrumpfung quer zur Schweißnaht ist größer als in Längsrichtung. Es ist möglichst so zu konstruieren, daß die Querschrumpfung ungehindert erfolgen kann, um Schrumpfspannungen zu vermeiden. Die Anzahl der Schweißnähte soll so klein wie möglich sein. Bei dicken Schweißnähten ist die Schrumpfung größer als bei dünnen.
Es ist zu beachten, daß alle zu bearbeitenden Flächen dem Werkzeug gut zugänglich sind und wirtschaftliche Bearbeitungsverfahren angewendet werden können. Durch notwendige Bearbeitungen dürfen Schweißnähte nicht angeschnitten werden.
Günstige statische Steifigkeiten sind durch Versteifungsrippen, weniger durch größere Blechdicken zu erzielen. Bei Biegebeanspruchung sind Längsrippen, bei Torsion dagegen Diagonalrippen für die Versteifung von Platten richtig. Besteht eine zusammengesetzte Beanspruchung aus Biegung und Torsion, so sind Längs und Diagonalrippen zu kombinieren.
Die Dämpfungswirkung durch Scheuerflächen ist durch unterbrochene Schweiß nähte zu vergrößern. Damit ist allerdings eine geringere statische Steifigkeit ver bunden. Statisch steife Konstruktionen werden erzielt, wenn die Schweißnähte in den Zonen geringer Beanspruchung angeordnet werden, wodurch jedoch die Dämpfungswirkung herabgesetzt wird.
Es ist offensichtlich, daß der Einzelfall immer optimal gelöst werden muß. Die theoretischen Grundlagen und die Ergebnisse experimenteller Untersuchungen reichen jedoch noch nicht aus, um das Optimum durch Vorausberechnung in einfacher Weise festzulegen.

2.3.5. Verschraubte und verstiftete Grundkörper

Gegenüber den gegossenen Grundkörpern sind insbesondere folgende Vorteile zu nennen:
geringere Masse wegen geringeren Werkstoffaufwands
kürzere Terminfristen
in Einzelfertigung geringere Fertigungskosten

Verglichen mit den geschweißten Grundkörpern tritt besonders die leicht zu erreichende Genauigkeit in den Vordergrund, da kein Verzug durch Schrumpfen oder Spannungen auftreten kann. Ebenso kann das Fügen mit sehr großer Genauigkeit erfolgen, da alle Flächen dem Montageprozeß des Grundkörpers und der Funktion der Vorrichtung entsprechend durch Schleifen an den Einzelteilen bearbeitet werden können. Dadurch erhält auch die Oberfläche ein gutes Aussehen. Es ist psychologisch bedingt, daß eine gutaussehende Vorrichtung sorgfältiger behandelt wird. Der verschraubte und verstiftete Grundkörper hat jedoch einen wesentlichen Nachteil:
Die statische Steifigkeit ist niedriger als bei gegossenen oder geschweißten Konstruktionen.
Dieser Nachteil legt das Anwendungsgebiet fest. Kleinere Vorrichtungsgrundkörper, die niedrigen Beanspruchungen unterliegen, sind vorteilhaft durch Zusammenschrauben und Verstiften zu verbinden.

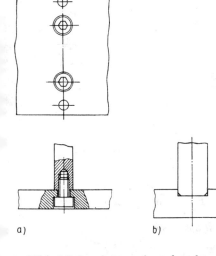

Bild 2.3.2. *Verstiftete Schraubverbindung*
a) Grundkörper für geringe Beanspruchung
b) steife Ausführung

Bild 2.3.2 zeigt zwei senkrecht aufeinanderstehende Platten, die miteinander verschraubt und verstiftet sind. Eine größere Steifigkeit wird durch die Anordnung nach Bild 2.3.2b erreicht (größerer Fertigungsaufwand).

Der Abstand zwischen zwei Paßstiften ist so groß wie möglich auszuführen. Sie sind diagonal entgegengesetzt zu den Schrauben anzuordnen.

Im Vorrichtungsbau haben sich der Zylinderstift und die Innensechskantschraube durchgesetzt. Der Kegelstift verbindet zwar nach jedem Lösen die erneut gefügten Teile in der ursprünglichen Lage, die Herstellung der Bohrung ist jedoch teurer.

2.3.6. Normen für Grundkörper

Prinzipskizze	Benennung	DIN/Werknorm
	Winkel	
	T-Profil	
	U-Profil	
	Aufspannwinkel	
	Grundplatte	

2.3.7. Wiederholungsfragen

1. Was versteht man unter statischer und dynamischer Steifigkeit?
2. Welche Größen sind für die statische Biegesteifigkeit und welche für die statische Torsionssteifigkeit maßgebend?
3. Der Begriff der Vergrößerungsfunktion ist zu erläutern.
4. Weshalb soll die Eigenfrequenz eines Grundkörpers möglichst groß sein?
5. Es ist zu begründen, warum eine zu große statische Steifigkeit in Resonanznähe die dynamische Steifigkeit mindert.
6. Die Vorteile der einzelnen Grundkörperherstellungen sind ihren Nachteilen gegenüberzustellen.
7. In welchen Fällen werden gegossene Grundkörper verwendet? Wann kommen geschweißte und wann verschraubte und verstiftete zum Einsatz?
8. Für Grundkörper aus Grauguß und Stahl (sowohl geschweißte als auch lösbar verbundene) sind besondere Konstruktionsrichtlinien auszuarbeiten.

2.4. Werkzeugführungen

2.4.1. Begriff und Zweck

Werkzeugführungen sind Elemente der Vorrichtung, die die Lage des Werkzeugs zum Werkstück bestimmen. *Indirekte Werkzeugführungen* bestimmen die Lage des Werkzeugs nur vor der Bearbeitung. *Direkte Werkzeugführungen* bestimmen die Lage des Werkzeugs auch während der Bearbeitung und geben damit dem Werkzeug eine größere Stabilität.

Nachdem das Werkstück oder die Werkstücke in der Vorrichtung bestimmt und gespannt worden sind, ist es notwendig, die Stellung des Werkzeugs zum Werkstück eindeutig festzulegen. Ist das Werkzeug genügend starr, so erfolgt die Lagebestimmung des Werkzeugs außerhalb der Aufspannfläche des Werkstücks durch Werkzeugeinstellelemente. Diese Lösung ist möglich bei Dreh-, Fräs-, Außenräum-, Stoß- und Hobelvorrichtungen (s. Abschn. 2.5.). Sollte dagegen das Werkzeug nicht steif genug sein (z. B. beim Bohren oder Innenräumen) und kann durch die geringe Steifigkeit ein Verlaufen des Werkzeugs eintreten, so muß es vor und während des Arbeitsgangs geführt werden. Diese Aufgabe erfüllen direkte Werkzeugführungen.

2.4.2. Bohrbuchsen

2.4.2.1. *Lagebestimmende Bohrbuchsen*

Alle *Bohrbuchsen* sind direkte Werkzeugführungen.

Feste Bohrbuchsen werden verwendet, wenn die Bohrung in einem Arbeitsgang herstellbar ist oder wenn die Bohrbuchse durch die Bohrplatte zum nächstfolgenden Arbeitsgang (Reiben, Senken u. a.) weggeschwenkt werden kann.

Steckbohrbuchsen werden bei festen Bohrplatten verwendet. Durch das Wechseln der Steckbohrbuchsen können mehrere Arbeitsgänge nacheinander durchgeführt werden.

Es gibt Festbohrbuchsen ohne Bund nach DIN 179, Form A mit einer abgerundeten Einführungskante und Form B mit zwei abgerundeten Einführungskanten (Bild 2.4.1).

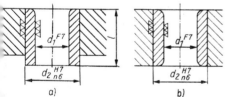

Bild 2.4.1. *Festbohrbuchse ohne Bund*
a) mit einer abgerundeten Einführungskante (Form A)
b) mit zwei abgerundeten Einführungskanten (Form B)

Die Innendurchmesser d_1 werden im Normalfall mit der Passung F7 hergestellt. In Sonderfällen können die Buchsen auch mit den Passungen G7 und E8 geliefert werden.

Der Außendurchmesser wird in der Regel mit der Passung n6 geliefert. Sollte zum zweitesmal eine Buchse in die gleiche Bohrung eingepreßt werden, so empfiehlt sich, Buchsen mit der Passung p6 zu verwenden.

Bild 2.4.1 zeigt außerdem, daß die Bohrbuchsen an den Einführungskanten nicht aus der Bohrplatte herausragen dürfen, da sonst Beschädigungen des Werkzeugs möglich sind.

Die Längen der Buchsen sind in jedem Fall dem DIN-Blatt zu entnehmen.

Ein weiteres Anwendungsgebiet dieser Buchsen ist Bild 2.4.2 zu entnehmen. Eine Bohrbuchse dient als Grundbuchse für eine Steckbohrbuchse. Sie hat die Aufgabe, den Verschleiß durch laufendes Umstecken herabzusetzen.

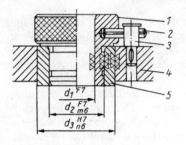

Bild 2.4.2. *Festbohrbuchse als Grundbuchse mit Steckbohrbuchse*

1 Steckbohrbuchse; *2* Zylinderkerbstift; *3* Ansatzkerbstift; *4* Bohrplatte; *5* Festbohrbuchse

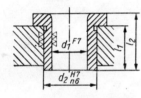

Bild 2.4.3. *Festbohrbuchse mit Bund*

Im Bild 2.4.3 ist eine feste Bohrbuchse mit Bund nach DIN 172 dargestellt. Die Passungen der Durchmesser verhalten sich nach den gleichen Bedingungen wi bei der Festbohrbuchse ohne Bund.

Die Verwendung dieser Buchse wird dann erfolgen, wenn die Einführungskant verstärkt werden soll, die Bohrplattendicke begrenzt ist und dadurch eine Ver längerung der Bohrbuchse erreicht wird, der Bund der Buchse als Werkzeug anschlag dienen oder diese Buchse als Grundbuchse eingesetzt werden soll. Bei de Verwendung als Grundbuchse sollte allerdings der Bund in die Bohrplatte ein gesenkt werden, um die Beschädigung empfindlicher Werkzeuge (z. B. Reibahle und Senker) zu vermeiden.

Die im Bild 2.4.2 gezeigte Steckbuchse (DIN 173) findet dann Verwendung, wen mehrere Arbeitsgänge zum Herstellen einer Bohrung notwendig sind (z. B. Vor bohren, Aufbohren, Reiben) und die Bohrplatte sich nicht wegschwenken läßt Durch eine Bundschraube nach DIN 173 und einen Zylinderstift nach DIN 147 wird die Steckbohrbuchse am Verdrehen und Hochdrücken gehindert. Bei kleinere Stückzahlen kann man auf den Einsatz von Grundbuchsen verzichten und di Steckbohrbuchsen direkt in die Bohrplatte stecken. Bohrbuchsen beeinflussen d Güte einer Bohrung (Tafel 2.4.1).

Eine falsche Schneidengeometrie und ein hoher Abstumpfungsgrad des Wer zeugs können nicht durch besondere Anforderungen an die Vorrichtung rückgäng gemacht werden.

In der Vorrichtung wirken besonders die Bohrbuchsen auf den Gütegrad d herzustellenden Bohrung ein. Es zeigt sich, daß bereits die möglichen Spiele d

2.4. Werkzeugführungen

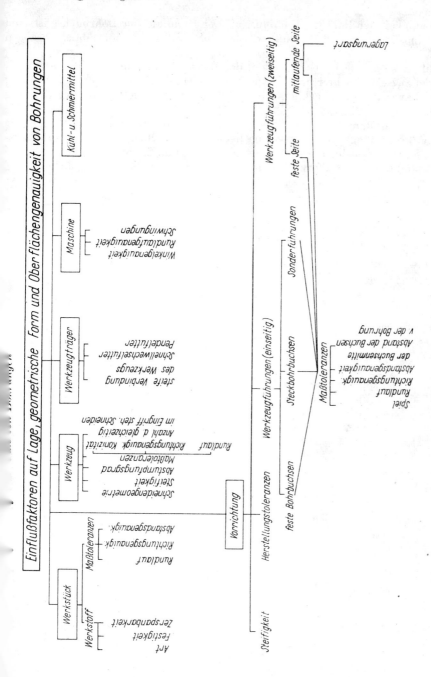

Lagegenauigkeit der Bohrung beeinflussen. Der Rundlauf der Bohrbuchse ist vom Vorrichtungsbau kaum beeinflußbar, da Bohrbuchsen handelsüblich bezogen werden.

Im Bild 2.4.4 ist die Lagegenauigkeit des Bohrers abhängig
vom Spiel zwischen Bohrer und Festbohrbuchse (Bild 2.4.5)
vom Spiel zwischen der Steckbohrbuchse und der Grundbuchse oder der Bohrung in der Bohrplatte (Bild 2.4.6)
von der Führungslänge l des Werkzeugs in der Festbohrbuchse (Bild 2.4.5)
von der Führungslänge l_2 des Werkzeugs in der Steckbohrbuchse und der Führungslänge l_1 der Steckbohrbuchse in der Grundbuchse (Bild 2.4.6)
vom Abstand h zwischen Werkstück und der unteren Stirnfläche der Bohrbuchse.

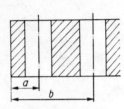

Bild 2.4.4. Zu bohrendes Werkstück

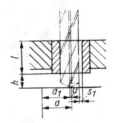

Bild 2.4.5. Spiel in einer Festbohrbuchse

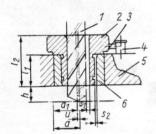

Bild 2.4.6. Spiele in einer Steckbohrbuchse
1 Werkzeug; *2* Steckbohrbuchse; *3* Zylinderkerbstift; *4* Ansatzkerbstift; *5* Bohrplatte; *6* Festbohrbuchse

Aus Bild 2.4.5 ergibt sich das Ist-Maß a_1 aus

$$a_1 = a \pm u.$$

Da

$$u = \frac{s_1}{2}$$

ist, wird

$$a_1 = a \pm \frac{s_1}{2}. \tag{2.4.}$$

Nach Bild 2.4.6 ergibt sich das Ist-Maß aus

$$a_1 = a \pm u.$$

Da

$$u = \frac{s_1 + s_2}{2}$$

2.4. Werkzeugführungen

ist, wird

$$a_l = a \pm \frac{s_1 + s_2}{2}.\qquad(2.4.2)$$

Aus Tafel 2.4.2 sind die Größtspiele sofort abzulesen. Sie entsprechen den Werten in DIN 1182. Die Tafel endet bei einem Durchmesserbereich von 65 mm. Handelsübliche Spiralbohrer über 60 mm werden nicht gefertigt.

Tafel 2.4.2. *Größtspiele für Passungspaarungen bei Bohrbuchsen*

Durchmesserbereich mm	Spiel S_1 in μm			Spiel S_2 in μm			$S_1 + S_2$
	A_u h8	A_o F7	S_G	A_u m6	A_o F7	S_G	
über 1 ... 3	−14	+16	30	+ 2	+16	14	44
über 3 ... 6	−18	+22	40	+ 4	+22	18	58
über 6 ... 10	−22	+28	50	+ 6	+28	22	72
über 10 ... 14	−27	+34	61	+ 7	+34	27	88
über 14 ... 18	−27	+34	61	+ 7	+34	27	88
über 18 ... 24	−33	+41	74	+ 8	+41	33	107
über 24 ... 30	−33	+41	74	+ 8	+41	33	107
über 30 ... 40	−39	+50	89	+ 9	+50	41	130
über 40 ... 50	−39	+50	89	+ 9	+50	41	130
über 50 ... 65	−46	+60	106	+11	+60	49	155

Die Winkelabweichung des Werkzeugs durch die Nichtdeckung der Achsen von Bohrbuchse und Bohrer wird im allgemeinen nicht beachtet, weil sich Werkzeuge von der Führung entfernen, je weiter sie in das Werkstück eintreten. Aus diesem Grund spricht man auch von lagebestimmten Bohrungen, die mit Hilfe von Bohrbuchsen angefertigt werden können. Diese Bohrungen sind nicht richtungsbestimmt.

Eine zu große Länge der Bohrbuchsen ist zu vermeiden, da Erwärmung und Konizität des Bohrers zum Zwängen des Werkzeugs führen können und eine vorzeitige Abstumpfung die Folge wäre. Es kann sogar der Fall sein, daß aus diesen Gründen die Führungslängen der Bohrbuchsen nach Bild 2.4.7 gekürzt werden müssen.

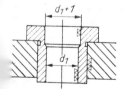

Bild 2.4.7. *Kürzung der Führungslänge in einer Bohrbuchse*

Es sei noch erwähnt, daß neben der Führung von Spiralbohrern zum Bohren ins Volle durch Bohrbuchsen auch Spiralbohrer zum Aufbohren, Bohrstangen, Mehrfasenstufenbohrer, Kegelsenker und Spiralsenker geführt werden können. Es werden jedoch niemals Reibahlen und Gewindeschneidbohrer in Bohrbuchsen geführt. Diese Werkzeuge würden sehr schnell stumpf werden.

Macht es sich bei sehr kleinen Toleranzen notwendig, die Reibahle zu führen, so sind Sonderwerkzeuge erforderlich, und die Führung erfolgt grundsätzlich außerhalb der Schneiden.

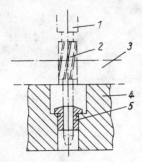

Bild 2.4.8. Führen einer Sonderreibahle unterhalb der Werkzeugschneiden

1 Werkzeugaufnahme; *2* Sonderreibahle mit Führungsschaft; *3* Werkstück; *4* Vorrichtungsgrundkörper; *5* Führungsbuchse (Sonderanfertigung)

Im Bild 2.4.8 ist ein solches Werkzeug dargestellt. Dieses Reibwerkzeug wird unterhalb der Werkzeugschneiden geführt. Die Führungsbuchse hat keine abgerundeten Einführungskanten, um ein Festfressen durch Späne zu verhindern. Der Bund ist dachförmig gearbeitet, um die Späne ableiten zu können. Die Einführungskante des Führungsschafts ist zur besseren Einführung in die Führungsbuchse keglig gestaltet. Die Führung muß wirksam geworden sein, bevor das Werkzeug zu arbeiten beginnt. Bei dieser Gestaltung ist zu berücksichtigen, daß die Werkstoffdicke $s \leq 3\,d_1$ sein muß, da bei größeren Dicken des Werkstücks bei Beginn des Arbeitsgangs die Führung zu weit vom Werkstück entfernt liegen und damit größere Ungenauigkeiten in der Entfernungs- und Richtungsbestimmung auftreten würden. Die Bohrungen dickerer Werkstücke sind mit Bohrstangen und doppelten Führungen zu reiben. Die starre Verbindung zwischen Werkzeug und Maschine ist durch die Verwendung eines Pendelfutters zu lösen.

Sind zwei Bohrungen sehr eng aneinanderliegend anzufertigen, so gibt es zwei Möglichkeiten (Bilder 2.4.9 und 2.4.10). Untersucht man beide Varianten, so ist die im Bild 2.4.10 vorteilhafter. Nähere Einzelheiten gehen aus Tafel 2.4.3 hervor.

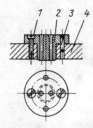

Bild 2.4.9. Mehrlochbohrbuchse für zwei eng aneinanderliegende Bohrungen

1 Befestigungsschraube; *2* Mehrlochbohrbuchse; *3* Stift; *4* Bohrplatte

Bild 2.4.10. Abgeflachte Bohrbuchsen zum Bohren eng aneinanderliegender Bohrungen

Eine weitere Variante, wenn zwei oder mehr eng aneinanderliegende Bohrungen zu fertigen sind, zeigt Bild 2.4.11. Es ist nur eine Bohrung in der Buchse, die um den halben Teilkreisdurchmesser exzentrisch versetzt ist. Die Buchse ist nach jedem Bohrvorgang zu verdrehen. Entsprechende Teilungsschlitze sind vorgesehen. Durch einen abgeflachten Stift wird die Teilung ermöglicht.

2.4. Werkzeugführungen

Tafel 2.4.3. *Variantenvergleich für den Einsatz verschiedener Bohrbuchsen bei eng aneinanderliegenden Bohrungen*

Untersuchungs-gegenstand	Variante nach Bild 2.4.9	Variante nach Bild 2.4.10
Achsabstand	abhängig von Genauigkeit des Lehrenbohrwerks	abhängig von Genauigkeit des Lehrenbohrwerks
Fertigungs-verfahren	schwierige Bohr-, Dreh- und Wärmebehandlungsverfahren	einfaches Bohren der Bohrplatte a) Bohren der ersten Bohrung b) Verstopfen dieser Bohrung c) Bohren der zweiten Bohrung d) Entfernen des Reststopfens e) Schleifen der handelsüblichen Bohrbuchsen
Einrichten der Buchsen nach gegebener Mittelachse	nur mittels Schrauben und Stiften möglich, selbst dann sind Ungenauigkeiten nicht ausgeschlossen	ergibt sich selbsttätig, da Lage der Achse auf Lehrenbohrwerk beim Bohren der Bohrplatte gegeben wurde
Kosten	hohe Fertigungskosten	niedrige Fertigungskosten
Reparatur	Neuherstellung der Buchse, evtl. muß auch die Bohrplatte ausgewechselt werden	nur die beschädigte Buchse muß ausgewechselt werden

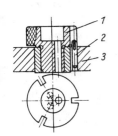

Bild 2.4.11. *Umsteckbohrbuchse zum Fertigen von zwei oder mehr eng aneinanderliegenden Bohrungen*
1 Umsteckbohrbuchse; *2* Teilstift; *3* Bohrplatte

Sollen Bohrungen in gekrümmten oder schrägen Werkstückoberflächen gefertigt werden, dann ist es notwendig, die Bohrbuchse anzuschrägen, damit der Bohrer nicht verlaufen kann. Auf ein vorheriges Anflächen des Werkstücks kann verzichtet werden (Bild 2.4.12).

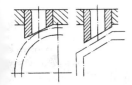

Bild 2.4.12. *Abgeschrägte Bohrbuchsen zum Bohren in schräge oder gewölbte Werkstückflächen*

Aus Tafel 2.4.1 geht hervor, daß schließlich auch der Abstand zwischen Bohrbuchsen und Werkstückoberfläche für die Güte einer Bohrung ausschlaggebend ist. Die Größe des Abstands ist abhängig von der Güte der Werkstückoberfläche und

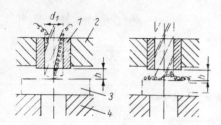

Bild 2.4.13. *Abstand der Bohrbuchsen von der Werkstückoberfläche*

1 Festbohrbuchse; *2* Bohrplatte; *3* Werkstück; *4* Vorrichtungsgrundkörper

von der Art der Spanbildung (Bild 2.4.13). Es wird empfohlen:

$h = d_1$ bei langspanigen Werkstoffen und unbearbeiteten Werkstückoberflächen

$h = 0,3 d_1$ bei langspanigen Werkstoffen und bearbeiteten Werkstückoberflächen

$h = 0,5 d_1$ bei kurzspanigen Werkstoffen

2.4.2.2. *Lage- und richtungsbestimmende Bohrbuchsen*

Wie bereits im Abschn. 2.4.2.1. festgestellt worden ist, können genormte Bohrbuchsen die Richtung des Werkzeugs nicht festlegen. Die Ursachen hierfür sind, daß die Bohrer starr mit der Bohrspindel verbunden sind und durch Lagerspiele der Spindel, Durchbiegen des Maschinentisches, Unstarrheit des Werkzeugs und Aufbiegen des Auslegers der Maschine die Achsen von Bohrer und Bohrbuchse nicht übereinstimmen. Sollen auf normalen Bohrmaschinen (nicht auf Waagerecht-Bohr- und Fräswerken) lage- und richtungsbestimmte Bohrungen angefertigt werden, so sind grundsätzlich drei Aufgaben zu lösen:

1. Lösen der starren Verbindung von Werkzeug und Werkzeugmaschine durch Einsatz von Pendelfuttern, um die durch die Unstarre der Werkzeugmaschine hervorgerufene Nichtdeckung der Achsen von Bohrer und Bohrbuchse aufzuheben
2. Sicherung der genauen Führung des Werkzeugs in der Vorrichtung durch doppelte Führung oder durch besonders lange Führungen
3. Vergrößerung der Starrheit der Werkzeuge durch die Anwendung von Sonderwerkzeugen oder durch den Einsatz von Bohrstangen

Bei der Lösung dieser Aufgaben ist die vielfach verbreitete Annahme zu verwerfen, daß sich lage- und richtungsbestimmte Bohrungen nur auf Waagerecht-Bohr- und Fräswerken fertigen lassen. Die Fertigung auf Waagerecht-Bohr- und Fräswerken ist durch große Nebenzeiten und hohe Lohnkosten sehr teuer, deshalb beschränkt sich die Fertigung hierbei auf die Einzel- bzw. Kleinserienfertigung.

Das Lösen der starren Verbindung von Werkzeug und Werkzeugmaschine geschieht durch den Einsatz von Pendelfuttern. In den Bildern 2.4.14 und 2.4.15 ist ein handelsübliches und typisiertes Pendelfutter APF vom VEB Rekord-Spannzeuge Gera dargestellt. Die Pendelbewegung wird durch einen Weichgummiring *4* zwischen Werkzeugaufnahme *2* und Schutzhülse *1* ermöglicht und gestattet eine vollkommene achsparallele und achswinklige Verschiebung des Werkzeugs.

Überlange Bohrbuchsen müssen angefertigt werden. Ihr Anwendungsbereich ist eingeschränkt. Sie lassen sich nur anwenden, wenn die Werkstückdicke $\leq 3 d_1$ ist und gleichzeitig ein Sonderwerkzeug mit zylindrischem Führungsschaft eingesetzt werden kann (Bild 2.4.16). Es empfiehlt sich außerdem, zum Fertigreiben ein

2.4. Werkzeugführungen

Bild 2.4.14. *Pendelfutter Typ APF im Einsatz*
(VEB Record-Spannzeuge Gera)
Foto: Eichler, Leipzig

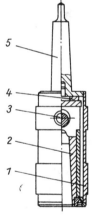

Bild 2.4.15. *Pendelfutter Typ APF*
(VEB Record-Spannzeuge Gera)
1 Schutzhülse; *2* Werkzeugaufnahme; *3* Löseexzenter; *4* Weichgummiring; *5* Werkzeugkegel

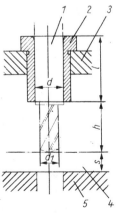

Bild 2.4.16. *Überlange Bohrbuchse mit Sonderwerkzeug zum Bohren lage- und richtungsbestimmter Bohrungen*
1 Sonderwerkzeug; *2* Sonderbohrbuchse; *3* Bohrplatte; *4* Werkstück; *5* Vorrichtungsgrundkörper

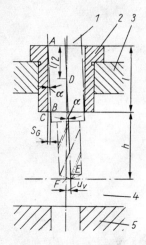

Bild 2.4.17. *Anstellgenauigkeit und Größtspiel in der Führung bei einem lage- und richtungsbestimmten Werkzeug*
1 Sonderwerkzeug; 2 Sonderbohrbuchse; 3 Bohrplatte; 4 Werkstück; 5 Vorrichtungsgrundkörper

Sonderwerkzeug nach Bild 2.4.8 einzusetzen. Die Führungslänge l läßt sich aus der Ableitung nach Bild 2.4.17 ermitteln. Der Kreuzungspunkt der Achsen von Werkzeug und Buchse im Punkt D liegt bei $l/2$. Das *Dreieck ABC* und das Dreieck *DEF* sind ähnlich, da bei gleichen Winkeln α sich die anderen Teile der Dreiecke proportional zueinander verhalten.

$$\overline{CB} = \text{Größtspiel} = S_G, \qquad \overline{AC} = l, \qquad \overline{DF} = h + \frac{l}{2}$$

$$\overline{EF} = \text{Anstellgenauigkeit} = u_V.$$

Somit ergibt sich

$$\frac{l}{S_G} = \frac{h + \dfrac{l}{2}}{u_V}$$

$$l\, u_V = \left(h + \frac{l}{2}\right) S_G$$

$$l = \frac{h}{\dfrac{u_V}{S_G} - 0{,}5}. \tag{2.4.3}$$

Gleichzeitig ergibt sich aus Bild 2.4.19 eine weitere Erkenntnis: Das Größtspiel zwischen Führungsschaft des Werkzeugs und der Buchse muß kleiner sein als die geforderte Anstellgenauigkeit.

$$S_G < u_V$$

$$\tan \alpha = \frac{u_V}{h + \dfrac{l}{2}}$$

$$S_G = l \tan \alpha$$

$$S_G = l \frac{u_V}{h + \dfrac{l}{2}} \tag{2.4.4}$$

2.4. Werkzeugführungen

Sind also Anstellgenauigkeit und Abstand zwischen Werkstück und Werkzeugführung bekannt, so läßt sich aus Gl. (2.4.4) die notwendige Passung für Führung und Führungsschaft auswählen.

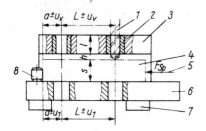

Bild 2.4.18. Anstell- und Austrittstoleranzen beim Bohren mit festen Bohrbuchsen

1 Werkzeug; 2 Festbohrbuchse; 3 Bohrplatte; 4 Werkstück; 5 Spannkraft (schematisiert); 6 Vorrichtungsgrundkörper; 7 Füße; 8 Bestimmelement

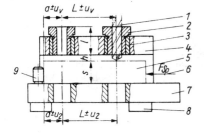

Bild 2.4.19. Anstell- und Austrittstoleranzen beim Bohren mit Steckbohrbuchsen

1 Werkzeug; 2 Steckbohrbuchse; 3 Festbohrbuchse; 4 Bohrplatte; 5 Werkstück; 6 Spannkraft (schematisiert); 7 Vorrichtungsgrundkörper; 8 Füße; 9 Bestimmelement

Die Bilder 2.4.18 und 2.4.19 zeigen, daß die Anstellgenauigkeit und die Austrittsgenauigkeit voneinander abweichen. Wird die Anstellgenauigkeit mit u_V und die Austrittsgenauigkeit mit u_1 und u_2 bezeichnet, so kann man die Austrittsgenauigkeit berechnen.

Es werden dazu die zu bohrende Werkstückdicke s, der Abstand zwischen Bohrbuchse und Werkstückoberfläche h und die Bohrbuchsenlänge l benötigt. Das Größtspiel S_G ist aus Tafel 2.4.2 zu ersehen. Die eventuelle Konizität des Bohrers wird vernachlässigt.

$$u_1 = u_V \pm \frac{\left(S + h + \frac{l}{2}\right) S_G}{l} \tag{2.4.5}$$

$$u_2 = u_V \pm \frac{\left(S + h + \frac{l}{2}\right)(S_1 + S_2)}{l}. \tag{2.4.6}$$

Weitere Faktoren für die Beeinträchtigung der Austrittsgenauigkeit sind z. B. die freie Knicklänge des Bohrers, der Schlag des Bohrers, die Durchbiegung des Vorrichtungsgrundkörpers und das Lagerspiel der Bohrspindel. Die Größen dieser Faktoren werden in der Berechnung vernachlässigt. Sind aus funktionellen Gründen engere Toleranzen notwendig, so sind die Bohrungen lage- und richtungsbestimmt mit Bohrstangen und doppelten Führungen zu fertigen.

Eine weitere Variante, lage- und richtungsbestimmte Bohrungen zu fertigen, ist mit Bohrstangen möglich. Dabei ist wiederum die Lösung der starren Verbindung zwischen Werkzeug und Werkzeugmaschine notwendig. Die Führung der Bohrstange erfolgt in zwei Führungsbuchsen. Die Steifigkeit des Werkzeugs erreicht von vornherein ein Optimum. Jedoch ist zu beachten, daß die Anzahl der gleichzeitig im Eingriff stehenden Bohrmesser einen nicht geringen Einfluß auf Form- und Lagegenauigkeit der Bohrungen ausüben.

Tafel 2.4.4. Untersuchungsergebnisse über Form- und Lagegenauigkeit von Bohrungen sowie Spanvolumen beim Bohren mit ein-, zwei- und mehrschneidigen Werkzeugen von Stephan [15]

	Bearbeitungfall	Ergebnis	Bemerkungen
Einschneidiges Werkzeug			
	Bohrung gleichmittig vorgearbeitet	kreisförmige Bohrung deren Achse mit der Bohrspindelachse zusammenfällt Spanvolumen: gering	Das Werkzeug federt immer wieder in seine Ausgangsstellung zurück, so daß die Werkzeugschneide einen Kreis beschreibt
	Bohrung achsparallel, außermittig versetzt vorgegossen bzw. vorgebohrt	annähernd kreisförmige Bohrung, deren Achse mit der Bohrspindelachse zusammenfällt Spanvolumen: gering	Es tritt kein Versatz und keine Beeinträchtigung der Kreisförmigkeit der Bohrungen auf. Einsatz, wenn hohe Form- und Lagegenauigkeit gefordert werden
	Bohrung achsschief außermittig vorgegossen bzw. vorgebohrt	ungleichmäßige, annähernd kreisförmige Bohrung, deren Achse mit der Bohrspindel zusammenfällt Spanvolumen: gering	
Zweischneidiges Werkzeug			
	Bohrung gleichmittig vorgearbeitet	kreisförmige Bohrung, deren Achse mit der Bohrspindelachse zusammenfällt Spanvolumen gut	Werkzeugachse wird während einer Umdrehung infolge ungleicher Schneidenbelastung zweimal um die stärker belastete Schneide als Drehpunkt weggedrückt

2.4. Werkzeugführungen

Tafel 2.4.4 (Fortsetzung)

Bearbeitungfall	Ergebnis	Bemerkungen
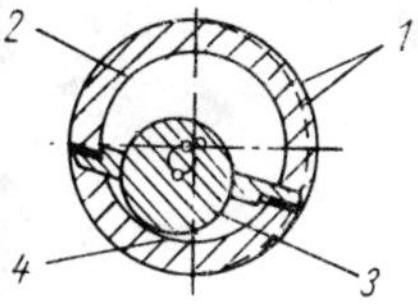 Bohrung achsparallel, außermittig versetzt vorgegossen bzw. vorgebohrt	annähernd kreisförmige, ein wenig ovale Bohrung, deren Achse mit der Bohrspindelachse zusammenfällt Spanvolumen: gut	Auch das zweischneidige Werkzeug federt zum großen Teil in seine Ausgangsstellung zurück. Lagegenauigkeit gleich gut wie bei einschneidigem Werkzeug, Formgenauigkeit schlechter
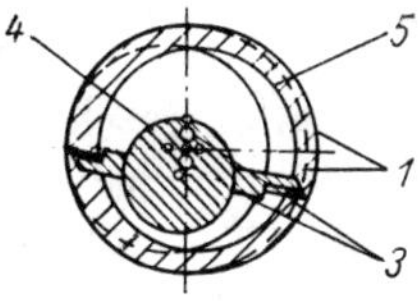 Bohrung achsschief, außermittig vorgegossen bzw. vorgebohrt	ungleichmäßige, annähernd kreisförmige, ein wenig ovale Bohrung, deren Achse mit der Bohrspindelachse zusammenfällt Spanvolumen: gut	

Drei- und mehrschneidige Werkzeuge

Bearbeitungfall	Ergebnis	Bemerkungen
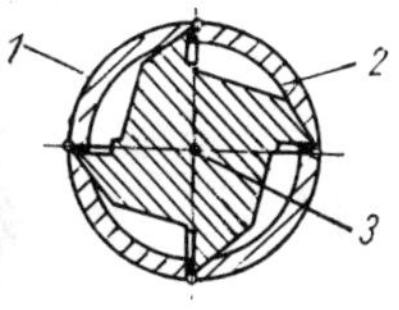 Bohrung gleichmittig vorgearbeitet	kreisförmige Bohrung, deren Achse mit der Bohrspindelachse zusammenfällt Spanvolumen: sehr gut	Ursache des Verlaufens der Bohrung ist die ungleiche Belastung der Schneiden. Es treten Versatz, ungenaue Lage und Abweichungen von der Kreisform der Bohrung auf
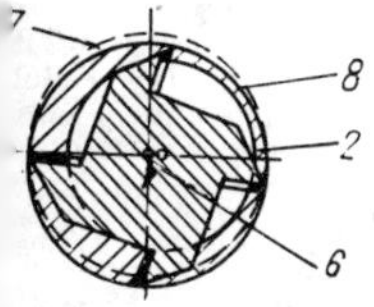 Bohrung achsparallel, außermittig versetzt, vorgegossen bzw. vorgebohrt	annähernd kreisförmige Bohrung, deren Achse schief und versetzt zur Bohrspindelachse in Pfeilrichtung verläuft Spanvolumen: sehr gut	

Tafel 2.4.4 (Fortsetzung)

	Bearbeitungfall	Ergebnis	Bemerkungen
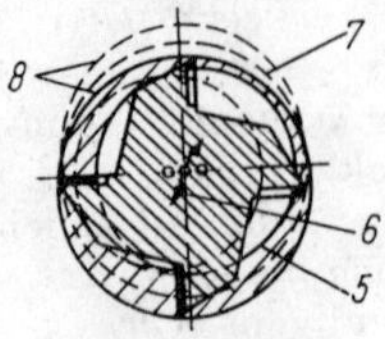 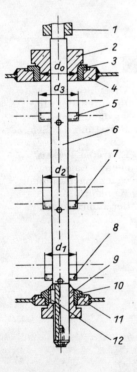	Bohrung achsschief, außermittig vorgegossen bzw. vorgebohrt	annähernd kreisförmige Bohrung, deren Achse schief, krumm und versetzt zur Bohrspindelachse in Pfeilrichtung verläuft Spanvolumen: sehr gut	

Erläuterung der Tafelbilder: *1* fertige Bohrung; *2* vorgebohrte Bohrung; *3* Weg der Werkzeugmitte bei einer Umdrehung; *4* Werkzeugträger; *5* vorgebohrte oder vorgegossene schiefe Bohrung; *6* Werkzeugmitte bei ungleichbelasteten Schneiden; *7* gewünschte Bohrung; *8* erzielte Bohrung

Aus den Untersuchungsergebnissen von *Stephan* (Tafel 2.4.4) muß geschlußfolgert werden, daß das zweischneidige Aufbohrwerkzeug das wirtschaftlichste ist, weil es das große Spanvolumen des drei- und mehrschneidigen Werkzeugs mit der hohen Lagegenauigkeit des einschneidigen Werkzeugs verbindet.

Bild 2.4.20. Bohrstange zum Schruppen oder Schlichten mit mehreren Bohrmessern [6]

1 Maschinenspindel; *2* obere Bohrbuchse; *3* obere Grundbuchse; *4* obere Bohrplatte in der Vorrichtung; *5* Bohrmesser III; *6* Bohrstange; *7* Bohrmesser II; *8* Bohrmesser I; *9* untere Bohrbuchse mitlaufend; *10* untere Grundbuchse; *11* untere Bohrplatte in der Vorrichtung; *12* Paßfeder

2.4. Werkzeugführungen

Die Führung der Bohrstangen erfolgt nach Bild 2.4.20 in zwei Führungsbuchsen, wobei die obere Buchse auf der Bohrstange frei dreh- und verschiebbar, die untere Buchse mitlaufend und verschiebbar angebracht ist, um ein Festfressen zu verhindern. Die untere Buchse ist zur Ableitung der Späne dachförmig zu gestalten. Es ist auf alle Fälle empfehlenswert, die Bohrstange und die dazugehörige Bohrvorrichtung so anzuordnen, daß $d_1 < d_2 < d_3 < d_0$ ist, weil dann eine einfache Entfernung der Bohrstange aus Werkstück und Vorrichtung möglich ist.
Alle Bohrmesser liegen in einer Ebene hintereinander.

Sollen Bohrstangen zum Schruppen und Schlichten verwendet werden, dann sind die Messer — wiederum in einer Ebene hintereinanderliegend — so anzuordnen, daß der Schlichtvorgang erst beginnen kann, wenn der Schruppvorgang beendet ist (Bild 2.4.21).

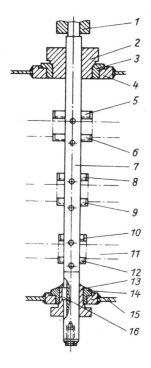

Bild 2.4.21. Bohrstange zum Schruppen und Schlichten [6]

1 Maschinenspindel; *2* obere Bohrbuchse; *3* obere Grundbuchse; *4* obere Bohrplatte in der Vorrichtung; *5* Schlichtmesser III; *6* Schruppmesser III; *7.* Bohrstange; *8* Schlichtmesser II; *9* Schruppmesser II; *10* Schlichtmesser I; *11* Werkstück; *12* Schruppmesser I; *13* untere Bohrbuchse mitlaufend; *14* untere Grundbuchse; *15* untere Bohrplatte in der Vorrichtung; *16* Paßfeder

Sind die Bohrstangen sehr lang, so verwendet man eine schwenkbare Vorrichtung. In waagerechter Lage wird die Bohrstange in die Vorrichtung eingeschoben, dann schwenkt man die Vorrichtung in die Bearbeitungsebene und setzt die Bohrstange in die Bohrspindel ein.

2.4.2.3. Bohrplatten

Alle *Bohrplatten* sind Werkzeugführungsträger und als feste oder bewegliche Bohrplatten ausgebildet.

Feste Bohrplatten sind fest mit dem Vorrichtungsgrundkörper verbunden und gestatten hohe Bearbeitungsgenauigkeiten. Die Bedienbarkeit der Vorrichtung wird jedoch durch kompliziertes Einlegen und Herausnehmen der Werkstücke erschwert (s. Abschn. 2.7.), und es müssen Steckbohrbuchsen zur Anwendung kommen, wenn die Bohrung in einem Arbeitsgang nicht fertiggestellt werden kann. In diesem Fall geht die höhere Genauigkeit wieder verloren. Bei der Verwendung von festen Bohrplatten treten in der Regel größere Nebenzeiten auf (Bild 2.4.22).

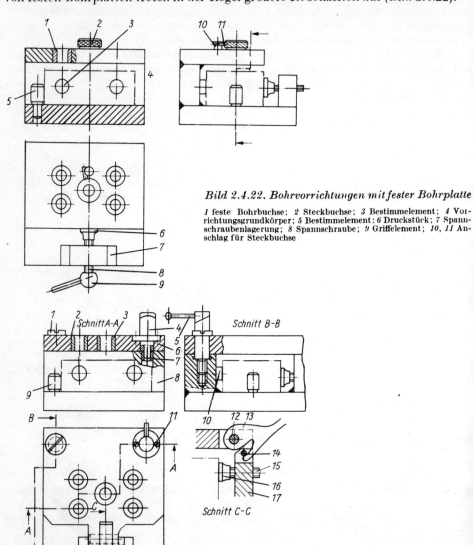

Bild 2.4.22. *Bohrvorrichtungen mit fester Bohrplatte*
1 feste Bohrbuchse; *2* Steckbuchse; *3* Bestimmelement; *4* Vorrichtungsgrundkörper; *5* Bestimmelement; *6* Druckstück; *7* Spannschraubenlagerung; *8* Spannschraube; *9* Griffelement; *10*, *11* Anschlag für Steckbuchse

Bild 2.4.23. *Bohrvorrichtung mit schwenkbarer Bohrplatte*
1 Drehzapfenschraube; *2*, *3* Bohrbuchsen; *4* Kugelgriffindex; *5* Bedienelement; *6* schwenkbare Bohrplatte; *7* Indexbuchse; *8* Vorrichtungsgrundkörper; *9* Bestimmelement; *10* Bestimmelement; *11* Befestigungsschraube für Index; *12* Exzenterlagerung; *13* Exzenter; *14* Exzenterbolzen; *15* Spannschraube; *16* Druckstück; *17* Gegenlager für Bohrplatte

2.4. Werkzeugführungen

Bewegliche Bohrplatten können geschwenkt, geklappt oder verschoben werden.

Schwenkbare Bohrplatten eignen sich besonders für Ständer- oder Säulenbohrmaschinen, da die Bohrspindel nicht weit zurückgefahren zu werden braucht. Der Nachteil liegt in einem relativ großen Spiel der Plattenlagerung und der Bedienung der Vorrichtung mit beiden Händen. Die Verriegelung erfolgt durch Indexbolzen oder Anschläge. Außerdem muß die Lage der Bohrplatte durch Spannen gesichert werden (Bild 2.4.23).

Die *klappbaren Bohrplatten* haben ein kleines Spiel in der Plattenlagerung, und die Bedienung erfolgt meist durch eine Hand (Öffnen und Schließen der Bohrplatte). Durch einen Schnappverschluß wird die Bohrplatte verriegelt. Ein Spannen der Platte ist nicht notwendig, da durch seitliche Führungen die Lagesicherung selbsttätig erfolgt.

Verschiebbare Bohrplatten werden besonders für lange Werkstücke (z. B. Profile) mit wiederkehrenden Bohrbildern verwendet und wenn eine Gesamtbohrplatte für die Bedienbarkeit des Arbeiters zu schwer werden würde. Die Verriegelung wird durch Indexbolzen oder durch Rasten auf der Führungsstange erreicht. Die Lagesicherung erfolgt durch Festspannen.

Obwohl im Bild 2.4.23 die Bohrbuchsenanordnung die gleiche wie im Bild 2.4.22 ist, würden sich bei einer festen Bohrplatte erhebliche Schwierigkeiten ergeben, wenn z. B. bei allen fünf Bohrungen für einen zweiten Arbeitsgang Steckbohrbuchsen entfernt werden müßten. Bei der schwenkbaren Bohrplatte werden die fünf Bohrbuchsen mit der Bohrplatte weggeschwenkt. Die Ungenauigkeiten (s. Bild 2.4.6) bei der festen Bohrplatte (s. Bild 2.4.22) dürften sich durch das Spiel in der Drehzapfenlagerung der Bohrplatte und zwischen Indexbolzen und Indexbuchse kompensieren. Die Genauigkeit der äußeren Bohrungen ist in beiden Beispielen unwesentlich, da keine Nacharbeit gefordert wird.

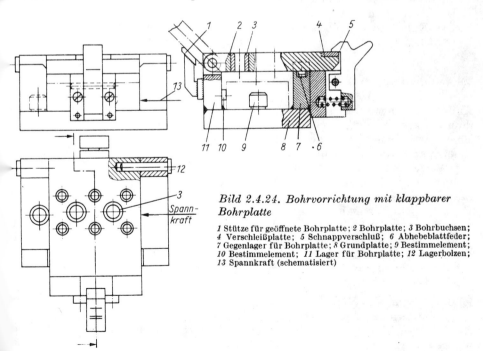

Bild 2.4.24. *Bohrvorrichtung mit klappbarer Bohrplatte*

1 Stütze für geöffnete Bohrplatte; *2* Bohrplatte; *3* Bohrbuchsen; *4* Verschleißplatte; *5* Schnappverschluß; *6* Abhebeblattfeder; *7* Gegenlager für Bohrplatte; *8* Grundplatte; *9* Bestimmelement; *10* Bestimmelement; *11* Lager für Bohrplatte; *12* Lagerbolzen; *13* Spannkraft (schematisiert)

Im Bild 2.4.24 ist die Spannkraft der Vorrichtung nur schematisch dargestellt. Das Öffnen der Bohrplatte kann mit einer Hand durchgeführt werden, indem der Schnapper *5* zurückgezogen wird. In diesem Moment hebt die Blattfeder *6* die Bohrplatte geringfügig an. Beim Loslassen des Schnappers kann er die Bohrplatte nicht mehr niederdrücken. Die gleiche Hand des Arbeiters klappt jetzt die Bohrplatte bis zur Stütze *1* auf. Beim Schließen läßt der Arbeiter die Bohrplatte einfach zufallen. Die schrägen Einführungskanten der Gegenlager der Bohrplatte *7* dirigieren die Bohrplatte selbsttätig in die richtige Lage.

Ungenauigkeiten sind im Spiel zwischen Lagerbolzen *12* und Lager *11* und im Spiel der Bohrplatte *2* zwischen Lager *11* und Gegenlager *7* begründet. Sie können aber fertigungstechnisch so klein gehalten werden, daß sie nicht größer werden als die Spiele bei Steckbohrbuchsen.

Der Nachteil der Bohrvorrichtungen mit klappbarer Bohrplatte liegt darin, daß sie entweder auf dem Maschinentisch verschiebbar gestaltet oder nur auf Radialbohrmaschinen eingesetzt werden können. Der Einsatz auf Ständer- oder Säulenbohrmaschinen würde durch den großen Klappbereich der Bohrplatte die Nebenzeit stark vergrößern.

Bei der Gestaltung der Bohrplatten sind folgende Gesetzmäßigkeiten zu beachten:

1. Die Befestigungsseite aller Bohrplatten liegt grundsätzlich an einer Bestimmseite des Werkstücks.
2. Bei beweglichen Bohrplatten treten Ungenauigkeiten durch Spiele, bei festen Bohrplatten durch den Einsatz von Steckbohrbuchsen auf. Feste Bohrbuchsen in festen Bohrplatten können nicht für die Fertigung von Genauigkeitsbohrungen verwendet werden, weil Werkzeuge der nachfolgenden Feinbearbeitung nicht durch die festen Bohrbuchsen hindurchpassen.

Das Wechseln der Steckbohrbuchsen erhöht zwangsläufig die Nebenzeiten.

3. Die Entscheidung, ob schwenkbare oder klappbare Bohrplatten eingesetzt werden, hängt von der zur Verfügung stehenden Maschine ab.

2.4.3. Sonstige Werkzeugführungen

Außer den Bohrwerkzeugen werden auch Räumnadeln zum Innenräumen aufgrund ihrer geringen Steifigkeit geführt. Soll symmetrisch geräumt werden (zylindrische Bohrungen, Keilnabenprofile, K-Profile, Innenverzahnung, Sechskante usw.), so sind Senkrechträummaschinen empfehlenswert, weil sonst die Masse der Räumnadel eine Verzerrung des zu räumenden Profils hervorruft. Bei unsymmetrischen Räumen (Nuten) kann mit der Waagerechträummaschine geräumt werden. Die Zähne der Räumnadel müssen nach oben zeigen, weil auch hier die Masse der Räumnadel die Genauigkeit beeinflussen kann.

Beim Innenräumen ist der Kräfteangriff der Schneiden mehrfach symmetrisch, so daß die Werkstücke nicht gespannt zu werden brauchen. Das Nichtspannen der Werkstücke geht auch aus den Bildern 2.4.25 bis 2.4.30 hervor [6].

Folgende Konstruktionsrichtlinien für Führungen von Innenräumvorrichtungen müssen beachtet werden:

1. Die Führung der Räumnadel soll so weit über das Werkstück hinausragen, daß ein Flattern des Werkzeugs unterbunden wird (s. Bild 2.4.25).
2. Die Höhendifferenz der Zähne durch das Scharfschleifen kann durch Zwischenlagen ausgeglichen werden (s. Bild 2.4.26).

2.4. Werkzeugführungen

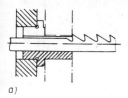 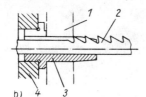

Bild 2.4.25. Führung für Räumnadel [6]

a) falsch, Räumnadel flattert
b) richtig
1 Werkstück; *2* Räumnadel; *3* Räumnadelführung; *4* Vorrichtungsgrundkörper

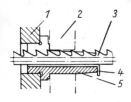

Bild 2.4.26. Zwischenlagen in der Führung einer Räumnadel gleichen Verschleiß an den Zähnen aus [6]

1 Vorrichtungsgrundkörper; *2* Werkstück; *3* Räumnadel; *4* Zwischenlage; *5* Räumnadelführung

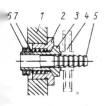

Bild 2.4.27. Richtige Anlage mit kugligem Ausgleich bei nicht oder ungenau bearbeiteten Werkstücken [6]

1 Vorrichtungsgrundkörper; *2* Kugelpfanne; *3* kugliger Ausgleich; *4* Werkstück; *5* Räumnadel; *6* Gegenlager für Feder; *7* Andrückfeder

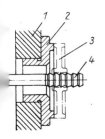

Bild 2.4.28. Falsche Anlage für die Werkstücke, Werkstück federt [6]

1 Vorrichtungsgrundkörper; *2* Werkstückauflage; *3* Werkstück; *4* Räumnadel

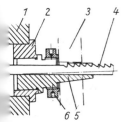

Bild 2.4.29. Aufnahme für keglige Werkstückbohrungen mit Abdrückmutter [6]

1 Vorrichtungsgrundkörper; *2* Führungsträger; *3* Werkstück; *4* Räumnadel; *5* Räumnadelführung; *6* Abdrückmutter

Das Werkstück darf beim Räumen nicht federn. Deshalb muß die Anlage immer dicht an der Führung der Räumnadel anliegen (s. Bilder 2.4.27 und 2.4.28). Ist die Anlage nicht oder ungenau bearbeitet, so ist sie mit einem kugligen Ausgleich zu versehen (s. Bild 2.4.27).
Werkstückaufnahmen und Werkzeugführungen sind gehärtet und geschliffen auszuführen.

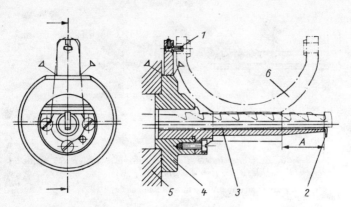

Bild 2.4.30 Räumnadelführung für ein auszurichtendes Werkstück [6]

1 abgeflachter Bolzen; *2* Zwischenlage; *3* Räumnadelführung; *4* Führungsträger; *5* Räumvorrichtungsgrundkörper; *6* Werkstück

6. Beim Räumen von Nuten in kegligen Bohrungen muß das Werkstück durch ein Abdrückmutter gelöst werden (s. Bild 2.4.29).
7. Werkstücke müssen nach den bekannten Bedingungen (s. Abschn. 2.1.) genau zur Räumnadel bestimmt werden.
8. Bei kurzen Werkstücken können gleichzeitig mehrere Werkstücke aufgenommen und geräumt werden.

2.4.4. Normen für Bohrbuchsen

Tafel 2.4.5

Prinzipskizze	Benennung	DIN/Werknorm
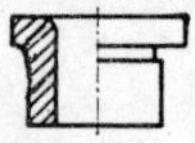	Bundbohrbuchse	172
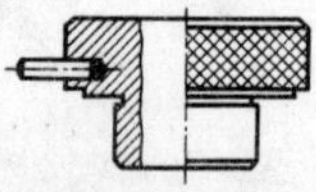	Steckbohrbuchse	173
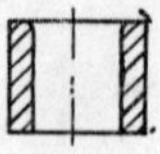	Bohrbuchse ohne Bund	179
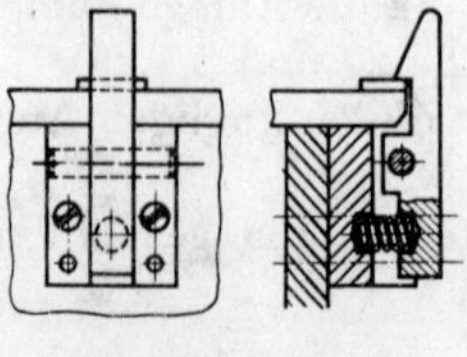	Schnapper mit Druckfeder	6310

2.4.5. Wiederholungsfragen

1. In welchen Fällen werden die einzelnen Formen der Bohrbuchsen verwendet?
2. Was versteht man unter lagebestimmenden bzw. lage- und richtungsbestimmenden Werkzeugführungen?
3. Welche Werkzeuge können in Bohrbuchsen und welche Werkzeuge dürfen nicht in Bohrbuchsen geführt werden (Begründung)?
4. Warum ist es bei eng aneinanderliegenden Bohrungen günstiger, zwei abgeflachte Bohrbuchsen anstelle einer Sonderbohrbuchse einzusetzen?
5. Wie kann man an schrägen oder gewölbten Flächen bohren, ohne vorher anzuflächen?
6. Welche Abstände müssen zwischen Bohrbuchsen und Werkstückoberflächen berücksichtigt werden? Warum?
7. Welche Vorbedingungen müssen vorhanden sein, wenn lage- und richtungsbestimmte Bohrungen angefertigt werden sollen (Begründung)?
8. Die Gleichung für die erforderliche Führungslänge ist abzuleiten, wenn Größtspiel, Anstellgenauigkeit und Abstand zwischen Führung und Werkstück gegeben sind.
9. Wie läßt sich das Größtspiel zwischen Führungsschaft und Führungsbuchse ermitteln, wenn der Abstand zwischen Führung und Werkstück und die Anstellgenauigkeit gegeben sind?
10. Weshalb sollen lage- und richtungsbestimmte Bohrungen in der Serienfertigung nicht auf Waagerecht-Bohr- und Fräswerken gefertigt werden?
11. In welchen Fällen werden feste bzw. bewegliche Bohrplatten angewendet?
12. Welche Arten der beweglichen Bohrplatten gibt es (Einsatzmöglichkeiten)?
13. An welcher Seite der Vorrichtung liegt die Befestigung aller Bohrplatten? Warum?
14. Wie wirken sich Spiele bei beweglichen Bohrplatten auf die Herstellung genauer Bohrungen aus? Welche Möglichkeiten ergeben sich bei Verwendung fester Bohrplatten?
15. Weshalb müssen Räumnadeln zum Innenräumen direkt geführt werden? Wie geschieht das?

2.5. Werkzeugeinstellelemente

In der Großserien- und Massenfertigung verursacht die Standzeit der Werkzeuge und das nach dem Scharfschleifprozeß notwendige Neueinstellen der Werkzeuge nicht vermeidbare Rüstzeiten, die aber doch durch die Verwendung von *Einstellstücken, -lehren und -maßen* sehr klein gehalten werden können. Bei geringen Stückzahlen zur Vorbereitung von Fräsprozessen komplizierter Werkstückformen und beim Hobeln von Führungsbahnen an Werkzeugmaschinen werden ebenfalls Einstelleinrichtungen benötigt, weil sonst das Einstellen der Werkzeuge außerordentlich kompliziert wäre. Die Einstellung der Werkzeuge beruht auf der Berührungsbzw. Lichtspaltmethode und kann nur bei stillstehender Maschine erfolgen.

Bild 2.5.1 zeigt die Befestigung der Einstellstücke *4* und *12* auf dem festgestellten Kreuzsupport *10* einer Drehmaschine durch Schrauben und Stifte. Die Einstellmaße *5* und *13* sind bei der Feineinstellung Endmaße und werden während der Bearbeitung aufbewahrt. Durch die Meßuhr *11* erfolgt die Einstellung der Drehmeißel-

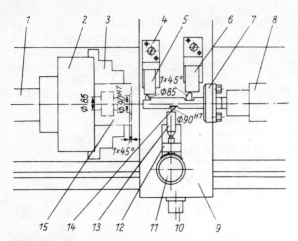

Bild 2.5.1. *Einstellstücke und Einstellmaße auf einer Drehmaschine*

1 Arbeitsspindel; *2, 3* Futter mit Spannbacken; *4* Einstellstück; *5, 6* Einstellmaße; *7* Bohrstange; *8* Reitstock; *9* Kreuzsupport; *10* Supportspindel; *11* Meßuhr; *12* Einstellstück für Meßuhr; *13* Endmaß; *14* feineinstellbarer Bohrmeißel; *15* Werkstück

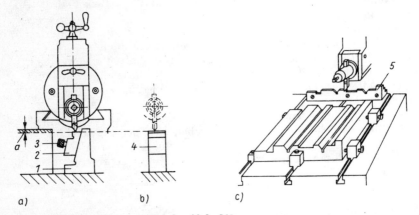

Bild 2.5.2. *Einstellen von Hobelmeißeln* [6]
a) nach Einstellstücken b) nach Endmaßen c) nach Einstellehren
1 Einstellstück; *2* Einstellmaß; *3* Befestigungsschraube; *4* Endmaß; *5* Einstellehre

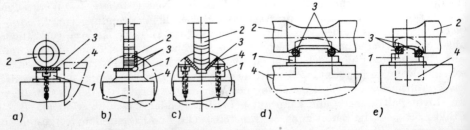

Bild 2.5.3. *Einstellen von Fräsern* [6]
a) Walzenfräser b) Scheibenfräser c), d), e) Formfräser
1 Einstellstücke; *2* Werkzeuge; *3* Endmaße bzw. Meßdorne; *4* Werkstücke

einsätze (z. T. genormt). Das Drehfutter *2* hält mit dem Spannbacken *3* das Werkstück *15*. Die Bohrstange *7* mit den Drehmeißeleinsätzen *14* sitzt in der Pinole des Reitstocks *8* und wird durch diese Anordnung zum Programmwerkzeug.

Im Bild 2.5.2 erfolgt das Einstellen der Werkzeuge außerhalb des Bearbeitungsbereichs. Schwierige, zeitraubende und kostspielige Einrichtearbeiten werden damit erheblich verbilligt.

Das Einstellen von Fräsern erfolgt nach Bild 2.5.3. Durch Endmaße bzw. Meßdorne werden die Werkzeuge nach den Einstellstücken in der Lage bestimmt.

2.6. Teileinrichtungen

2.6.1. Begriff und Zweck

Wird ein Werkstück in der gleichen Vorrichtung mehrere Male (oder mehrere Werkstücke nacheinander je einmal) gegenüber dem Werkzeug bestimmt, so spricht man vom *Teilen*.

Je nach Bewegungsart wird in Längsteilen und Kreisteilen unterschieden. Die Teilung (von Bohrungen, Nuten u. ä.) kann gleichmäßig oder ungleichmäßig sein. Der Teilprozeß wird entweder direkt mit dem Werkstück oder mit einem Vorrichtungselement durchgeführt. Dieses Vorrichtungselement, die Teilleiste (beim Längsteilen) oder die Teilscheibe (beim Kreisteilen), ist mit dem Werkstückträger, auf dem das Werkstück gespannt ist, durch eine Welle verbunden.

Nach dem Teilen ist die Lage des Werkstücks bzw. des Werkstückträgers mit Hilfe eines Feststellers zu fixieren. Diese Tätigkeit wird als Feststellen bezeichnet. Um die auftretenden Schnittkräfte und die dadurch auftretenden Erschütterungen (z. B. bei Fräsarbeiten) nicht auf die Feststellelemente zu übertragen, ist ein Spannen des Werkstückträgers notwendig.

Demnach umfaßt der Teilvorgang bei kompletter Durchbildung der Teileinrichtung folgende Tätigkeiten:

Lösen des Feststellers und des Werkstückträgers
Schalten des Werkstückträgers
Feststellen des Werkstückträgers
Spannen des Werkstückträgers

Bevor die Konstruktion einer Teilvorrichtung in Erwägung gezogen wird, ist zu untersuchen, ob standardisierte Teilvorrichtungen verwendet werden können.

Für die Wahl und die Gestaltung von Teileinrichtungen ist hauptsächlich die geforderte Teilgenauigkeit maßgebend.

Sie ist abhängig [16]
vom Lagerspiel des Werkstückträgers
von der Güte der Verbindung der Teilleiste bzw. Teilscheibe mit dem Werkstückträger
vom Lagerspiel des Feststellers
von der Sicherheit, mit der Werkstück bzw. Werkstückträger gegenüber den Arbeitskräften festgelegt sind
von der Teilgenauigkeit der Teilleiste bzw. Teilscheibe.

2.6.2. Längsteilen

Das *Längsteilen* kann durch Ausrichten nach Markenstrich, Anlegen an Flächen (Bilder 2.6.1 und 2.6.2), Zwischenlegen von Endmaßen, Teilleisten mit Rasten, Zahnstange oder Gewindespindel erfolgen [16].

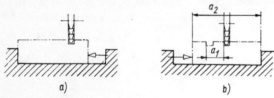

Bild 2.6.1. *Längsteilen durch wechselseitiges Anlegen des Werkstücks* [16]
a) Fräsen der ersten Nut b) Fräsen der zweiten Nut

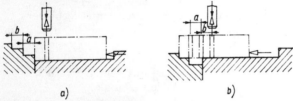

Bild 2.6.2. *Längsteilen durch Anlegen des Werkstücks an gestufte Flächen*
a) Fertigung der ersten Nut b) Fertigung der dritten Nut

Die Genauigkeit der Teilung beim Ausrichten nach Markenstrich ist von der Aufmerksamkeit des Arbeiters abhängig. Für genauere Teilungen können die Markenstriche durch optische Hilfsmittel genauer sichtbar gemacht werden.

Gewindespindeln und Zahnstangen sind so anzulegen, daß die Gewindesteigung bzw. die Zahnteilung der herzustellenden Teilung oder einem Vielfachen davon entspricht.

2.6.3. Kreisteilen

Beim *Kreisteilen* (auch Umfangsteilen genannt) wird das Werkstück um seine Achse geschwenkt.

Der Kreisteilvorgang ist durch Ausrichten nach Markenstrichen, Anlegen an einseitige Anlagen (Bild 2.6.3), abwechselndes Anlegen oder Einhängen an feste Flächen (Bilder 2.6.4 und 2.6.5), Rastbolzen und Feststeller (auch über Teilscheibe), Rädergetriebe und Schneckengetriebe möglich [16].

Für das *Ausrichten nach Markenstrichen* gilt das im Abschn. 2.6.2. Beschriebene.

Beim *Anlegen an einseitige Anlagen* (s. Bild 2.6.3) muß beachtet werden, daß die Teilscheibe im Uhrzeigersinn zu schalten ist und in entgegengesetzter Richtung gegen den Rastbolzen gedreht werden muß.

Das *Kreisteilen mittels Rastbolzens bzw. Feststellers* kann erfolgen
für geringere Teilgenauigkeit durch Einführung des Feststellers in das gefertigte Werkstück (ohne Teilscheibe, s. Bild 2.6.6)
für größere Teilgenauigkeit mittels Teilscheibe (Bild 2.6.7).

2.6. Teileinrichtungen

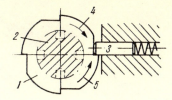

Bild 2.6.3. *Anlegen an einseitige Anlagen*
1 Teilscheibe; 2 Werkstücke; 3 Rastbolzen; 4 Schaltrichtung; 5 Drehrichtung gegen Anschlag

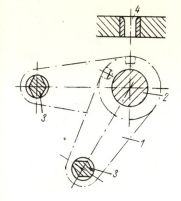

Bild 2.6.4. *Kreisteilen durch wechselseitiges Anlegen*
1 Werkstück; 2 Vollbolzen (lang); 3 abgeflachter Bestimmbolzen (kurz); 4 Bohrbuchse

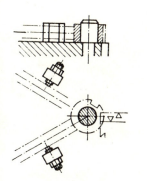

Bild 2.6.5. *Kreisteilen durch wechselseitiges Anlegen (Fertigen zweier Nuten)*

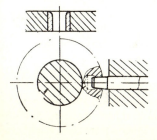

Bild 2.6.6. *Kreisteilen durch Einführen eines Feststellers in die Werkstückbohrung*

Im ersten Fall können Bearbeitungsgrat und Schmutz Teilfehler mit sich bringen. Im zweiten Fall wird die Teilgenauigkeit durch das Hebelverhältnis zwischen Bearbeitungsfläche am Werkstück (Werkstückradius l_1) und der Raststelle an der Teilscheibe (Teilscheibenradius l_2) bestimmt. Die Teilgenauigkeit wird um so

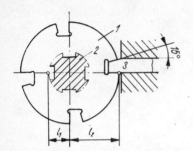

Bild 2.6.7. *Kreisteilen mittels Teilscheibe und Feststellers*

1 Teilscheibe; *2* Werkstück; *3* Feststeller; l_1 Werkstückradius; l_2 Teilscheibenradius

größer, je größer l_2 gegenüber l_1 ist. Die Teilfehler am Werkstück werden dadurch geringer. Die Teilgenauigkeit ist außerdem von der Qualität der gesamten Teileinrichtung abhängig.

Für die Raststellen an den Teilscheiben kommen zylindrische, keglige und flache Rasten (s. Bild 2.6.7) zur Anwendung. Ihre Vor- und Nachteile werden im Abschn. 2.6.4. behandelt.

Die Gestaltung eines Teilmechanismus richtet sich nach

Anzahl der Teilungen
erforderlicher Teilgenauigkeit
Größe der Vorrichtung
Angriffspunkt, Richtung und Größe der auftretenden Kraft
Werkstückzahl [7]

Für das *Kreisteilen mittels Räder- bzw. Schneckengetriebes* kommen handelsübliche Teilapparate und Rundteiltische zur Anwendung.

Kreisteilungen lassen sich auch ohne Schwenkeinrichtungen durch Bestimmen der Vorrichtung nach Außenflächen fertigen. Die Vorrichtungen erhalten dazu den Teilungen entsprechende Flächen. Sollen z. B. in einem Werkstück sechs Löcher am Umfang gefertigt werden, dann hat der Vorrichtungsgrundkörper sechseckige Gestalt (s. Bild 3.5.4).

2.6.4. Feststellelemente

Nach jedem Teilvorgang ist die Teilscheibe und der Werkstückträger in der jeweiligen Stellung zu fixieren. Dieser Vorgang wird als *Feststellen* bezeichnet.

Man unterscheidet formschlüssige und kraftschlüssige Feststeller. *Formschlüssiges Feststellen* kann durch zylindrische und parallele Flächen und *kraftschlüssiges Feststellen* durch kuglige, keglige und keilförmige Paßflächen mit Hilfe von Spannelementen (z. B. Feder, Keil, Schraube, Exzenter) erfolgen.

Die Auswahl der Qualität eines Feststellers richtet sich danach, inwieweit der Werkstückträger bei geringstem Zeit- und Kraftaufwand spielfrei festgestellt werden muß.

Es gibt folgende Möglichkeiten des Feststellens:

Feststellen durch Kugel

Der Kugelfeststeller (Bild 2.6.8) ist für untergeordnete Zwecke anwendbar, da das Spiel zwischen Kugel und Kugelführung und die relativ geringe Federkraft kein genaues Feststellen garantieren. Kugelfeststeller sind jedoch schnell bedienbar, da

2.6. Teileinrichtungen

die Kugel bei der Teilbewegung selbsttätig ein- und ausrastet. Kugelfeststeller können auch mit einstellbarer Federkraft konstruiert werden (Bild 2.6.9).

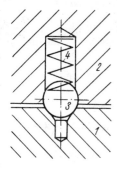

Bild 2.6.8. *Kugelfeststeller* [16]
1 Teilscheibe; 2 Vorrichtungsgrundkörper; 3 Kugel; 4 Druckfeder

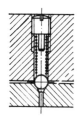

Bild 2.6.9. *Kugelfeststeller mit einstellbarer Federkraft*

Feststellen durch Bolzen mit 90°-Kegel

Bolzenfeststeller mit 90°-Kegel (Bild 2.6.10) rasten besser und genauer in eine gehärtete Büchse ein. Die Federkraft ist bei dieser Gestaltung einstellbar.

Nach dem Feststellen durch Kugel oder Bolzen ist der Werkstückträger unbedingt festzuspannen bzw. festzuklemmen.

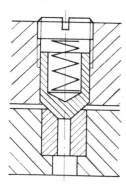

Bild 2.6.10. *Feststeller mit 90°-Kegel* [16]

Feststellen durch Hebel mit Rastflächen

Dieser Hebel (Bilder 2.6.11 und 2.6.12) kann auch als Flachriegel bezeichnet werden und läßt sich nur für untergeordnete Zwecke anwenden. Die Teilgenauigkeit wird von der Kreisbewegung des Hebels und der Güte der Hebellagerung beeinflußt. Der Hebeldrehpunkt sollte möglichst auf der Tangente durch die Rastflächenmitte liegen.

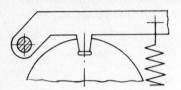

Bild 2.6.11. Feststeller mit Rasthebel

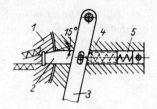

Bild 2.6.12. Feststeller mit Flachriegel
1 Teilscheibe; *2* Flachriegel; *3* Hebel;
4 Vorrichtungsgrundkörper; *5* Druckfeder

Der Flachriegel ist in seinen Eigenschaften mit dem kegligen Rastbolzen vergleichbar.

Der Schwenkriegel (Bild 2.6.13) fixiert nahezu spielfrei. Die schräge Fläche kann eine Schraubenfläche oder eine exzentrisch gelagerte Kegelfläche sein.

Bild 2.6.13. Feststeller mit Schwenkriegel [16]

Feststellen durch kegelförmige Rastflächen

Der Feststeller mit kegligem Rastbolzen (Bild 2.6.14) hat den Vorteil, daß er in der Teilscheibe in jedem Fall spielfrei sitzt und sehr leicht einrastet. Negativ wirkt sich das Einklemmen von Fremdkörpern (z. B. Schmutz, Bild 2.6.15) zwischen den Rastflächen aus. Die Teilgenauigkeit kann durch das Spiel in der zylindrischen Führung des Rastbolzens beeinflußt werden.

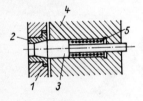

Bild 2.6.14. Feststeller mit kegligem Rastbolzen
1 Teilscheibe; *2* gehärtete Buchse; *3* Rastbolzen (gehärtet); *4* Vorrichtungsgrundkörper; *5* Druckfeder

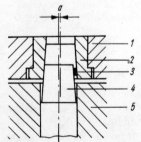

Bild 2.6.15. Teilungsfehler am kegligen Rastbolzen [16]
1 Teilscheibe; *2* Buchse; *3* Schmutz; *4* Feststeller; *5* Vorrichtungsgrundkörper

2.6. Teileinrichtungen

Eine komplette Konstruktion eines solchen Feststellers mit Handgriff zeigt Bild 2.6.16. Der Handgriff kann als Kugel- oder Kreuzgriff ausgeführt werden. Beide Ausführungen sind standardisiert.

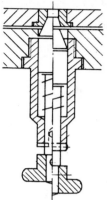

Bild 2.6.16. *Griffindex* [16]

Feststellen durch zylinderförmige Rastflächen

Der zylindrische Rastbolzen ist gegen Schmutz und Späne unempfindlicher (Bild 2.6.17). Er schiebt Fremdkörper beim Rastvorgang vor sich her. Die Teilgenauigkeit wird durch doppeltes Spiel (Rastbolzen und Teilscheibe; Rastbolzen und

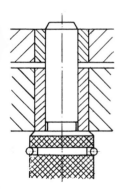

Bild 2.6.17. *Feststeller mit zylindrischem Rastbolzen* [16]

Führung) und die Vergrößerung des Spiels bei Abnutzung beeinflußt. Die theoretische Beziehung für die Toleranz T für die Abstände am bearbeiteten Werkstück lautet

$$T = S_1 + S_2 + T_1 + e; \qquad (2.6.1)$$

S_1 Spiel zwischen Rastbolzen und Rastbuchse in Teilscheibe

S_2 Spiel zwischen Rastbolzen und Führungsbuchse

T_1 Abstandstoleranz zwischen zwei benachbarten Feststellbuchsen

e Exzentrizität der Buchsen.

In Gl. (2.6.1) sind die Einflüsse durch den Abstand des Feststellers vom Drehpunkt der Teilscheibe und die Abnutzung nicht enthalten. Für zylindrische Feststeller liegen die maximal zulässigen Abmaße für eine Teilung am Werkstück bei $\pm$ 0,015 mm, für keglige und prismatische Feststeller bei $\pm$ 0,010 mm [4]. Wird ein glatter Steckstift (s. Bild 2.6.17) benutzt, so ist er gegen Verlust zu sichern.

Aus fertigungstechnischen Gründen sind zylindrische Feststeller möglichst achsparallel zur Teilscheibe und nicht radial anzuordnen.

Bei Feststellern für Vorrichtungen zur Massenfertigung ist zur Erleichterung der Arbeit das Zurückziehen des Feststellers durch Hebel, Zahnrad, Exzenter usw. vorzusehen (Bild 2.6.18).

Axiale Abklemmung des Werkstückträgers (Bild 2.6.19) beeinflußt die Teilgenauigkeit nicht.

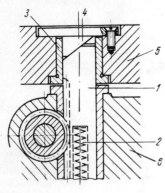

Bild 2.6.18. *Spielfreie Feststellung* [4]

1 Feststeller mit abgeschrägter Stirn; *2* Druckfeder; *3* Rastbüchse *4* Scheibe mit schräger Nase; *5* Teilscheibe; *6* Vorrichtungsgrundkörpe

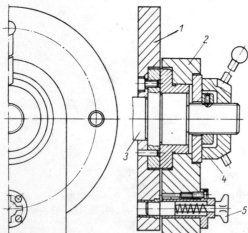

Bild 2.6.19. *Abklemmung für Tei scheiben*

1 Teilscheibe; *2* Schwenklager (Vorrichtungsgrun körper); *3* Anschluß an Vorrichtungsgrundkörpe *4* Abklemmung; *5* Index

Bei radialer Abklemmung gibt es zwei Möglichkeiten:
1. Das Spannen des Werkstückträgers erfolgt senkrecht zur Feststellrichtu (Bild 2.6.20). Dabei wird die Teilscheibe verbunden mit dem Werkstückträ um den Betrag *a* (Lagerspalt) verlagert. Ein Einrasten des Feststellers kann n unter Drehung der Teilscheibe erfolgen. Diese Anordnung bringt also einen Te fehler mit sich.

2. Das Spannen des Werkstückträgers erfolgt gegen die Feststellrichtung (Bild 2.6.21). Es tritt ebenfalls eine Mittigkeitsverlagerung um den Betrag a auf. Die Teilung bleibt jedoch unbeeinflußt.
Spannrichtung und Feststellrichtung müssen stets in einer Ebene liegen.

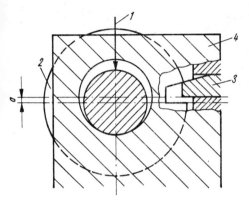

Bild 2.6.20. *Spannen des Werkstückträgers senkrecht zur Feststellrichtung* [16]

1 Spannrichtung; *2* Teilscheibe mit Werkstückträgerachse; *3* Feststeller; *4* Vorrichtungsgrundkörper; *a* Außermittigkeit

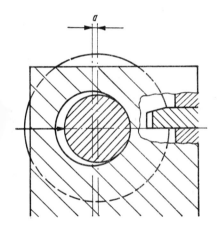

Bild 2.6.21. *Spannen des Werkstückträgers gegen die Feststellrichtung* [16]

2.6.5. Normen für Teilelemente und Teileinrichtungen

Tafel 2.6.1. *Teilelemente-Teileinrichtungen*

Prinzipskizze	Benennung	DIN/Werknorm
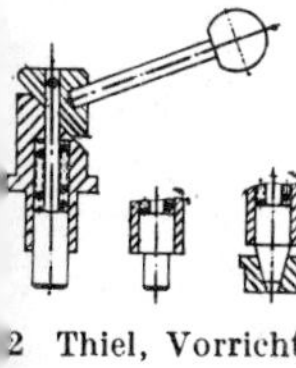	Kugelgriffindex, Ausführungsformen A, B, C	

Tafel 2.6.1 (Fortsetzung)

Prinzipskizze	Benennung	DIN/Werknorm
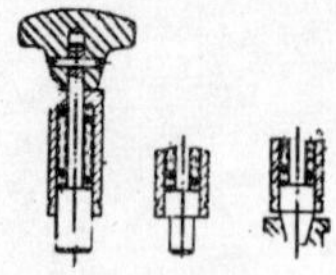	Kreuzgriffindex, Ausführungsformen A, B, C	
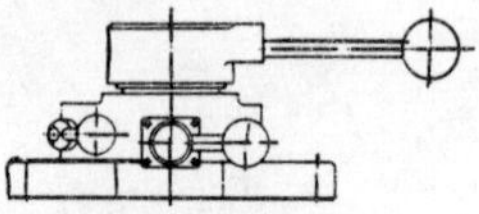	Spannköpfe, schnellspannend	
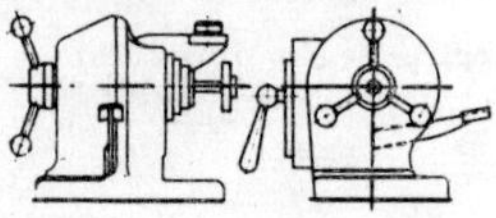	Bohrvorrichtung für Ringe	
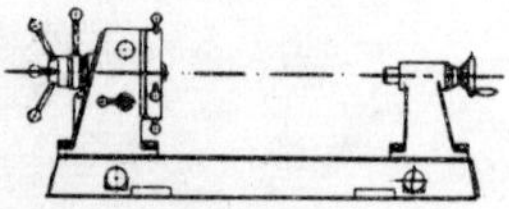	Schwenkvorrichtung, horizontal	
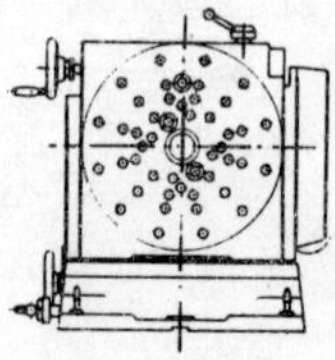	Schwenkvorrichtung, universal	
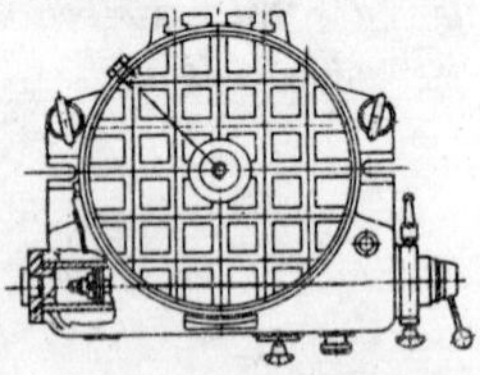	Rundteiltisch, pneumatisch	
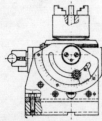	Direktteilgerät, schwenkbar	

2.6. Teileinrichtungen

Tafel 2.6.1 (Fortsetzung)

Prinzipskizze	Benennung	DIN/Werknorm
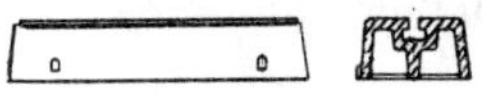	Untersatz für Direktteilgerät	
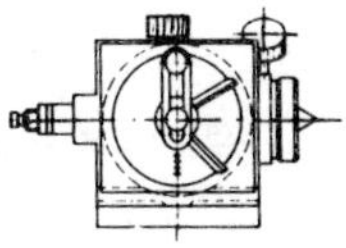	Universalteilgerät	

2.6.6. Wiederholungsfragen

1. Was versteht man unter dem Teilen? Welche Arten des Teilens gibt es?
2. Zu welchem Zweck werden Feststeller verwendet?
3. Welche Vor- und Nachteile haben Feststeller
   a) mit keil- oder kegelförmigen Rastflächen,
   b) mit parallelen bzw. zylinderförmigen Rastflächen.
4. Welche konstruktiven Möglichkeiten bestehen für das Längs- und Kreisteilen (Beispiele)?
5. Welche Teileinrichtungen wendet man für das Bohren von vier Löchern in einer Scheibe an, wenn
   a) für die Bohrungen ein größerer Winkelfehler zulässig ist
   b) die Bohrungen möglichst genau rechtwinklig zueinander liegen sollen?
6. Welche hauptsächlichen Gesichtspunkte müssen vom Vorrichtungskonstrukteur für das Teilen in einer Vorrichtung beachtet werden?

2.6.7. Übungen

1. An einer Kreisteilvorrichtung mit zylindrischem Rastbolzen sind folgende Daten gegeben:
Rastbolzenmaß 16 k 6, Führungsbuchse des Rastbolzens 16 F 7, Rastbuchse in der Teilscheibe (entspricht einer Bohrbuchse) 16 F 7, Abstandstoleranz zwischen zwei benachbarten Feststellbuchsen 0,03 mm, Exzentrizität der Buchsen 0,01 mm.

Es ist die Toleranz für die Teilungen am bearbeiteten Werkstück zu ermitteln, wenn der Teilscheibenradius 120 mm und der Werkstückradius 40 mm beträgt.
Lösung:
Die Toleranz für die Teilungen ergibt sich nach Gl. (2.6.1) zu

$$T = S_1 + S_2 + T_1 + e.$$

Spiel S_1 zwischen Rastbolzen und Rastbuchse in der Teilscheibe für 16^{F7}_{k6}

$16F7 \begin{array}{c} +\,0,034 \\ +\,0,016 \end{array}$ Größtspiel $S_{1G} = 0,033$ mm

$16k6 \begin{array}{c} +\,0,012 \\ +\,0,001 \end{array}$ Kleinstspiel $S_{1K} = 0,004$ mm

Spiel S_2 zwischen Rastbolzen und Führungsbuchse

Größtspiel $S_{2G} = 0{,}033$ mm

Kleinstspiel $S_{2K} = 0{,}004$ mm

Die Toleranz für die Teilungen an der Teilscheibe ergibt sich unter Berücksichtigung der Größtspiele zu

$$T_G = S_{1G} + S_{2G} + T_1 + e = 0{,}033 + 0{,}033 + 0{,}03 + 0{,}01 = 0{,}106 \text{ mm}.$$

und unter Berücksichtigung der Kleinstspiele zu

$$T_K = S_{1K} + S_{2K} + T_1 + e = 0{,}004 + 0{,}004 + 0{,}03 + 0{,}01 = 0{,}048 \text{ mm}.$$

Diese Toleranzen T treten am Teilscheibenradius $l_2 = 120$ mm auf.
Am Werkstückradius $l_1 = 40$ mm verhalten sich

$$\frac{l_2}{l_1} = \frac{T}{T'}$$

$$T' = T \frac{l_1}{l_2}.$$

Die Toleranz für die Teilungen am Werkstück ergibt sich unter Berücksichtigung der Größtspiele zu

$$T'_G = T_G \frac{l_1}{l_2} = 0{,}106 \cdot \frac{40}{120} = 0{,}035 \text{ mm}$$

und unter Berücksichtigung der Kleinstspiele zu

$$T'_K = T_K \frac{l_1}{l_2} = 0{,}048 \cdot \frac{40}{120} = 0{,}016 \text{ mm}.$$

Die Toleranz für die Teilungen am Werkstück bewegt sich zwischen 0,016 und 0,035 mm.

Durch Abnutzung (Verschleiß) des Feststellers wird die Toleranz noch größer.

2. Für das im Bild 2.6.20 dargestellte Prinzip ist der Teilfehler am Werkstückradius von 50 mm zu ermitteln.

Gegeben:

Teilscheibenradius $l_2 = 120$ mm, Werkstückradius $l_1 = 50$ mm, Spalt a des Werkstückträgers in seiner Lagerung 0,2 mm.

Lösung:

Damit der Feststeller einrasten kann, muß die Teilscheibe um den Betrag a am Umfang zurückgedreht werden. Der Bogen am Teilscheibenradius von $l_2 = 120$ mm beträgt 0,2 mm. Damit wird

$$\text{arc } \alpha = 0{,}2 : 120 = 0{,}00166.$$

Für 1' ist arc $\alpha' = 0{,}000291$, somit

$$\alpha = 5' \, 42''.$$

Der Teilfehler am Werkstück beträgt also nur aufgrund der falschen Feststellrichtung 5' 42''.

2.7. Bedienen der Vorrichtung

Das Bedienen einer Vorrichtung (Arbeitsgang) umfaßt folgende *Bedienstufen:*
1. Einlegen und Herausnehmen des Werkstücks
2. Schließen und Öffnen der Vorrichtung
3. Säubern der Vorrichtung
4. Teilen und Feststellen an der Vorrichtung (für Teilvorrichtungen)
5. Stützen des Werkstücks (für bestimmte im Abschn. 2.1. angeführte Werkstücke).

Diese Bedienstufen wiederholen sich nach jedem Werkstückwechsel. Die Bedienzeit ist ein Teil der Hilfszeit t_H.

Beim Konstruieren einer Vorrichtung ist auf die zweckmäßige Durchführung aller Bedienstufen zu achten.

Um wirtschaftliche Lösungen zu finden, muß der Konstrukteur die einzelnen Bedienstufen bis in die Griffelemente durchdenken und seine Festlegungen unter dem Gesichtspunkt des geringsten Kraft- und Zeitaufwands treffen. Er muß sich Klarheit über Bedienkräfte, Bedienrichtungen, Bedienzeiten und geeignete Bedienteile verschaffen (Definition und Berechnung der Kräfte s. Abschn. 2.2.). Besonders das Einlegen und Herausnehmen des Werkstücks muß in diesem Zusammenhang sorgfältig beachtet werden.

2.7.1. Einlegen des Werkstücks

Das *Einlegen des Werkstücks* in die Vorrichtung muß leicht und sicher gewährleistet sein. Die Zeit für das Einlegen ist möglichst kurz zu halten, darf aber nicht auf Kosten der Arbeitssicherheit und der Bearbeitungsgenauigkeit verringert werden. Darüber hinaus sind beim Einlegen folgende Forderungen zu erfüllen:

Geringe Ermüdung des Bedienenden

Die Beanspruchung des Bedienenden ist von der Größe der aufzuwendenden Kraft, von der Länge des Bedienwegs, von der Häufigkeit der Betätigung, von der Zugänglichkeit, Form und Oberflächenbeschaffenheit des Bedienteils u. a. abhängig [16].
Als Regel sei angeführt:

bei gelegentlichem Bedienen kann größte Kraft für kurze Zeit ausgeübt werden
bei häufigem Bedienen sind die Bedienkräfte niedrig anzusetzen

Es sind folgende gesetzlich vorgeschriebene Belastungen für den Bedienenden zu beachten (s. a. Tafel 2.2.3):

männliche Personen   bis 40 kg bei Dauerleistung
                        über 40 kg bis 50 kg Einzelleistung 1- bis 2mal je Schicht

weibliche Personen   bis 15 kg bei Dauerleistung
                        bis 30 kg bei Einzelleistung 1- bis 2mal je Schicht

Als Faustregel kann für Griffe bis zu 200 mm Länge eine mittelbare Bedienkraft von 1 kp je 20 mm Hebellänge angenommen werden [19].

Keine Verletzungsgefahr

Es soll genügend Bedienfreiheit vorhanden sein. Die Finger (bei kleinen Werkstücken) oder die Hände (bei größeren Werkstücken) müssen in der Vorrichtung genügend Platz haben, d. h., die Vorrichtung darf nicht zu eng konstruiert sein.

Festlegung der wirtschaftlichsten Methode

Das Einlegen kann mit der Hand, mit Hilfsmitteln oder selbsttätig erfolgen. Dabei sind zu berücksichtigen:
  Form, Größe und Gewicht des Werkstücks
  Schwerpunktlage des Werkstücks bei Einlegestellung
  Schutz der bereits bearbeiteten Werkstückflächen
  Form, Größe und Gewicht der Vorrichtung
  Entfernung und räumliche Lage des Werkstückspanners vom Standort des Bedienenden
  physische Bedingung des Bedienenden
  zeitlicher Abstand unter dem sich das Einlegen (bzw. Herausnehmen) wiederholt zu fertigende Stückzahl

Das Einlegen ist dann am einfachsten, wenn das Werkstück nur in einer Ebene bestimmt wird. Einlegeschwierigkeiten ergeben sich meist bei formschlüssigen Aufnahmen.

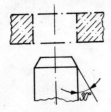

Bild 2.7.1. *Einführungskegel am Bestimmbolzen*

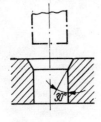

Bild 2.7.2. *Einführungskegel an Bestimmbohrung*

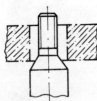

Bild 2.7.3. *Kegliger Übergang am Gewindebolzen* [16]

Um ein bequemes Einlegen zu erreichen, sind folgende Aufnahmeerleichterunge zu beachten:
  Einführungskegel an Bestimmbolzen bzw. Bestimmbohrung (Bilder 2.7.1 bis 2.7.3
  Vorführungsflächen bei formschlüssigen Aufnahmen (das Werkstück erhält ein Vorbestimmung und kann sich dadurch nicht mehr verklemmen, Bilder 2.7 und 2.7.5)
  aufeinanderfolgendes (zeitlich getrenntes) Einführen von Paßteilen (z. B. durc verschieden lange Bestimmbolzen, Bild 2.7.6)

2.7. Bedienen der Vorrichtungen

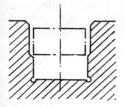

Bild 2.7.4. Formschlüssige Aufnahme mit Vorführungsflächen [16]

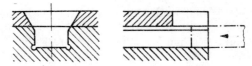

Bild 2.7.5. Formschlüssige Aufnahme mit offener Vorführungsfläche [16]

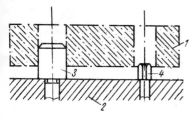

Bild 2.7.6. Werkstückaufnahme durch verschieden lange Bolzen

1 Werkstück; *2* Vorrichtung; *3* Vollbolzen; *4* abgeflachter Bestimmbolzen

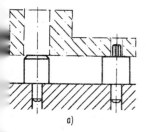
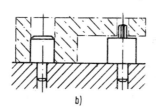

Bild 2.7.7. Sicherung gegen falsches Einlegen durch veränderte Aufnahmeelemente
a) Werkstück falsch eingelegt b) Werkstück richtig eingelegt

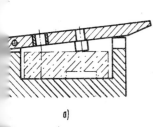
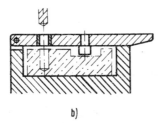

Bild 2.7.8. Sicherung gegen falsches Einlegen durch angebrachten Stift bzw. Bolzen [7]
a) Werkstück falsch eingelegt b) Werkstück richtig eingelegt

Sicherung gegen falsches Einlegen der Werkstücke

Bestimmte Werkstückformen lassen sich in verschiedenen Stellungen in die gleiche Aufnahme einlegen. Das führt zu Ausschuß und macht deshalb eine Sicherung gegen falsches Einlegen erforderlich (gebrauchssicheres Bauen).

Es muß angestrebt werden, derartige Sicherungen mit einfachen Hilfsmitteln zu erreichen.

Bild 2.7.7 zeigt eine Möglichkeit durch **Veränderung der Aufnahmeelemente**. Lassen die Aufnahmeelemente eine Veränderung nicht zu, dann sind andere Hilfsmittel (z. B. Stifte, Bolzen) am Vorrichtungskörper anzubringen (Bild 2.7.8).

Bei symmetrischen Werkstückformen ist eine Sicherung gegen falsches Einlegen mit einfachen Mitteln nicht erreichbar. In solchen Fällen muß u. U. durch Veränderung der Arbeitsgangfolge (Änderung des Arbeitsplans) oder durch Änderung der Werkstückform eine eindeutige Aufnahme erreicht werden.

2.7.2. Herausnehmen des Werkstücks

Für das *Herausnehmen der Werkstücke* aus der Vorrichtung gelten die gleichen Bedingungen wie für das Einlegen; jedoch kann vor allem bei kleineren Werkstücken und bei schwerer Zugänglichkeit das Herausnehmen schwieriger als das Einlegen sein.

Unter Umständen sind dann Hilfsmittel für das Herausnehmen vorzusehen (Auswerfer, Hebel, Druckluft).

Auswerfer können von Hand, durch Fuß oder durch die Werkzeugmaschine betätigt werden. Der Angriff des Auswerfers kann für kleinere Werkstücke in Schwerpunkt erfolgen. Größere Werkstücke werden dagegen nur angekippt.

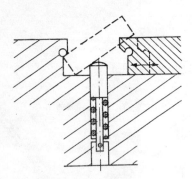 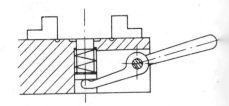

Bild 2.7.9. Federbetätigter Auswerfer   *Bild 2.7.10. Handbetätigter Auswerfer*

Bei einem federbetätigten Auswerfer (Bild 2.7.9) muß beim Spannen des Werkstücks die Federkraft des Auswerfers überwunden werden. Der Federbolzen stößt das Werkstück beim Entspannen (Zurückziehen des Backens) aus oder hebt es an, so daß es sich besser herausnehmen läßt.

Bei einem handbetätigten Auswerfer (Bild 2.7.10) muß beim Auswerfen die Federkraft überwunden werden.

Es sind zusätzlich die Veränderungen zu berücksichtigen, die sich am Werkstück beim Arbeitsprozeß einstellen können (Gratbildung, Verzug durch Werkstoffspannung, Verzug durch Wärmespannungen).

Für die Gestaltung von Fügevorrichtungen ist zu beachten, daß nicht nur die einzelnen Teile in die Vorrichtung eingelegt werden können, sondern das gefügte Werkstück aus der Vorrichtung auch wieder entnommen werden kann.

2.7. Bedienen der Vorrichtungen

2.7.3. Bedienteile

Bedienteile sind Zwischenglieder zwischen Vorrichtung und Arbeiter. Bedienteile berührt der Arbeiter unmittelbar mit den Händen oder Füßen. Form und Größe dieser Vorrichtungselemente sind so zu wählen, daß die notwendige Kraft ausgeübt werden kann, ohne die Kontaktstellen zu überlasten. Die richtige Wahl von Art und Größe eines Bedienteils setzt beim Konstrukteur Erfahrung voraus. Griffdurchmesser werden oft zu klein, Grifflängen meist zu kurz gewählt. Darum sollte der Konstrukteur mit Bedienteilen eine praktische Erprobung durchführen. Die Grundformen der Bedienteile sind einarmige, zweiarmige, mehrarmige und runde Griffe. Für die Bedienung von Hand steht eine große Anzahl von standardisierten Bedienteilen zur Verfügung, die vorzugsweise zu verwenden sind (Tafel 2.7.1). Bedienteile sind so anzuwenden, daß sie gut greifbar sind, keinen Standortwechsel für den Arbeiter bedeuten, ausreichend Abstand zu Nachbarteilen haben, das Einlegen und Herausnehmen nicht behindern und außerhalb des Werkzeugbereichs liegen.

Tafel 2.7.1. Bedienteile (Übersicht)

Prinzipskizze	Benennung	DIN/Werknorm
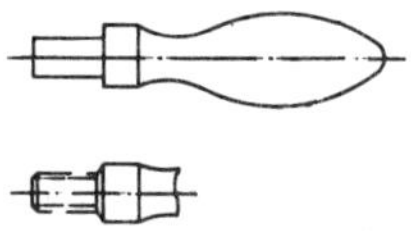	Ballengriffe, fest	39
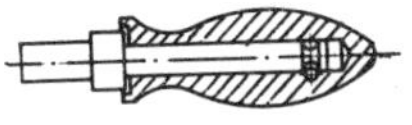	Ballengriffe, drehbar	98
	Kegelgriffe	99
	Flügelmuttern	315
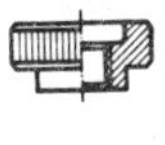	Rändelmuttern	467
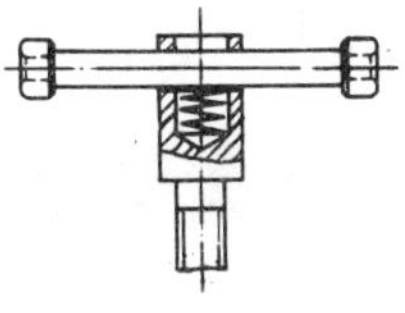	Knebelschrauben	6306

Tafel 2.7.1 (Fortsetzung)

Prinzipskizze	Benennung	DIN/Werknorm
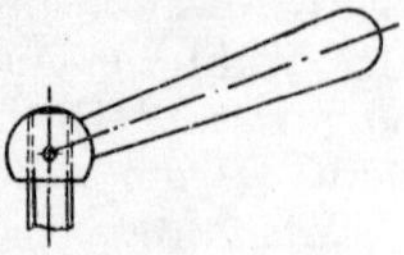	Kegelgriffschrauben	6308
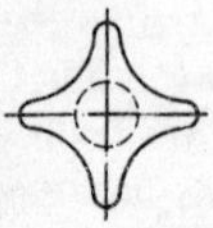	Kreuzgriffe	6335
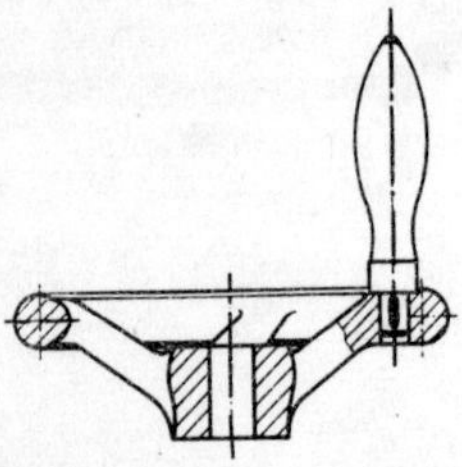	Handräder	950
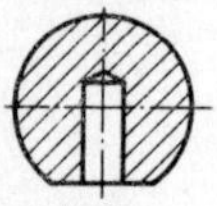	Kugelknopf	319
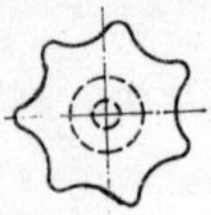	Sterngriffe	6336
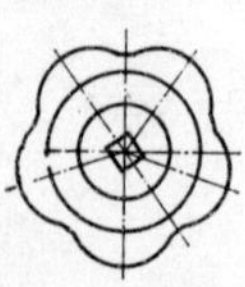	Wellenkranzhandräder	288

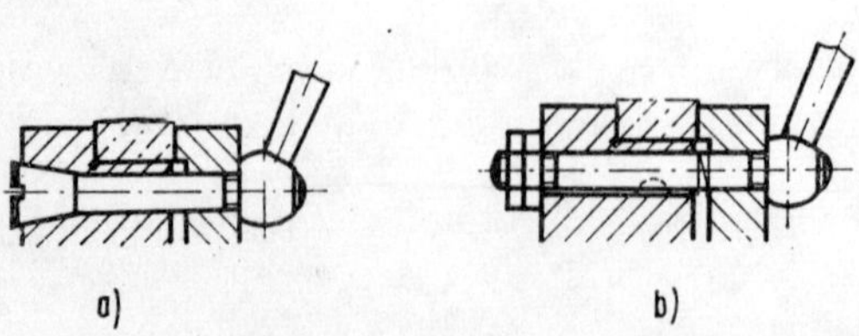

Bild 2.7.11. *Einstellmöglichkeiten für einarmiges Bedienteil* [16]
a) durch Reibung mittels Morsekegels
b) durch Stellmuttern

Bei Verwendung einarmiger Bedienteile ist ihre Einstellbarkeit zu beachten, um die richtige Spannstellung einrichten zu können (Bild 2.7.11).

2.7.4. Wiederholungsfragen

1. Was versteht man unter Bedienen einer Vorrichtung?
2. Welche Gesichtspunkte muß der Vorrichtungskonstrukteur bezüglich Einlegen und Herausnehmen der Werkstücke beachten?
3. Was sind Bedienteile?

2.8. Aufnahme auf der Werkzeugmaschine

2.8.1. Zweck

Die *Aufnahme der Vorrichtung* auf der Werkzeugmaschine erfolgt durch Bestimmen der Lage und durch Spannen der Vorrichtung auf der entsprechenden Baugruppe der Werkzeugmaschine (z. B. Spindelkopf bei Drehmaschinen, Tisch bei Fräsmaschinen, Frontplatte bei Räummaschinen, Tisch bei Karusselldrehmaschinen).

Vorrichtung und Werkzeugmaschine müssen bei der Bearbeitung eines Werkstücks eine Einheit bilden. Der Vorrichtungskonstrukteur hat zu beachten:
Abmessungen der Werkzeugmaschine; besonders die Maße und die Formen der Baugruppe, die zur Aufnahme von Vorrichtungen bestimmt sind (z. B. Maschinentischmaße, Spindelkopfmaße und -formen)
Art und Größe der Werkzeug- und Vorrichtungsaufnahme
Antriebsleistung und Arbeitsgenauigkeit
Schnittgeschwindigkeits- und Vorschubbereiche
Für die Verbindung der Vorrichtung mit der Werkzeugmaschine kommen in der Regel folgende Anschlußmöglichkeiten in Frage:

Bestimmen der Lage der Vorrichtung

    durch Auflegen auf den Maschinentisch
    durch Auflegen auf den Maschinentisch und Anlegen an eine feste Leiste
    durch Einmitten in keglige Bohrungen
    durch Einmitten in zylindrische Bohrungen und Auflegen oder Anlegen auf Maschinentisch

Spannen der Vorrichtung

    durch Festhalten mit Handkraft
    durch feste Anlage
    durch Spannen
    durch feste Anlage und Spannen
    durch Magnetkraft
    durch Reibschluß

Eine richtige Aufnahme der Vorrichtung auf der Werkzeugmaschine senkt die Rüstzeit und sichert eine gleichbleibende Bearbeitungsgenauigkeit der Werkstücke.

Je nach Anschlußmöglichkeit der Werkzeugmaschine kommen für die Aufnahme zur Anwendung:
Vorrichtungsfüße (an Bohrvorrichtungen)
Nutensteine (an Fräsvorrichtungen)
Aufnahmekegel (an Drehvorrichtungen und Werkzeugspannern)
zylindrische Aufnahmebolzen (an Karusselldrehvorrichtungen)

2.8.2. Vorrichtungsfüße

Vorrichtungsfüße werden im allgemeinen für kleine Bohrvorrichtungen benutzt, die von Hand auf den Maschinentisch bewegt werden. Durch die anzubringenden Füße steht die Vorrichtung sicher, und die sauberzuhaltende Tischoberfläche ist kleiner. Es sind vier Füße anzubringen, so daß Auflagefehler durch Späne oder Tischbeschädigungen am Wackeln der Vorrichtung erkannt werden können. Damit die Tische nicht beschädigt werden, sind keine scharfkantigen oder balligen Füße zu verwenden.

Für kleinere Vorrichtungen ist die Auflagefläche der Füße etwa 10 mm × 10 mm und für größere Vorrichtungen bis etwa 40 mm × 40 mm zu gestalten, aber selbstverständlich immer so groß, daß die T-Nuten des Maschinentisches überbrückt werden (Bild 2.8.1).

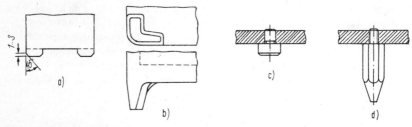

Bild 2.8.1. *Vorrichtungsfüße*
a) eingehobelte Füße
b) angegossene winkelförmige Füße
c) eingepreßter Auflagezapfen
d) eingeschraubter Fuß

Damit Vorrichtungen, die mit der Hand zu halten sind, beim Bohrprozeß nicht mitgerissen werden, ist eine Anschlagleiste oder ein Anschlagstift vorzusehen.

2.8.3. Nutensteine

Nutensteine werden für das Bestimmen der Lage der Vorrichtung auf einem Maschinentisch mit T-Nuten verwendet. Man unterscheidet feste und lose Nutensteine. Beide Ausführungen sind standardisiert.

Feste Nutensteine (Bild 2.8.2) sind mit der Vorrichtung verschraubt. Sie müssen bei Tischnuten anderer Breite ausgewechselt werden. Beim Auflegen der Vorrichtung auf den Maschinentisch ist für die Nutensteine und den Maschinentisch eine Beschädigungsgefahr mit zunehmendem Gewicht der Vorrichtung gegeben. Auch beim Absetzen im Vorrichtungslager werden Absetzhilfen benötigt.

Lose Nutensteine (Bild 2.8.3) sind der jeweiligen Werkzeugmaschine (z. B. Fräsmaschine, Radialbohrmaschine) zugeordnet und verbleiben an der Maschine. Zu jeder Maschine gehören ein Paar lose Nutensteine. Beschädigungsgefahr und Auswechselzeiten durch nicht passende Nutensteine entfallen. Das Aufbringen der Vorrichtung auf den Maschinentisch ist einfacher. Eine Vorrichtung mit ebener Grundfläche wird auf dem Maschinentisch abgestellt und nach den Nuten ausgerichtet. Die Nutensteine können danach eingeschoben werden.

In manchen Betrieben finden noch lose Nutensteine mit Zapfen Anwendung. Das Aufbringen der Vorrichtung auf den Maschinentisch ist in diesem Fall schwieriger.

2.8. Aufnahme auf der Werkzeugmaschine

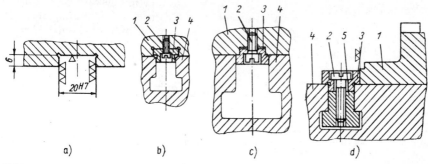

Bild 2.8.2. Feste Nutensteine
a) Aufnahmenut in der Vorrichtung
b) Anwendungsbeispiel für Nutensteine von 6 bis 20 mm
c) Anwendungsbeispiel für Nutensteine von 22 bis 56 mm
d) Anwendungsbeispiel für feste Nutensteine als Anschlag
1 Vorrichtung; *2* Zylinderschraube; *3* fester Nutenstein; *4* Maschinentisch; *5* T-Nutenstein

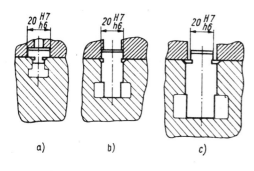

Bild 2.8.3. Lose Nutensteine
a) Anwendungsbeispiel für Tischnuten von 6 bis 20 mm
b) Anwendungsbeispiel für Tischnuten von 20 mm
c) Anwendungsbeispiel für Tischnuten von 20 bis 56 mm

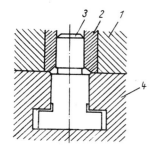

Bild 2.8.4. Loser Nutenstein mit Zapfen
1 Vorrichtungsgrundkörper; *2* Aufnahmebuchse; *3* loser Nutenstein mit Zapfen; *4* Maschinentisch

Auf der Seite der Vorrichtung lassen sich gehärtete Aufnahmebuchsen verwenden (Bild 2.8.4). Bei Neukonstruktionen sollten jedoch ausschließlich die standardisierten losen Nutensteine vorgesehen werden.

Anzahl und Anordnung der Nutensteine

Für die eindeutige Lagebestimmung sind zwei Nutensteine anzuordnen. Es wird immer nur nach einer Tischnut bestimmt, auf keinen Fall nach zwei nebeneinanderliegenden Nuten. Mit dem Abstand der Nutensteine voneinander nimmt die Bestimmgenauigkeit zu. In den Grundplatten für Vorrichtungen unterscheidet man durchlaufende und begrenzte Nuten (Bild 2.8.5). Die Fertigungskosten der durchlaufenden Nuten sind gewöhnlich niedriger, weil sie in einer Spannung mit der Grundfläche hergestellt (z. B. gehobelt) werden können, während begrenzte Nuten gefräst werden müssen (zusätzlicher Arbeitsgang).

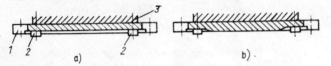

Bild 2.8.5. *Nutenformen in den Vorrichtungsgrundplatten* [16]
a) durchgehende Nut
b) begrenzte Nut
1 Gundplatte; *2* Nutenstein; *3* Vorrichtungsgrundkörper

Vorrichtungen, die unter verschiedenen Winkeln aufzuspannen sind, werden mit entsprechend vielen Nuten versehen.

Anordnung der Spannelemente

Nach dem Bestimmen der Vorrichtung auf dem Maschinentisch erfolgt das Spannen. Für Befestigungsschrauben sind an den Enden der Grundplatten (bzw. Vorrichtungskörper) Schlitze vorzusehen (Bild 2.8.6).

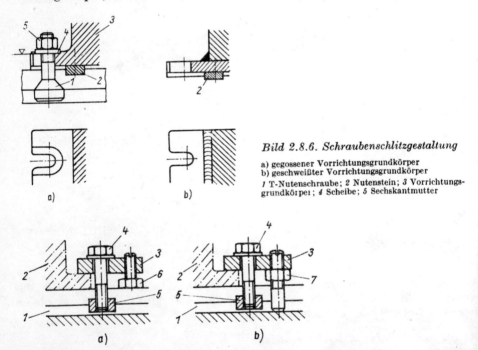

Bild 2.8.6. *Schraubenschlitzgestaltung*
a) gegossener Vorrichtungsgrundkörper
b) geschweißter Vorrichtungsgrundkörper
1 T-Nutenschraube; *2* Nutenstein; *3* Vorrichtungsgrundkörper; *4* Scheibe; *5* Sechskantmutter

Bild 2.8.7. *Befestigung von Vorrichtungen durch Spanneisen* [16]
a) Abstützung auf Maschinentisch
b) Abstützung in der Tischnut
1 Maschinentisch; *2* Vorrichtungsgrundkörper; *3* Spanneisen; *4* Schraube; *5* T-Nutenstein; *6* Stützschraube; *7* Stützbolzen mit Mutter

2.8. Aufnahme auf der Werkzeugmaschine

In Schlitze lassen sich Schrauben bei zunehmender Vorrichtungsmasse leichter einführen als in Löcher. Für das Spannen werden entweder Schrauben und T-Nutensteine (s. Bild 2.8.7) oder T-Nutenschrauben und Muttern (s. Bild 2.8.6a) benutzt.

Bei kleinen und mittleren Vorrichtungen liegen die zwei Schlitze in der Bestimmungsnut. Bei größeren Vorrichtungen lassen sich mehrere Schlitze anordnen. Der Abstand der Schlitze ist vom Abstand der T-Nuten des Maschinentisches abhängig.

In besonderen Fällen wird man von den Schlitzen absehen und eine Befestigung mit Übertragteilen (Spanneisen) benutzen, die jedoch mehr Platz benötigt (Bild 2.8.7).

Besser ist die Lösung nach Bild 2.8.7b, weil der Maschinentisch dabei nicht beschädigt wird.

Die direkte Anordnung der Spannschrauben in Schlitzen ist schwingungsfreier.

2.8.4. Aufnahmekegel

Aufnahmekegel dienen vorwiegend zur Aufnahme von Drehvorrichtungen und Werkstückspannern an Drehmaschinen. Die Aufnahme auf Hauptspindeln von Drehmaschinen kann in der Spindelkopfbohrung oder außen am Spindelkopf erfolgen.

Aufnahme in der Spindelkopfbohrung

Die Spindelkopfbohrung trägt entweder einen Morsekegel oder einen metrischen Kegel. Die Aufnahmen können ungesichert (Bild 2.8.8) oder gesichert (Bild 2.8.9) sein.

Kleine Vorrichtungen haben bei dieser Aufnahme einen sehr guten Rundlauf.

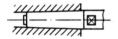

Bild 2.8.8. *Aufnahme im Werkzeugkegel der Spindelkopfbohrung, ungesichert* [7]

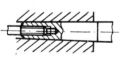 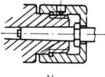 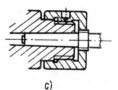

a) b) c)

Bild 2.8.9. *Aufnahme im Werkzeugkegel der Spindelkopfbohrung, gesichert* [7]
a) gesichert durch Zugstange
b) gesichert durch Überwurfmutter
c) gesichert durch Differentialgewinde

Aufnahme am Hauptspindelkopf

Größere Vorrichtungen und Werkstückspanner werden am Hauptspindelkopf aufgenommen. Um den Anschluß herstellen zu können, müssen die Spindelkopfformen bekannt sein. Übliche Spindelkopfformen sind

Spindelkopf mit Gewinde nach DIN 800
Spindelkopf mit Zentrierkegel und Flansch nach DIN 55021
Spindelkopf mit Zentrierkegel, Flansch und Bajonettscheibenbefestigung nach DIN 55022

Der Spindelkopf mit Gewinde (Bild 2.8.10) besteht aus einem langen Zylinder mit grobem Gewinde und einer kleinen Planfläche. Diese Konstruktion findet man an einfachen und langsamlaufenden Maschinen für häufigen Futterwechsel.

Beim Spindelkopf mit Zentrierkegel (Bild 2.8.11) handelt es sich um einen kurzen Kegel (Kurzkegel) mit großer Planfläche. Das Bestimmen erfolgt also hier durch den Kegel und die Planfläche und erfordert eine hohe Fertigungsgenauigkeit. Beide Spindelkopfausführungen mit Zentrierkegel unterscheiden sich nur in der Befestigungsart der Vorrichtungen.

Bild 2.8.10. Spindelkopf mit Gewinde

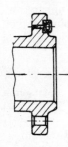

Bild 2.8.11. Spindelkopf mit Zentrierkegel

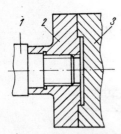

Bild 2.8.12. Befestigung auf Spindelkopf mit Gewinde
1 Spindelkopf; 2 Vorrichtungszwischenflansch; 3 Vorrichtung

Die Befestigung am Spindelkopf nach DIN 55021 erfolgt am Flansch durch Stiftschrauben oder Zylinderschrauben mit Innensechskant oder innerhalb des Zentrierkegels durch Zylinderschrauben mit Innensechskant. Dieser Spindelkopf kommt für Drehmaschinen bei Serien- oder Massenfertigung zur Anwendung.

Die Befestigung am Spindelkopf nach DIN 55022 erfolgt mit Bajonettscheibe. Sie läßt ein schnelles Wechseln der Fertigungsmittel zu und wird deshalb vorwiegend für kleinere Serien verwendet.

Um nun an diesen Spindelköpfen Vorrichtungen bzw. Werkstückspanner befestigen zu können, sind Vorrichtungszwischenflansche erforderlich. Sie überbrücken die verschiedenen Anschlußformen zwischen Vorrichtung und Spindelkopf (Bilder 2.8.12 bis 2.8.14). Weitere konstruktive Hinweise s. Abschn. 3.5.3.

2.8. Aufnahme auf der Werkzeugmaschine

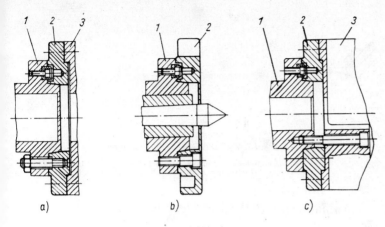

Bild 2.8.13. Befestigung auf Spindelkopf DIN 55021
a) Befestigung durch Stiftschrauben und Muttern
b) Befestigung durch Innensechskantschrauben
c) Befestigung durch Innensechskantschrauben im inneren Lochkreis
1 Spindelkopf; 2 Vorrichtungszwischenflansch; 3 Vorrichtung

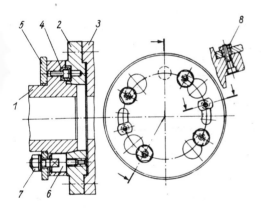

Bild 2.8.14. Befestigung am Spindelkopf DIN 55022
1 Spindelkopf; 2 Vorrichtungszwischenflansch; 3 Vorrichtung; 4 Mitnehmer; 5 Bajonettscheibe; 6 Stehbolzen; 7 Bundmutter; 8 Anschlagbuchse

2.8.5. Zylindrische Aufnahmebolzen

Zylindrische Aufnahmebolzen dienen vorwiegend zur Aufnahme von Drehvorrichtungen auf Karusselldrehmaschinen (Bild 2.8.15). Jede Planscheibe (Tisch) von Karusselldrehmaschinen hat im Mittelpunkt eine zylindrische Aufnahmebohrung, die den zylindrischen Aufnahmebolzen aufnimmt. Der zylindrische Aufnahmebolzen bestimmt die Lage der Drehvorrichtung. Die Aufnahmebohrung mit der gehärteten Führungsbuchse befindet sich immer im Mittelpunkt des zu drehenden Durchmessers. Für exzentrisch versetzt zu drehende Durchmesser hat eine solche Drehvorrichtung mehrere Aufnahmemöglichkeiten. Der zylindrische Aufnahmebolzen verbleibt an der Maschine.

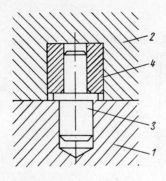

Bild 2.8.15. Zylindrischer Aufnahmebolzen
1 Karuselldrehmaschinentisch (Planscheibe); *2* Vorrichtungsgrundkörper; *3* zylindrischer Aufnahmebolzen; *4* gehärtete Buchse

2.8.6. Normen der Aufnahmen auf Werkzeugmaschinen

Tafel 2.8.1. Normen

Prinzipskizze	Benennung	DIN/Werknorm
s. Bild 2.8.1 d	Fuß mit Gewindezapfen	6320
s. Bild 2.8.7	T-Nutensteine	508
s. Bild 2.8.6	T-Nutenschraube	787
s. Bild 2.8.2	Fester Nutenstein	
s. Bild 2.8.3	Loser Nutenstein	6323
s. Bild 2.8.10	Spindelkopf mit Gewinde	800
s. Bild 2.8.13	Spindelkopf mit Zentrierkegel und Flansch	55021
s. Bild 2.8.14	Spindelkopf mit Zentrierkegel, Flansch und Bajonettscheibenbefestigung	55022
s. Bild 2.8.12	Vorrichtungszwischenflansch	816

2.8.7. Wiederholungsfragen

1. Welchen Zweck erfüllen Aufnahmen von Vorrichtungen auf Werkzeugmaschinen?
2. Welche Arten von Aufnahmen gibt es?
3. Worin bestehen die Vor- und Nachteile der Nutensteine?
4. Was hat der Vorrichtungskonstrukteur bei der Aufnahme einer Fräsvorrichtung au einer Fräsmaschine zu beachten?
5. Welche Unterschiede weisen Aufnahmekegel an Drehmaschinen auf?

2.9. Werkstoffe

Die Werkstoffe für die nichtstandardisierten und nichthandelsüblichen Bauteile der Vorrichtungen werden vom Konstrukteur festgelegt.

Dabei ist zu beachten:

1. Die Werkstoffe müssen die Funktion der Vorrichtung sichern, d. h., sie müssen verschleißfest sein, damit während der Benutzung der Vorrichtung werkstückseitig keine Veränderungen der vorgesehenen Toleranzen auftreten und Störungen in der Fertigung verhindert werden.
2. Die Auswahl der Werkstoffe soll in einer auf wenige Typen beschränkten Anzahl erfolgen, um die im Vorrichtungsbau notwendigen Umlaufmittel niedrig zu halten.
   Standardteile, Halbzeuge und Profilmaterial, die gelagert werden sollen, sind in den Abmessungen nach Vorzugsgrößen zu stufen.
   Vom Vorrichtungskonstrukteur sind Fertigmaße für Durchmesser, Dicke, Breite und Länge anzustreben, die mit einer kleinstmöglichen Bearbeitungszugabe erreicht werden können.
3. Die Entscheidung, ob für den Vorrichtungsgrundkörper und für andere Baugruppen die konstruktive Ausführung in Guß-, Schweiß- oder Schraubbauweise erfolgt, ist bei der Einzelfertigung von Vorrichtungen meist von betrieblichen Verhältnissen abhängig (s. Abschn. 2.3.).
4. Bei der Verwendung von Plastwerkstoffen für Vorrichtungen ist zu beachten, daß geringeres Gewicht und Korrosionsunempfindlichkeit höhere Materialkosten nicht ausgleichen werden. Die große Plastizität dieser Werkstoffe bereitet bei der Herstellung der Vorrichtung in bezug auf die Genauigkeit größere Schwierigkeiten. Gegenwärtig ist der Einsatz von Plasten noch beschränkt auf Druckmittel für hydraulische Vorrichtungen, auf Druckstücke an Spannkolben, um Spannmarkenbildungen zu vermeiden, und auf statisch und dynamisch gering beanspruchte Vorrichtungen, z. B. einfache Bohrvorrichtungen.

Die in den Tafeln 2.9.1 bis 2.9.6 aufgeführten Werkstoffe sollten bevorzugt verwendet werden. Die Vielzahl der Werkstoffe entstand dadurch, daß der größte Teil handelsübliche Bauteile sind. Für Sonderkonstruktionen, die sich nicht aus den genormten Bauteilen herstellen lassen, wurden die Werkstoffsorten wesentlich eingeschränkt. Obwohl die Sortenwahl von betrieblichen Bedingungen abhängig ist, werden folgende Werkstoffe zur Anwendung empfohlen:

GG 18	für Gußkonstruktionen
GS—BS 40	für Kombinationen von Guß- und Schweißkonstruktionen
TSt-37; SSt-37	für Schraubkonstruktionen und Verkleidungen
SSt-37; ASt-42	für Schweißkonstruktionen
MSt-60-2	für nicht wärmebehandelte hochbeanspruchte Bauteile
C15; C60	für einsetzbare und oberflächenzuhärtende verschleißfeste Bauteile
C100W1; 90MnV8	für zu härtende Bauteile, wobei 90MnV8 verzugsunempfindlich ist

16MnCr5	für oberflächenzuhärtende verzugsarme und verschleißfeste Bauteile
St35; St55	für Zylinder aus Rohrmaterial
GAlSi5	für gegossene Druckluftzylinder

Der Einsatz weiterer oder über die betrieblichen Bedingungen hinausgehender Werkstoffe ist in jedem Fall eingehend zu begründen.

Tafel 2.9.1. Werkstoffe für Bestimmelemente

Vorrichtungsbauteile	Werkstoff für normale Beanspruchung	Werkstoff für hohe Beanspruchung	Besondere Hinweise
Auflageleisten	C15	—	
Auflagebolzen	C15	—	
Stützen	C15	—	
Aufnahmebolzen	MSt60-2	100Cr6	über 6 mm Dmr.
Aufnahmebolzen	50Cr V4	100CrMn6	unter 6 mm Dmr.
Aufnahmeprismen	C45K	C45K	
Zentrierspitzen	C60	100CrMn6	
Führungsleisten	—	35Cr Al6	

Tafel 2.9.2. Werkstoffe für Spannelemente und Übertragteile

Vorrichtungsbauteile	Werkstoff für normale Beanspruchung	Werkstoff für hohe Beanspruchung	Besondere Hinweise
Spankeile	15Cr3	40Cr4	
Spannschrauben	ASt42	8G. 10K	
Gewindespindeln	ASt42	MSt60-2	
Augenschrauben	5S, 4D	—	
Spannmuttern	10S 20K	—	
Kreuzgriffe, Knebelgriffe	GT-35	—	
Spannexzenter	C15, C60	—	
Spannspiralen	16MnCr5	—	
Spannhaken	16MnCr5	—	
Spannzangen, Spreizhülsen	37MnSi5	—	
Spannbacken	C60W3	C60W3	
Spannkolben	MSt60	15Cr3	
Kugelscheiben, Kegelpfannen	C15	C15	eingesetzt
Druckstücke	C15	C15	und
Druckscheiben	C15	C15	gehärtet
Spanneisen	C15	MSt60-2	
Ausgleichteil	MSt60	MSt60-2	
Winkelhebel	GTW-35	—	
Federn	70SiMn7		

2.9 Werkstoffe

Tafel 2.9.3. Werkstoffe für Vorrichtungsgrundkörper

Vorrichtungsbauteile	Werkstoff für normale Beanspruchung	Werkstoff für hohe Beanspruchung	Besondere Hinweise
Grundkörper	GG-18	GG-18	
Grundplatten	GG-18	GS-52	und St33 schweißbar
Gehäuse	GG-18	GG-18	und St33 schweißbar
Halbzeuge und Profile	GG-18	SSt37	und St38u-2 schweißbar
Hydraulikgehäuse	–	GGL-22	
Zylinder	St35	St55	
Druckluftzylinder	G-AlSi5	–	
Verschlußschrauben	10S20K	10S20K	

Tafel 2.9.4. Werkstoffe für Werkzeugführungen und Werkzeugeinstellelemente

Vorrichtungsbauteile	Werkstoff für normale Beanspruchung	Werkstoff für hohe Beanspruchung	Besondere Hinweise
Bohrbuchsen	16MnCr5	–	über 6 mm Durchmesser
Bohrbuchsen	90MnV8	–	unter 6 mm Durchmesser
Bohrstangen	MSt60-2	C45	
Bohrplatten	MUSt37-2	–	nur bewegliche Bohrplatten
Bohrplatten	MRSt37-2	–	für geschweißte feste Bohrplatten
Werkzeugeinstellelemente	15Cr3	100Cr6	

Tafel 2.9.5. Werkstoffe für Teileinrichtungen

Vorrichtungsbauteile	Werkstoff für normale Beanspruchung	Werkstoff für hohe Beanspruchung	Besondere Hinweise
Rastenteilscheiben	MSt70-2	16MnCr5	
Rastbuchsen	C15	C15	
Buchsen ungehärtet	MSt60-2	16MnCr5	
Indexbolzen	C15	16MnCr5	eingesetzt und gehärtet
Ausheber	C15	–	

Tafel 2.9.6. Werkstoffe für Bedienelemente und andere Bauteile

Vorrichtungsbauteile	Werkstoff für normale Beanspruchung	Werkstoff für hohe Beanspruchung	Besondere Hinweise
Bedienteile	GT-35	MU12	
	GT-35	MU12	
Spindeln, Wellen	C35F60	MSt70-2	
	MSt60-2	MSt70-2	
Führungsbuchsen	GG-18	C35	
Verkleidungsbleche	MU12	–	

3. ENTWERFEN VON VORRICHTUNGEN

3.1. Spezielle Gesichtspunkte der Vorrichtungskonstruktion

Aus dem Gesamtgebiet der Konstruktionssystematik werden in diesem Abschnitt nur spezielle Probleme der Konstruktion von Vorrichtungen behandelt.

3.1.1. Stellung und Aufgaben der Betriebsmittelabteilung im Betrieb

Die Struktur eines Großbetriebs des Maschinenbaus zeigt die grundsätzlichen Zusammenhänge (Bild 3.1.1).

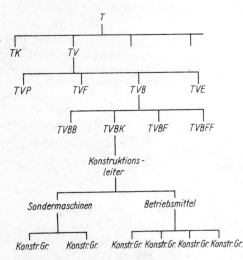

Bild 3.1.1. Auszug aus der Struktur eines Großbetriebs, Bereich Technische Leitung

Dem Bereich des technischen Direktors T unterstehen die Hauptabteilung Konstruktion von Erzeugnissen TK und die Technologie TV. Der Technologie gehören im allgemeinen die Abteilungen Technologische Planung TVP, Technologische Fertigungsvorbereitung TVF, Betriebsmittelabteilung TVB und Technologische Entwicklung TVE an.

Die Abteilung *Technologische Planung TVP* erarbeitet u. a. den technologischen Durchlauf, die Projekte für Gebäude, Aufstellungspläne für Maschinen usw.

In der Abteilung *Technologische Fertigungsvorbereitung TVF* wird der fertigungstechnologische Ablauf für die Erzeugnisse festgelegt. Es erfolgt die Bestellung von Betriebsmitteln, die für den Konstrukteur wichtige Angaben enthalten, z. B. Werkstückbenennung, Sachnummer, durchzuführender Arbeitsgang, Maschine, L größe, Jahresstückzahl, Bestimmebenen und Wirkung der Hauptkomponente der Spannkraft.

Zur *Betriebsmittelabteilung TVB* gehören das Betriebsmittelbestellwesen TVBB, die Betriebsmittelkonstruktion TVBK, die Termin- und Materialplanung, die Lagerverwaltung usw.

In der *Betriebsmittelkonstruktion TVBK* erfolgt die Konstruktion der Vorrichtungen, Werkzeuge usw., wenn notwendig, in Abstimmung mit TVF, TK und den Produktionsabteilungen, in denen diese Einrichtungen zum Einsatz kommen sollen. Die Betriebsmittel-Konstruktionsabteilung ist aufgrund der Vielfalt der anfallenden Aufgaben nach Sachgebieten gruppiert, z. B. in Werkzeuge und Vorrichtungen für die spangebende Formung, Werkzeuge und Vorrichtungen für die Umformtechnik, Prüfeinrichtungen und Sondermaschinen (s. Bild 3.1.1).

Die Abteilung *Betriebsmitteltechnologische Planung TVBF* führt die feintechnologische Planung für die Fertigung der in der Betriebsmittelkonstruktion konstruierten Einrichtungen durch.

In der *Betriebsmittelfertigung TVBFF* werden die konstruierten und geplanten Einrichtungen gefertigt, im Einsatz erprobt und instand gehalten.

Die Abteilung *technologische Entwicklung TVE* ist für die technologische Entwicklung innerhalb der gesamten Fertigung des Betriebs verantwortlich.

Der technische Fortschritt stellt immer höhere Anforderungen an die Vorrichtungskonstruktion und die Fertigung. Gute Vorrichtungskonstruktionen und die entsprechende Fertigung der Vorrichtungen können die Leistung eines Betriebs wesentlich steigern. Die Tätigkeit des Vorrichtungskonstrukteurs erfordert große praktische Erfahrung und gute theoretische Kenntnisse. Hohe Leistungen sind nur durch gute Gemeinschaftsarbeit erreichbar.

Außerdem sind für den Vorrichtungskonstrukteur eine laufende technische Information und eine einwandfreie technische Dokumentation im Bereich der Vorrichtungen unerläßlich.

Es ist technisch und wirtschaftlich nicht vertretbar, wenn auf der Grundlage von vorgegebenen Daten dem Vorrichtungsbau ohne exakte technische Unterlagen der Bau von Vorrichtungen überlassen wird.

3.1.2. Leistungen der Vorrichtungskonstruktion

Von der Vorrichtungskonstruktion müssen folgende Aufgaben gelöst werden:
1. Über Grundlagenstudium, Erarbeitung des Funktionsprinzips und notwendigen Variantenvergleich mit dem Ziel der optimalen Lösung erfolgt die Erarbeitung der Entwurfszeichnung.
2. Nach Beratung und Bestätigung der Entwurfszeichnung wird der komplette Zeichnungssatz angefertigt. Er besteht aus der Zusammenstellungszeichnung mit Haupt- und Anschlußmaßen, der Stückliste und den Einzelteilzeichnungen. Alle Angaben (Maße und Toleranzen, Oberflächenzeichen, Werkstoffe, Härteangaben usw.) sind in diesen technischen Dokumenten festgelegt.
3. Berechnungen und Bedienungsanleitungen.

3.1.3. Einflußgrößen zur Aufgabenlösung

Technisches Konstruieren vollzieht sich durch die Erkenntnis der objektiven Möglichkeiten zur Realisierung gesellschaftlicher Bedürfnisse und der Bedingungen, die zur Verwirklichung dieser Möglichkeiten notwendig sind [20].

Das ist wie folgt näher zu bestimmen:

Technisches Konstruieren hat mit jeder Form der Erkenntnis gemein, daß der technische Entwurf ein Abbild der objektiven Wirklichkeit darstellt, daß er dem vorliegenden Produktionsprozeß entspricht und dem Inhalt nach mit ihm übereinstimmt. Im Unterschied zur Erkenntnis, wie sie sich in den theoretischen Natur- und Gesellschaftswissenschaften vollzieht, bildet aber der technische Entwurf nicht die Wirklichkeit selbst ab, sondern nur die Möglichkeiten und Bedingungen einer Verwirklichung. Die Konstruktion zielt nicht auf die Widerspiegelung des Vorhandenen, sondern auf die gedankliche Vorwegnahme des durch produktive Arbeit zu Schaffenden.
„Deshalb schreitet der Konstrukteur gedanklich auch nicht von der Ursache zur Wirkung fort, sondern vom Zweck zum Mittel" [20, Heft 3, S. 156].

Dem Konstrukteur werden durch den jeweiligen Stand der Entwicklung Grenzen gesetzt. Solche Grenzen sind die Werkstückform, der Stand der Entwicklung der Fertigungsverfahren, die im Betrieb vorhandenen Grundmittel usw. Sie sind z. T. in der Auftragserteilung und damit in der Aufgabenstellung formuliert. Die entscheidende Größe für den jeweils anzusetzenden Aufwand ist die zu erwartende Fertigungsstückzahl, verbunden mit den wirtschaftlichen Betrachtungen, die bereits von der Feintechnologie angestellt werden. Im Wirtschaftlichkeitsvergleich werden die Kosten ohne Vorrichtungen und die Kosten mit Vorrichtungen gegenübergestellt. Bei großer Stückzahl und entsprechend größerer Kostendifferenz kann mehr Aufwand betrieben werden, um im Einsatz kleinste Zeitwerte zu erreichen.

Zu Beginn jeder Lösung ist die *Werkstückzeichnung* nach ihren technischen Parametern und nach fertigungstechnisch günstiger Gestaltung zu prüfen. Es ist nicht selten, daß trotz mehrfacher Konstruktion, Beratung und Kontrolle neue Gedanken zu noch besseren Lösungen führen. Das Prinzip der produktionstechnischen „Ruhe" darf aber nicht verletzt werden, d. h., Änderungen und Veränderungen im produktionstechnischen Ablauf sind nur in exakt geplanten Zeitabständen vorzunehmen.

Nach Prüfung der Werkstückzeichnung erfolgt die *Erarbeitung des Wirkprinzips* Diese Betrachtungen sind zwar einleitend von entscheidender Bedeutung, sollter aber in den Grenzen des Vertretbaren angestellt werden. So ist z. B. die Frage nach dem Wirkprinzip bei der Konstruktion eines Folgeschneidwerkzeugs nicht grundsätzlicher Natur. Es ist erfahrungsgemäß nur noch das Problem des Variantenvergleichs einiger Parameter, wie Werkstoffausnutzung usw., zu sehen. Als Beweis für diese Behauptung sei auf den hohen Grad der Entwicklung von Standardelementen hingewiesen.

Es wird im wesentlichen unterschieden nach

Art des Bestimmens von Werkstücken
Art des Spannens von Werkstücken
Art der Werkzeugführung
Fertigungsverfahren

Unter Wirkprinzip sei hier die Frage nach der eindeutigen Werkstückbestimmung verstanden (s. Abschnitt 2.1.).

Die Art des Spannens ist in der ersten Stufe nur hinsichtlich der Wirkung de Spannkraft und ihrer Komponenten zu klären. Zur Werkzeugführung ist die Frag nach der Notwendigkeit vorrichtungsgebundener Führungen, der Art der Führur

3.1. Spezielle Gesichtspunkte der Vorrichtungskonstruktion

oder des eventuellen Verzichts auf Werkzeugführung zu untersuchen. Einflüsse der Fertigungsverfahren sind von der Seite der sicherheitstechnischen Forderungen und damit der Werkzeuge, der Wirkung der Kräfte, der maschinentechnischen Auslegung usw. zu prüfen. Die durchgeführte Abstraktion auf das Wirkprinzip zur speziellen Frage der Vorrichtungen soll das Wesentliche erkennen lassen. Dadurch werden falsche Lösungen von vornherein vermieden. Dem Konstrukteur wird eine Summe von objektiven Tatbeständen vorgegeben, die er berücksichtigen muß.

3.1.4. Schritte zur konstruktiven Lösung

Liegt das Wirkprinzip vor, so sind Schritte zur weiteren konstruktiven Lösung auszuarbeiten.

Sie lassen sich wie folgt formulieren:

Aufstellen geeigneter Variationsgesichtspunkte
Entwickeln von Varianten
Bewertung der Varianten
Auswahl der optimalen Variante

Das Ermitteln der Variationsgesichtspunkte als Vorbedingung weiterer Untersuchungen ist eine schwierige Aufgabe. Als Abstraktion wurde z. B. aus der Frage nach der Werkstückspannung die Kraft gewonnen. Aus der Mechanik ergibt sich, daß eine Kraft als Vektor nach Größe, Richtung und Lage bekannt ist. Ausgehend von den Bedingungen Sicherheit, Kosten, geringster Nebenzeitaufwand, Maschine und Verfahren ist die Energieform der Spannkrafterzeugung zu untersuchen. Sie kann mechanisch, pneumatisch, hydraulisch oder elektrisch aufgebracht werden. Innerhalb dieser Variationsgesichtspunkte ist eine weitere Gliederung als nächste Stufe der Variation möglich.

Am Beispiel des hydraulischen Spannens unter der Bedingung, daß eine geradlinige Bewegung mit gleicher Kraftrichtung erzeugt werden soll, ist die Betrachtung anzustellen nach einfach- oder doppeltwirkendem Arbeitszylinder, der Art des Kreislaufs, der Art der Energieerzeugung usw.

Auf dieser Stufe spielt der Zwang zur Anwendung von Normen, die Möglichkeit der Anwendung von pneumohydraulischen Systemen usw. eine Rolle.

Das Aufstellen der Variationsgesichtspunkte und die Entwicklung von Varianten stehen also unmittelbar im Zusammenhang. Es kann somit eine chronologische Reihe bis zur optimalen Lösung aufgebaut werden. Ähnliche Entwicklungen lassen sich auch für die anderen Wirkprinzipien aufbauen (Bild 3.1.2).

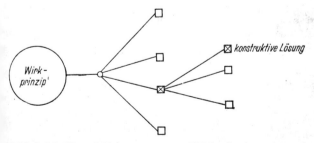

Bild 3.1.2. Entwicklungsgang vom Wirkprinzip zur konstruktiven Lösung

Aus Bild 3.1.3 erkennt man den Einfluß der als Nebenzeit einzugliedernden Spannzeit in Abhängigkeit von der Art des Spannens. Es soll damit angedeutet werden, wie vielfältig die notwendigen Überlegungen sind.

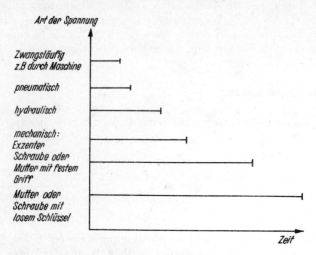

Bild 3.1.3. *Abhängigkeit der Hilfszeit von der Art des Spannens*

Häufig findet man Aussagen, die sich nur auf ein Element, eine Baugruppe oder eine Maschine beziehen, ohne im einzelnen zumindest sog. Schwachstellen zu untersuchen. Diese Erfahrungsmethode oder auch Globalmethode ist abzulehnen. Bei einem solchen Vorgehen werden allzu häufig Fehler gemacht, die nur durch erheblichen Aufwand beseitigt werden können. Anzustreben ist die Bewertung einzelner Eigenschaften nach Bedingungen, Mindestforderungen und Wünschen.

Als Bedingungen z. B. einer Vorrichtung können Maschinenanschlußmaße, Maschinenkennziffern, das Bearbeitungsverfahren und das Werkstück mit allen Parametern genannt werden.

Mindestforderungen sind z. B. vorgegebene technologische Werte und maximale Kosten.

Als Wünsche im Sinn der rationellsten Fertigung sind optimale Werte und Größen in allen Einzelheiten zu verstehen.

Bei der Bewertung muß eine dem gegenwärtigen Stand entsprechende Ideallösung zugrunde gelegt werden. Alle Abweichungen von dieser Lösung sind als Fehler zu betrachten. Durch die gegenseitige Abhängigkeit der einzelnen zu wählenden Punkte ist keine Ideallösung möglich. Die in jedem Fall zu erwartende Abweichung von der Ideallösung ist deshalb so klein wie möglich zu halten. Bei der Entwicklung solcher Bewertungsmaßstäbe haben sich sog. Punktsysteme als günstig herausgebildet.

Punktsystem nach *Hansen* [21, S. 97]:

    1 bis 1,9 Punkte   gut
    2 bis 2,9 Punkte   ausreichend
    3 bis 3,9 Punkte   noch tragbar
    4,5 Punkte   unbrauchbar

3.1. Spezielle Gesichtspunkte der Vorrichtungskonstruktion

Punktsystem nach *Kesselring* [22, S. 252]:

4 Punkte	sehr gut
3 Punkte	gut
2 Punkte	ausreichend
1 Punkt	gerade noch tragbar
0 Punkte	unbefriedigend

Die technische Wertigkeit x ist

$$x = \frac{p}{p_i}.$$

Bei der Punktskala nach *Kesselring* wird

$$x = \frac{p}{4\,n};$$

p Punktzahl der einzelnen Eigenschaften
p_i Punktzahl der gleichen Eigenschaft bei Idealerfüllung
n Anzahl der bewerteten Eigenschaften.

Die Festlegung von Ideallösungen und die im Vergleich zu findende Punktbewertung kann nur die Arbeit von Spezialisten sein und sollte auf jeden Fall im Kollektiv durchgeführt werden. Bei oberflächlicher Betrachtung der angeführten Probleme könnte man zu dem Eindruck kommen, daß damit ein nicht vertretbarer Aufwand betrieben werden muß. Man bedenke jedoch, daß der zunehmende Schwierigkeitsgrad und die steigenden Anforderungen zwangsläufig dazu führen müssen. Darüber hinaus ist die Methode geeignet, kritische Stellen an Lösungen z. B. zur konstruktiven Auslegung von Einzelheiten, zu entdecken.

3.1.5. Konstruktive Lösung

Das Literaturstudium bzw. das Studium bewährter ähnlicher Lösungen ist eine vom Konstrukteur ständig zu lösende Aufgabe. Darüber hinaus können Hilfsmittel zur Konstruktionsrationalisierung beitragen, z. B. Schablonen für Normteile, Zusammenstellungen bewährter Lösungen usw. Es geht also nicht nur um Lösungen, die den Anforderungen gerecht werden, sondern vor allem um ihre billige und schnelle Realisierung.

Als Einflußgrößen können genannt werden:
1. Werkstoff
2. Produktion der Vorrichtungen
3. Einsatz der Vorrichtungen
4. übergeordnete Prinzipien

   a) Prinzip der maximalen Schutzgüte
   b) Prinzip der minimalen Herstellungskosten
   c) Prinzip der minimalen Masse
   d) Prinzip der minimalen Kosten

Unter der Voraussetzung, daß der technologische Variantenvergleich den wirtschaftlichen Nachweis der Konstruktion solcher Vorrichtungen erbracht hat, sollen die genannten Einflußgrößen kurz erläutert werden.

Werkstoff

Die Wahl des richtigen Werkstoffs hängt von vielen Einflußgrößen ab, so von der Wirkung der Kräfte am Bauteil, chemischen Einflüssen, besonderer Wärmebeanspruchung usw. Es sind also unter Beachtung derartiger Einflüsse die niedrigsten Werkstoffkosten zu bestimmen.

Zur Erleichterung der konstruktiven Arbeit müssen dem Konstrukteur Werkstoffauswahllisten zur Verfügung stehen, in denen die wichtigsten, immer wiederkehrenden Werkstoffe enthalten und ihre besondere Eignung in Verbindung mit Angaben für die entsprechende Aufgabe vermerkt ist. Für diese Werkstoffe ist die zugehörige Halbzeugauswahlliste anzufertigen, die mit bevorzugt zu verwendenden Größen gekennzeichnet sein soll. Dadurch wird die Lagerhaltung vereinfacht und eine schnelle Materialbereitstellung möglich.

Genormte Halbzeugabmessungen, verfahrenstechnische Normen und Normen für Grundelemente und vorrichtungstypische Elemente müssen dem Konstrukteur in Form von Normteilauswahllisten zur Verfügung stehen. Eine laufende Abstimmung dieser Listen mit dem Normteillager ist zu gewährleisten. Diese oder ähnliche Arbeitsmethoden tragen wesentlich zur Rationalisierung der Konstruktion und Fertigung bei.

Produktion der Vorrichtungen

Um die kurzfristigen Termine des Vorrichtungsbaus zu sichern, sollte jeder Konstrukteur die Vorrichtungsfertigung im eigenen Betrieb anstreben. Es müssen ihm alle fertigungstechnischen Möglichkeiten bekannt sein, die vorhandenen Maschinen mit ihren Haupt- und Anschlußmaßen sowie den arbeitsgebundenen Kennziffern, die Qualifikation der im Betrieb vorhandenen Fachkräfte, besonders für Handarbeitsplätze und die Struktur- und Organisationsformen, die auf die Konstruktion Einfluß haben. Konstruktive Einzelfragen sind besonders zu beachten.

So wurde und wird bei der Frage, warum alle Flächen einer Vorrichtung fein- bzw. feinstbearbeitet werden, argumentiert, daß der Bedienende zwangsläufig bei einer solchen Vorrichtung ein größeres Maß an Pflege und Schonung anstrebt. Es setzt sich aber immer mehr die Erkenntnis durch, daß ein grobbearbeiteter Grundkörper mit zweckmäßigem Farbanstrich genügt und eben nur funktionsbedingte Flächen der entsprechenden Bearbeitung unterliegen müssen.

Einsatz von Vorrichtungen

Der verfahrenstechnische Einfluß ist in Verbindung mit den zur Anwendung kommenden Maschinen, den anzustrebenden Kennwerten und dem werkstückseitigen Einfluß (Form, Handhabung usw.) zu sehen.

Die letzten Jahre haben gute Ergebnisse der systematischen Normenentwicklung gebracht, so daß der Grad der Normung an einzelnen Lösungen wesentlich steigen konnte und weiter steigen kann. Das gilt besonders für den Stand und die weitere Entwicklung der Baukastensysteme. Im Bereich der herkömmlichen Vorrichtungen ist dadurch eine spürbare Entlastung der Konstruktions- und Fertigungskapazität eingetreten, die immer stärker auf Spezialvorrichtungen zur Durchsetzung der Mechanisierung und Automatisierung konzentriert werden kann.

3.2. Allgemeine Gestaltungsrichtlinien

In wachsendem Maß werden deshalb die Vorrichtungskonstrukteure solche Aufgaben wie maschinenverbindende Einrichtungen, Magazinierungseinrichtungen, Einrichtungen zum Ordnen und Vereinzeln von Werkstücken, für solche Probleme zu schaffende Spezialvorrichtungen, Mehrfachbohreinrichtungen usw. zu lösen haben. Es werden dadurch aber auch größere Kenntnisse aus den wissenschaftlichen Disziplinen der Mechanik, Getriebelehre, Hydraulik, Pneumatik, Elektrotechnik, Automatisierungstechnik usw. notwendig.

3.2. Allgemeine Gestaltungsrichtlinien

Für technisch einwandfreie und ökonomisch vertretbare Lösungen von Vorrichtungskonstruktionen lassen sich folgende Forderungen formulieren:
Einhaltung der sicherheitstechnischen Bedingungen
maximale Anwendung von Normen
fertigungstechnisch optimale Lösungen unter Einhaltung von Funktion, Qualität und Wirtschaftlichkeit

Zur *Einhaltung der sicherheitstechnischen Bedingungen* sei auf die Ausführungen im Abschn. 3.5.3. hingewiesen. Aufgrund der besonderen Bedeutung dieser Bedingungen soll eine allgemeingültige Erläuterung zu dieser Problematik vorgenommen werden.

Der Konstrukteur ist verpflichtet, eine mögliche Gefährdung von Menschen und Grundmitteln völlig auszuschalten bzw. in Ausnahmefällen auf solche erkannten und nicht umgehbaren Stellen durch eindeutige Anweisungen aufmerksam zu machen.

Die *Forderung nach maximaler Anwendung von Normen* muß in immer stärkerem Maß berücksichtigt werden.
Im Vordergrund stehen:
Anwendung von Baukastenvorrichtungen
Anwendung von genormten Grundelementen (z. B. Schrauben, Muttern, Scheiben, Stifte)
Anwendung von Vorrichtungseinzelteilnormen (z. B. Grundplatten, Profile, Spanneisen, Spannexzenter, Ausgleichteile)
Anwendung von genormten Vorrichtungsbaugruppen (z. B. Zylinderspanner, Spannböcke, Spannelemente, Kniehebelspanner)
Einbau von Elementen in genormten Universalvorrichtungen, um sie für spezielle Zwecke einzusetzen (z. B. Bohrvorrichtungen mit Bohrklappe, Universalspanner, Bohrvorrichtungen, Spanneinheiten, Mehrfachfräsvorrichtungen)
Zusammenbau von Vorrichtungen, die nur aus Normteilen bestehen

Bild 3.2.1 zeigt ein Beispiel der Entwicklung einer Bohrvorrichtung, die vollständig aus genormten Bauelementen bzw. genormten Baugruppen besteht.

Verwendete Elemente:

Grundplatte U-Profil Stützschrauben
Winkel Bohrbuchsen
Spannprisma Steckbohrbuchsen
Schwenkhebel Zylinderschrauben
Vorsteckscheibe Zylinderstifte

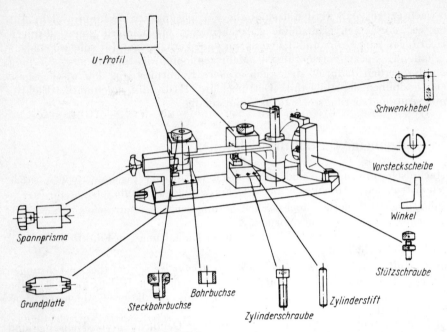

Bild 3.2.1. Bohrvorrichtung für Gabel

Die hundertprozentige Normung der Einzelteile läßt sich zwar nur bei einem geringen Teil von Vorrichtungen erreichen, aber gerade an diesem Beispiel einer Vorrichtung von mittlerem Schwierigkeitsgrad zeigen sich die Möglichkeiten des Konstrukteurs, bei klarer Analyse viele Normteile zu verwenden.

Zur fertigungstechnisch optimalen Lösung einer Konstruktion unter Einhaltung der Funktion und Qualität wurde in den vorangehenden Abschnitten eingehend Stellung genommen.

Die allgemeinen Forderungen sind:

einfache und billige Konstruktionen (z. B. Grundkörper in Schweißkonstruktion, Feinbearbeitung nur an funktionsbedingten Flächen, wirtschaftliche Wahl der Werkstoffe)

eindeutige Werkstückbestimmung

ausreichender Platz für das Einlegen und Herausnehmen der Werkstücke (wenn möglich, mit Auswerfersystem arbeiten, Möglichkeit der Mechanisierung an Vorrichtung und Maschine beachten)

sicheres und schnelles Spannen (immer gegen feste An- und Auflagen)

kurze Bedienzeiten, wenig Bedienstellen, genügend Bedienfreiheit (sicherheitstechnische Forderungen beachten)

Abfluß der Kühlflüssigkeit und Ableitung der Späne

Möglichkeiten zur Werkzeugeinstellung durch Einstellmarken, Anschläge usw. vorsehen

Grundregeln der Toleranz- und Passungslehre beachten (z. B. Kettenmaße vermeiden, Maßreihen auf maximal zu erwartende Abweichungen prüfen, Toleranzen nur so klein wie nötig)

herzustellende Werkstücke sind mit Toleranzen behaftet, die für die zu wählenden Toleranzen und Passungen an der Vorrichtung entscheidend sind (zur Herstellung der Vorrichtung sollte die Werkstücktoleranz nur mit maximal 20% ausgenutzt werden)

3.3. Gestaltungsrichtlinien für verschiedene Vorrichtungsarten

3.3.1. Werkstückspanner

Das Spannen ist eine wichtige Voraussetzung der Fertigung. Zwischen Werkstück, Vorrichtung, Maschine und Werkzeug wird eine kraft- oder formschlüssige Verbindung hergestellt. Entsprechend der Gliederung des Arbeitsprozesses handelt es sich um Hilfselemente (Nebenzeiten).

Forderungen an Spanner:
sicheres Festhalten ist zu gewährleisten.
Schwingungen, die zu sog. Rattermarken, Werkzeugbruch usw. führen können, sind durch stabile Konstruktionen und andere Maßnahmen auf ein Minimum zu beschränken.
Optimale Bearbeitungswerte müssen auf den zu schaffenden Vorrichtungen möglich sein. Dabei sind gute Oberflächen und eine größtmögliche Schonung der Werkzeuge Bedingung.
Durch Einwirkung der Spannkraft darf kein Verspannen des Werkstücks oder Werkzeugs auftreten. (Spannstellen immer gegenüber Bestimmflächen oder Stützen, Flächenpressung am Werkstück, Toleranz am Werkstück usw.).
Es ist der Aufwand zur Herstellung der Spannstelle bzw. der Spannung zu beachten (größtmögliche Anwendung von Normelementen, optimale fertigungstechnische Auslegung der Elemente usw.).
Kurze Spann- und Bedienwege sowie Spannzeiten müssen erreicht werden. (Schnellspannmethoden wie Spannspirale, Kniehebel, pneumatische Spanner, hydraulische Spanner, Pneumohydraulische Spannsysteme und elektrischer Spanner).
Möglichst wenig Bedienungsstellen vorsehen und ihre richtige Anordnung beachten. Für die Anzahl der Bedienungsstellen maßgebliche Faktoren sind die Art der Bearbeitung, Maß und Toleranzforderungen, Größe, Form und Stabilität des Werkstücks, Lage der Bestimmflächen zu den Bearbeitungsflächen, Größe und Richtung der Kräfte.
Vorrichtungen sind so einfach wie möglich und so ökonomisch wie möglich auszulegen, wobei die entscheidenden Parameter im jeweiligen konkreten Fall zugrunde zu legen sind.

Beispiele

Im Bild 3.3.1 ist eine Spannstelle aus der Gruppe der mechanischen Spanner dargestellt, die aus Normelementen zusammengesetzt worden ist. Die Spannkrafterzeugung erfolgt durch eine Mutter 2. Die Reaktionskraft nimmt der Bolzen *3* auf, der durch eine Mutter *8* gesichert wurde. Das Stützlager am Spanneisen *4* bildet die Schraube *1*, deren Sicherung durch die Mutter *9* erfolgt. Die Kugelscheibe gleicht eventuelle Schrägstellung, hervorgerufen durch Werkstücktoleranzen des

208 3. Entwerfen von Vorrichtungen

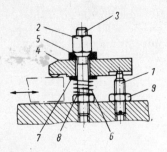

Bild 3.3.1. *Spannstelle mit Schraubspannung*
1 Schraube; *2* Mutter; *3* Bolzen; *4* Spanneisen; *5* Kugelscheibe; *6* Druckfeder; *7* Scheibe; *8, 9* Muttern

Spanneisens usw., aus. Ein entscheidendes Element für solche Art von Spannstellen ist die Druckfeder *6*, verbunden mit einer Scheibe *7*, weil die Gewähr für eine sofortige Freigabe des Werkstücks beim Lösen der Mutter gegeben ist. Kleine konstruktive Maßnahmen, wie die Führung der Spitze in einer Nut, tragen wesentlich zur Arbeitserleichterung bei. Eine solche Spannstelle ist nur beim Einlegen und Herausnehmen des Werkstücks in Pfeilrichtung zu empfehlen.

Um eine bessere Bedienungsfreiheit zu sichern, kann die im Bild 3.3.2 gezeigte Variante in Anwendung kommen. Die Spannung wird über einen Kreuzgriff *1* und eine Spannschraube *2* erzeugt. Kreuzgriff und Spannschraube sind durch einen Zylinderstift *3* verbunden. Prinzipiell entspricht der Aufbau der Spannstelle dem Bild 3.3.1. Konstruktive Maßnahmen, wie Führung des Spannschraubenansatzes in einer Nut (Verdrehsicherung des Spanneisens) oder Einbringen eines Langlochs in das Spanneisen (Möglichkeit der Bewegung in horizontaler Richtung), geben der Spannstelle eine günstige Auslegung.

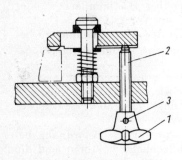

Bild 3.3.2. *Spannstelle mit Schraubspannung*
1 Kreuzgriff; *2* Spannschraube; *3* Zylinderstift

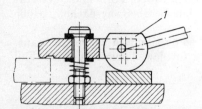

Bild 3.3.3. *Spannstelle mit Exzenterspannung*
1 Exzenter

2. Im Bild 3.3.3 wird zur Spannkrafterzeugung ein Exzenter *1* benutzt, der als mechanisches Schnellspannmittel angesehen werden muß. Die Elemente (Stiftbolzen, Kugelscheibe, Druckfeder usw.) entsprechen in ihrer Anordnung dem Beispiel 1. Der Spannexzenter wird an einer Druckplatte abgestützt. Die Auslegung

3.3. Gestaltungsrichtlinien für verschiedene Vorrichtungsarten

der Spannstelle ermöglicht ein seitliches Schwenken des Spanneisens, wodurch der Spannbereich freigegeben wird und das Werkstück senkrecht eingelegt oder entnommen werden kann.

3. Positive Ergebnisse durch kleine konstruktive Maßnahmen erläutert Bild 3.3.4. Der Aufbau der Spannstelle entspricht in seinen Elementen den bereits beschriebenen Lösungen. Der Exzenter wird in einer Nut geführt und damit gegen Verdrehung gesichert. Das Spanneisen wurde mit einem Langloch versehen. Nach dem Lösen des Werkstücks kann durch entsprechende Bewegung am Spannhebel die Freigabe für das senkrechte Einlegen und Herausnehmen des Werkstücks erreicht werden.

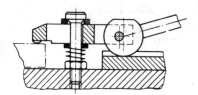

Bild 3.3.4. Spannstelle mit Exzenterspannung

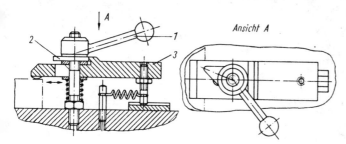

Bild 3.3.5. Spannstelle mit Schraubspannung und selbsttätiger Spanneisenbewegung
1 Spannhebel; 2 Nockenscheibe; 3 Vorrichtungsgrundkörper

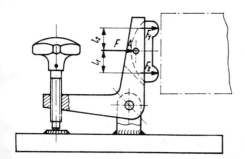

Bild 3.3.6. Spannstelle mit Winkelhebel und Schraubspannung

4. Eine optimale Variante bei der Verwendung von mechanischen Spannern zeigt Bild 3.3.5. Der Spannhebel *1* ist mit einer Nockenscheibe *2* verbunden. Beim Drehen (Lösen der Spannung) übernimmt die Nockenscheibe zwangsläufig die Rückführung des Spanneisens. Das Spanneisen wird in einer Nut von einem Gewindestift geführt, den ein zweiter feststehender Gewindestift mit einer Zugfeder verbindet, die bei Spannbewegung (Freigabe des Spanneisens durch den Nocken),

das Vorschnellen des Spanneisens in Spannstellung bewirkt. Die sonstige Auslegung der Spannstelle entspricht den bereits beschriebenen Lösungen.

Platzmangel an der Maschine, z. B. durch erforderlichen Raum für die Werkzeuge bei der Arbeitsbewegung, schlechte Bedienanlage usw., zwingen häufig zu Lösungen nach Bild 3.3.6 (Grundprinzip s. Bild 2.2.97). Die Spannkraft F wirkt im Punkt A abhängig von der Wahl der Hebelarme zum Drehpunkt. Ein vorgesehenes Ausgleichsteil läßt an den Werkstückberührungspunkten $F_1 = F_2$ werden, unter der Bedingung, daß $l_1 = l_2$ ist. Die Spannkraft wird über einen Kreuzgriff eingeleitet. Bei Wahl einer entsprechenden Verbindung am Drehpunkt ist in bestimmten Grenzen ein universeller Einsatz der Spannstelle möglich.

5. Eindeutige Bestimmung des Werkstücks unter Wirkung der Bearbeitungskräfte zwingt häufig zur Spannung in mehreren Komponenten und Ebenen. Läßt man dabei getrennt voneinander einzelne Spannstellen und damit Bedienstellen wirken, so treten speziell bei mechanischen Spannelementen große Nebenzeiten auf, und die Größe der Kräfte wird nicht beherrscht.

Die im Bild 3.3.7 (Grundprinzip s. Bild 2.2.96) gezeigte Lösung garantiert in beiden Richtungen gleich große Spannkraft bei $l_1 = l_2$ am Winkelhebel 1. Entscheidend ist die Beherrschung der Kraftgrößen untereinander und die Einsparung an Hilfszeit durch Reduzieren der Bedienstellen.

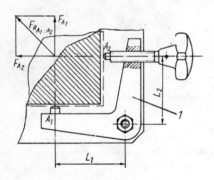

Bild 3.3.7. *Spannstelle mit Winkelhebel und Schraubspannung*
1 Winkelhebel

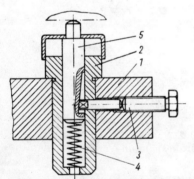

Bild 3.3.8. *Einstellbare Werkstückstütze*
1 Vorrichtungsgrundkörper; 2 Stützhülse; 3 Spannschraube; 4 Feder; 5 Stützbolzen

6. Auf Probleme der zusätzlichen Stützung ist bereits hingewiesen worden. Bild 3.3.8 zeigt einen Weg, um zu einer möglichst optimalen Variante zu kommen. Die Grundplatte der Vorrichtung muß zum Einsatz dieser Stütze eine Bohrung für die Aufnahme der Stützhülse 2 und eine Bohrung mit entsprechendem Gewinde für

3.3. Gestaltungsrichtlinien für verschiedene Vorrichtungsarten

Druckstift und Spannschraube 3 erhalten. Bei gelöster Spannschraube drückt die Feder 4 den Stützbolzen 5 an das Werkstück. Nach eindeutiger Lagebestimmung des Werkstücks wird der Spannbolzen festgezogen, und die Stütze übernimmt seine Funktion. Die Kappe am Stützbolzen schützt die Gleitflächen gegen Verschmutzung. Derartige Lösungen sind universell einsetzbar.

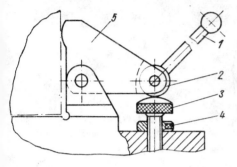

Bild 3.3.9. Spannstelle mit Exzenterspannung (einstellbar) und Spanneisen

1 Spannhebel; 2 Spannspirale; 3 Stützschraube; 4 Mutter; 5 Formstück

7. Eine Variante mechanischer Spanner mit optimaler Lösung wird im Bild 3.3.9 dargestellt. Die Spannkraft wird über den Hebel 1 eingeleitet und an der Spannspirale 2 erzeugt, wobei die Stützschraube 3 als Widerlager bezeichnet werden kann. Die Mutter 4 dient der Verdrehsicherung der Stützschraube. Die an der Spannspirale erzeugte Spannkraft wird vom Formstück 5 (Spannhebel) zum Werkstückberührungspunkt übertragen. Die hier herrschende Kraft ist in ihrer Größe von der eingeleiteten Handkraft am Hebel 1, der Berechnung der Kraft in der Spannspirale und dem Hebelarm am Formstück abhängig. Der Schwerpunkt der beweglichen Teile der Spannstelle muß so gewählt werden, daß beim Lösen des Hebels 1 die Werkstückfreigabe zwangläufig erfolgt.

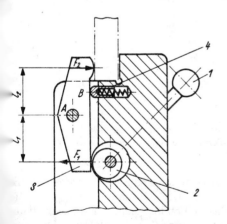

Bild 3.3.10. Spannstelle mit Exzenterspannung und Spanneisen

1 Spannhebel; 2 Exzenter; 3 Spannstück; 4 Druckstück

8. Vielfältige Gestaltungsformen einzelner Elemente und gesamter Spannstellen sind abhängig von den jeweiligen fertigungstechnischen Forderungen und zwingen zur systematischen Analyse möglicher Varianten mit dem Ziel, sichere Spannung mit geringem Aufwand an Hilfszeit zu erreichen. Im Bild 3.3.10 wird durch Betätigen des Hebels 1 über eine Welle am Exzenter 2 eine Kraft F_1 erzeugt. Das

Spannstück 3 überträgt die Kraft über den Drehpunkt A zum Werkstück. An der Werkstückberührungsstelle tritt die Spannkraft F_2 auf. Es wird $F_2 = F_1$, wenn $l_1 = l_2$, wobei die Kraft an Punkt B, hervorgerufen durch Feder- und Druckstück 4, vernachlässigt wird.

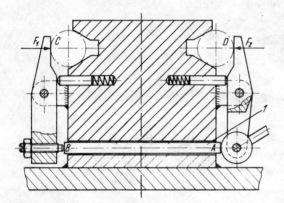

Bild 3.3.11. *Spannstelle mit Exzenterspannung als Ausgleichsspannung*

1 Widerlager

9. Bild 3.3.11 zeigt eine mechanisch betätigte Spannstelle (Spannspirale) zur gleichzeitigen Spannung von Werkstücken. Die im Punkt A durch die Spannspirale eingeleitete Kraft wird gegen das Widerlager *1* (Ausgleichsbolzen) geleitet. Die Ausgleichsfunktion des Bolzens führt zu einer Kraftzerlegung in zwei gleich große Komponenten an den Punkten A und B, somit entsprechend den gewählten Hebelarmen am Spanneisen zu gleich großen Spannkräften an den Werkstückberührungspunkten C und D. Die Druckstücke mit Feder bewirken nach dem Lösen der Spannspirale eine sofortige Freigabe der Werkstücke.

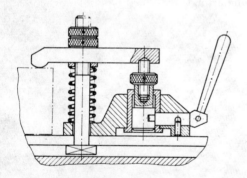

Bild 3.3.12. *Spannstelle mit Exzenterspannung, universell einsetzbar*

10. Über die übliche Form des Einsatzes universeller Spanneinrichtungen, z. B. für das Spannen großer Werkstücke direkt auf dem Maschinentisch, geht die Lösung im Bild 3.3.12 hinaus. Während im allgemeinen lose Teile (Spannschrauben, Spanneisen, Treppenböcke und Beilagen) für eine Spannstelle zum Einsatz kommen, zeigt diese Lösung eine komplette Gruppe ohne lose Teile, die mit der Spannspirale als Schnellspannelement arbeitet.

11. Mögliche Formen von Kniehebelspannern mit geringer Nebenzeit und großem Öffnungsbereich sind in den Bildern 3.3.13 und 3.3.14 dargestellt. Nachteile sind dabei die begrenzte Größe der Kräfte, der verhältnismäßig große Platzbedarf eine

3.3. Gestaltungsrichtlinien für verschiedene Vorrichtungsarten

Spannstelle, das sehr enge Spannmaß bei annähernd gleichen Kräften für jedes Werkstück und die mangelnde Starrheit. Gut geeignet sind diese Systeme für Montage-, Prüf- und Heftvorrichtungen. Die bisher bei gebräuchlichen Bautypen erreichten Spannkräfte liegen im Bereich von 50 bis 1500 kp.

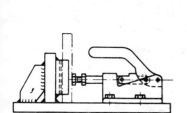

Bild 3.3.13. Spannstelle mit einfachem Kniehebelspanner

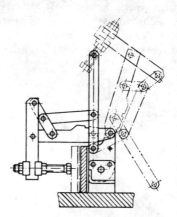

Bild 3.3.14. Spannstelle mit Doppelkniehebelspanner

3.3.2. Werkzeugspanner

An dieser Stelle kann kein umfassendes Bild zu den Problemen der Werkzeugspanner und der damit im Zusammenhang stehenden Einflußgrößen gegeben werden. Vielmehr sollen Hinweise allgemeiner Art, verbunden mit Beispielen, Anregungen vermitteln.

Spanner von Maschinenwerkzeugen lassen sich entsprechend der jeweiligen Bearbeitung unterscheiden in

Spanner für Drehwerkzeuge
Spanner für Bohrwerkzeuge
Spanner für Fräswerkzeuge usw.

Weitere Einteilungen lassen sich vornehmen nach der geometrischen Form der Werkzeugaufnahme (Rundaufnahmen, quadratische Aufnahmen usw.), nach der Lage des Werkzeugs im Stadium der Werkzeugführung und des Eingriffs, nach Richtung und Größe der Hauptkomponenten der Schnittkräfte, nach der Anzahl der Werkzeuge, die in einem Spanner aufgenommen werden, und nach fertigungstechnischen Forderungen (zulässige Toleranzen, Oberflächengüte usw.).
Grundsätze für die Auswahl und die Gestaltung von Werkzeugspannern:
Die Einhaltung der geforderten Parameter muß gewährleistet sein.
Kleinste Nebenzeiten (z. B. durch Schnellwechseleinrichtungen) sind anzustreben.
Alle vom Spanner aufzunehmenden Kräfte sind in ihrer Wirkung auch als Teilkräfte und Resultierende zu beachten.
Die Einstellung des Werkzeugs im Spanner ist zu berücksichtigen.
Die Stückzahl der Werkstücke ist für die Kosten von wesentlichem Einfluß.

Beispiele

1. Bild 3.3.15 zeigt die übliche Lösung für das Spannen von genormten Werkzeugen an bekannten Mehrzweck- und Universalmaschinen. Die als Universalsupportspannung bekannte, stabile konstruktive Lösung nimmt Werkzeuge mit rechteckigem und quadratischem Schaft auf. Aufgrund der Wirkung der Hauptschnittkraft an der Schneide ist eine möglichst kurze Einspannung anzustreben. Die Schneideneinstellung ist herkömmlich mit sog. Korrekturbeilagen üblich, da eine Supporthöhenverstellung an der Maschine nicht vorgesehen ist.

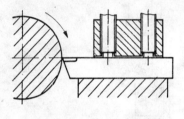

Bild 3.3.15. *Universalspanner für Werkzeuge a*[n] *Drehmaschinen*

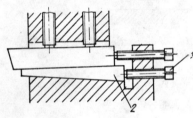

Bild 3.3.16. *Einstellbare Werkzeugspanner*
1 Schraube; 2 Keil

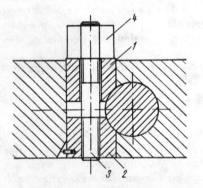

Bild 3.3.17. *Spanner für Werkzeuge mit runde*[m] *Schaft*
1, 2 Spannstücke; 3 Bolzen; 4 Mutter

Eine bessere konstruktive Lösung wird im Bild 3.3.16 gezeigt. Durch Drehu[ng] der Schraube *1* wird eine Verschiebung des Keils *2* bewirkt, die zur vertikalen E[in]stellung des Werkzeugs führt.

2. Eine mögliche Spannung von Werkzeugen mit rundem Aufnahmeschaft im Bild 3.3.17 dargestellt. Die Spannstücke *1* und *2* sind an der Spannstelle d[em] Werkzeugschaft angepaßt. Bolzen *3* ist in Teil *2* fest eingezogen, wobei die V[er]drehsicherung durch einen Stift erfolgt, der in einer Nut im Werkzeugträger g[e]führt ist. Mutter *4* übernimmt die Spannung.

3. Bild 3.3.18 zeigt einen Mehrfachwerkzeughalter, der innerhalb seiner Hau[pt]abmessungen viele Möglichkeiten der Werkzeugaufnahme und Spannung je na[ch]

3.3. Gestaltungsrichtlinien für verschiedene Vorrichtungsarten 215

Form und Anzahl der Werkzeuge zuläßt. Entsprechend der fertigungstechnischen Forderung wurden vier Werkzeuge so im Halter angeordnet, daß sie eine gleichzeitige Bearbeitung des Werkstücks ermöglichen. Der Werkzeughalter besteht aus dem Maschinenaufnahmeteil *1* und dem eigentlichen Werkzeughalter *2*. Die Werkzeuge werden in den Durchbruch des Halters eingeschoben und durch die Schrauben *3* und *4* gespannt. Die Zwischenstücke werden entsprechend der Abstände der Werkzeuge eingelegt. Mit Teil *5* und *6* sollen weitere Aufnahmeformen, z. B. für Revolverdrehmaschinen, angedeutet werden.

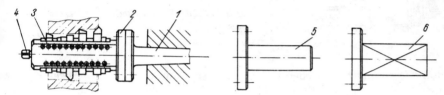

Bild 3.3.18. Mehrfachwerkzeughalter
1 Maschinenaufnahme; *2* Werkzeughalter; *3, 4* Schrauben; *5, 6* weitere Aufnahmeformen

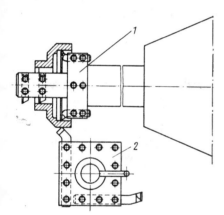

Bild 3.3.19. Einsatz von Mehrfachwerkzeughaltern
1 für Innenbearbeitung; *2* für Außenbearbeitung

4. Die Bearbeitung mit zwei Werkzeugträgern wird im Bild 3.3.19 dargestellt. Teil *1* übernimmt die Werkzeugaufnahme für die Innenbearbeitung und *2* für die Außenbearbeitung. Bei Teil *1* erfolgt eine feste Aufnahme der Werkzeuge in Arbeitsstellung, und der Werkzeugträger führt die axiale Vorschubbewegung durch. Teil *2* ist eine Schwenkaufnahme, wobei durch Drehung um 90° das in Ruhestellung gezeigte Werkzeug in Arbeitsstellung gebracht wird. Mit Teil *2* werden axiale und radiale Vorschubbewegungen ausgeführt.

Die beschriebenen Lösungen zeigen den Nachteil der fehlenden Einstellmöglichkeiten am Werkzeugträger, so daß nur mit größerem Aufwand an Nebenzeit und entsprechenden zusätzlichen Meßeinrichtungen zur Werkzeugeinstellung die Herstellung entsprechender Paßmaße möglich ist.

Ein feineinstellbarer Drehmeißeleinsatz ist für Bohrstangen, Bohrdorne und sonstige Werkzeugträger geeignet, wobei der Einsatz auf allen dafür in Frage kommenden Maschinen möglich ist (Bild 3.3.20). Die Feineinstellschraube *1* ermöglicht ein schnelles und bequemes Korrigieren der Schneidstellung. Der Einsatz wird mittels Schlüssels an einem vorgesehenen Innensechskant gespannt. Das Spannprinzip beruht auf der Wirkung eines Wellenexzenters, es treten also beim Spann- und Lösevorgang keine Axialkräfte auf. Mit Hilfe entsprechender Meßeinrichtungen außerhalb der Maschine ist ein schnelles Austauschen der kompletten Einsätze möglich.

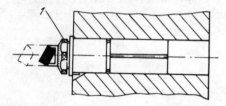

Bild 3.3.20. Feineinstellbarer Drehmeißeleinsatz

1 Feineinstellschraube

Fast alle fertigungstechnischen Forderungen sind durch Mehrfachwerkzeugträger ohne großen Aufwand realisierbar. Die Vorteile solcher oder ähnlicher konstruktiver Lösungen sind:
Möglichkeit des Einsatzes mehrschneidiger Werkzeuge
Einstellung außerhalb der Maschine
schnelle Korrektur der Schneiden bei entsprechender Genauigkeit
universeller Einsatz
geringer Aufwand zur Herstellung der Aufnahmebohrungen

Beispiele

1. Eine Aufnahme für Drehmeißeleinsätze zeigt Bild 3.3.21. Die Bohrung *1* dient der Aufnahme des Schaftes. Schlitz *2* sorgt in Verbindung mit einem Stift am Drehmeißeleinsatz für die Verdrehsicherung bei Einstellung und Wirkung der Kräfte.

Die Schnittdarstellung (Bild 3.3.22) informiert über den konstruktiven Aufbau eines solchen Drehmeißeleinsatzes. Die Schaftformen solcher Einsätze können unterschiedlich sein.

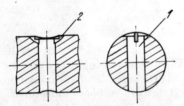
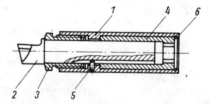

Bild 3.3.21. Aufnahme für feineinstellbare Drehmeißeleinsätze

1 Bohrung; 2 Schlitz

Bild 3.3.22. Konstruktiver Aufbau eines feineinstellbaren Drehmeißeleinsatzes

1 Schaft; 2 Werkzeug; 3 Feineinstellmutter; 4 Spannstück; 5 Sicherungsstift; 6 Sicherungsring

2. Der Langlochdrehmeißeleinsatz (Bild 3.2.23) ist für große Schnittkräfte, groß Flugkreisdurchmesser und an solchen Stellen geeignet, die eine Einstellung nu einseitig an der Seite der Schneide zulassen (Bild 3.3.24 zeigt die Form des Grund körpers). Der Langlochdrehmeißelhalter wird in eine entsprechende Ausfräsun am Werkzeugträger eingesetzt. Durch Drehung des Spannelements *1* am dafü vorgesehenen Innensechskant erfolgt die Spannung des gesamten Drehmeiße

3.3. Gestaltungsrichtlinien für verschiedene Vorrichtungsarten

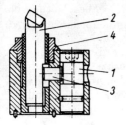

Bild 3.3.23. Feineinstellbarer Langlochdrehmeißeleinsatz

1 Spannelement; *2* Drehmeißel; *3* Druckstück; *4* Feineinstellmutter

Bild 3.3.24. Form der Grundkörper für feineinstellbare Langlochdrehmeißeleinsätze

halters und des eingesteckten Drehmeißels *2* über das Druckstück *3*. Durch leichtes Lösen des Spannelements und Drehung der Feineinstellmutter *4* ist eine Korrektur des Drehmeißels möglich.

Die Anwendung der Drehmeißeleinsätze an Mehrfachwerkzeughaltern ist aus den Bildern 3.3.25 und 3.3.26 zu erkennen.

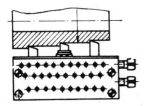

Bild 3.3.25. Anwendungsbeispiel für feineinstellbare Drehmeißeleinsätze

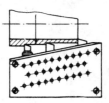

Bild 3.3.26. Anwendungsbeispiel für einstellbare Drehmeißeleinsätze

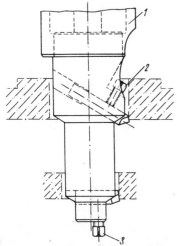

Bild 3.3.27. Einsatz von Standardwerkzeugen an Bohrdornen

1 Bohrdorn; *2, 3* Schrauben

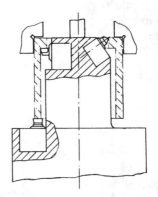

Bild 3.3.28. Einsatz von feineinstellbaren Drehmeißeleinsätzen an Bohrdornen

Bei der Bestückung von Bohrdornen und Bohrstangen zur Drehbearbeitung besteht die Möglichkeit, mit genormten Werkzeugen oder Drehmeißeleinsätzen zu arbeiten.

3. Bild 3.3.27 zeigt eine Lösung für den Einsatz von Standardwerkzeugen. Der Bohrdorn *1* wurde mit Durchbrüchen entsprechend den Werkzeugquerschnitten versehen. Schrauben *2* und *3* übernehmen die Spannung. Erkennbar ist die fertigungstechnische Forderung der gleichzeitigen Bearbeitung von zwei Bohrungen, z. B. an einem Gehäuse. Schwierigkeiten bestehen in der Werkzeugeinstellung bei eventueller Maßkorrektur und beim Werkzeugwechsel.

4. Die Bestückung eines Bohrdorns mit Drehmeißeleinsätzen ist im Bild 3.3.28 dargestellt. Auf die Vorteile dieser Lösung wurde bereits hingewiesen. Beachtenswert ist dabei vor allem die Möglichkeit der genauen Werkzeugeinstellung außerhalb des Bohrdorns und damit eine wesentliche Senkung der Nebenzeit. Ein Versetzen des Werkzeugeinsatzes zum Dorn ist möglich (Bild 3.3.29).

Bild 3.3.29. Einsatz von feineinstellbaren Drehmeißeleinsätzen an Bohrdornen

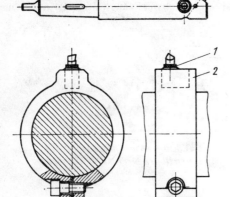

Bild 3.3.30. Einsatz von feineinstellbaren Drehmeißeleinsätzen an Bohrdornen und Bohrstangen für großen Flugkreis

1 Drehmeißeleinsatz, *2* Klemmring

5. Beim Arbeiten mit Drehmeißeleinsätzen an Bohrdornen oder Bohrstangen können auch größere Durchmesser mit dem Vorteil des universellen Einsatzes bei gleichem Durchmesser bearbeitet werden (Bild 3.3.30). Der Drehmeißeleinsatz *1* wird im Klemmring *2* aufgenommen und befestigt.

6. Es besteht die Möglichkeit der Bohrstangenlagerung außerhalb der Maschine (Bild 3.3.31). Bohrstange *1* ist in der Buchse *2* gelagert, die ihrerseits in der Grundbuchse *3* gelagert ist. Die gezeigte Lagerung wird oft auch als schwim-

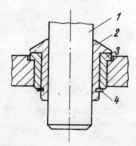

Bild 3.3.31. Lagerung einer Bohrstange im Vorrichtungsgrundkörper

1 Bohrstange; *2, 3* Buchsen; *4* Sicherungsring

3.3. Gestaltungsrichtlinien für verschiedene Vorrichtungsarten

mende Lagerung bezeichnet, weil Dorn *1* in Buchse *2* und auch Buchse *2* in Grundbuchse *3* mit Spielpassung eingesetzt werden. Der Sicherungsring *4* übernimmt die axiale Sicherung der Buchse *2*. Man beachte besonders die große Fase. Die meist an diesen Lagerstellen anfallenden Kühl- und Schmieremulsionen, vermischt mit Spänen, führen bei Lagerberührung zu erhöhtem Verschleiß, dem durch diese Maßnahme entgegengewirkt werden soll.

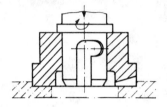

Bild 3.3.32. Werkzeugbefestigung an Bohrdornen und Bohrstangen

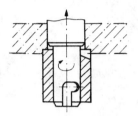

Bild 3.3.33. Werkzeugbefestigung an Bohrdornen und Bohrstangen

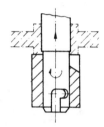

Bild 3.3.34. Werkzeugbefestigung an Bohrdornen und Bohrstangen

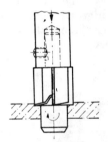

Bild 3.3.35. Werkzeugbefestigung an Bohrdornen und Bohrstangen

7. Die Bilder 3.3.32 bis 3.3.35 zeigen konstruktiv gute Lösungen für die Aufnahme von Senkwerkzeugen an Bohrstangen und Bohrdornen. Die Werkzeuge werden je nach Größe mit Stiften versehen, die in die erkennbare Nut eingeführt und durch eine kurze Drehbewegung befestigt werden. Somit ist schnellster Werkzeugwechsel mit geringstem Aufwand gegeben.

Aus Gründen der Platzverhältnisse kann von der beschriebenen Lösung abgewichen werden (s. Bild 3.3.35). Die eingezeichneten Pfeile deuten auf Dreh- und Vorschubbewegung hin.

Eine interessante Lösung ist im Bild 3.3.36 dargestellt. Durch fehlende axiale Sicherung ist sie aber nur für horizontales Arbeiten brauchbar. In eine in der Bohrstange *1* eingearbeitete Nut greift Mitnehmer *2* ein, der an beiden Stirn-

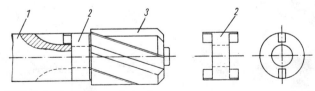

Bild 3.3.36. Werkzeugbefestigung durch Mitnehmer an Bohrdornen und Bohrstangen
1 Bohrstange; 2 Mitnehmer; 3 Werkzeug

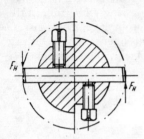
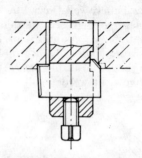

Bild 3.3.37. Befestigung von mehrschneidigen Werkzeugen an Bohrdornen und Bohrstangen

Bild 3.3.38. Befestigung von mehrschneidigen Werkzeugen an Bohrdornen und Bohrstangen

seiten mit Mitnehmerlappen versehen ist und somit ebenfalls in das Werkzeug 3 eingreift. Die Werkzeugführung wird von der Bohrstange übernommen.

Zweischneidige Werkzeuge reduzieren die Biegebeanspruchung des Dorns oder der Stange und sind aufgrund des Einsatzes mehrerer Schneiden rationeller (Bilder 3.3.37 und 3.3.38). In beiden Fällen sind die Werkzeugträger durchbrochen, und die eigentliche Werkzeugbefestigung erfolgt durch Schrauben.

Bild 3.3.39. Programmwerkzeug im Einsatz

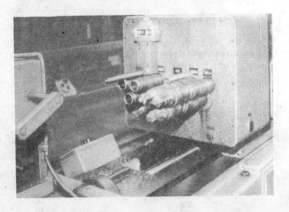

Bild 3.3.40. Programmwerkzeug im Einsatz

8. Einzweck-Programmwerkzeuge (Bilder 3.3.39 und 3.3.40) werden z. B. an horizontal liegenden Bohrköpfen zur Bearbeitung von Gußgehäusen eingesetzt. Außerhalb des gezeigten Einsatzes an der Maschine wird durch eine entsprechende Einrichtung die nochmalige maßliche Prüfung und die axiale Verstellung der Werkzeuge vorgenommen. Durch die sehr hohen Werkzeugkosten ist ein Einsatz nur bei entsprechend hohen Stückzahlen vertretbar. Gleichzeitig werden an einer Spindel Bohrungen mit mehreren Absätzen bearbeitet, die der Aufnahme von Lagern, Sicherungselementen, Dichtungen und Verschlußdeckeln dienen.

3.4. Beispiel einer systematischen Konstruktion

Für einen Gabelbolzen (Bild 3.4.1) ist eine Bohrvorrichtung zur Herstellung der Durchgangsbohrung (beide Lappen) Dmr. 12^{H11} mm zu konstruieren.

Gegeben:

Werkstoff St42, DIN 17006, Jahresstückzahl 13000.

In den Vorlaufarbeitsgängen ist das Werkstück bereits wie folgt bearbeitet worden:
Gabel komplett fertig, so daß die Maße laut Zeichnung erreicht sind. Die Länge des Werkstücks beträgt 233 mm. Dabei ist die Seite A fertig. Die 8 mm Aufmaß befinden sich an der Seite B zur nachträglichen Bearbeitung des zylindrischen Werkstückteils. Der zylindrische Teil ist vorgearbeitet. Ausgehend von der Seite B liegen folgende Durchmesser und zugehörige Längen vor:
Dmr. 15 mm, Länge 24 mm; Dmr. 20 mm, Länge 125 mm; Dmr. 28 mm, also fertig für die Bundbreite 3 mm bis zur fertigbearbeiteten Gabel, der Fertiglänge von 47 mm.

An der Seite B mit dem Aufmaß von 8 mm befindet sich eine Zentrierung. Zum Einsatz kommt eine Säulenbohrmaschine mit entsprechender Leistung.

Es wurde entschieden, die Werkstücke in mehreren wirtschaftlich vertretbaren Losgrößen zu fertigen, wobei die Abstände entsprechend dem erforderlichen Werkstückvorlauf gewählt werden.

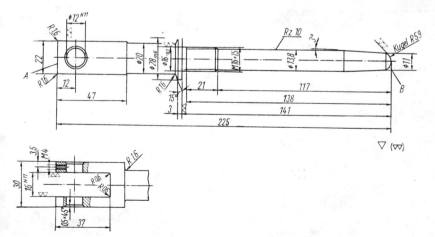

Bild 3.4.1. Gabelbolzen

Bei der Untersuchung nach dem Wirkprinzip sind werkstückseitig weitere Bedingungen zu nennen. Die herzustellende Bohrung dient der Aufnahme eines Lagerbolzens mit Passung; somit müssen beide Teile je Lappen fluchten. Bei der Maßbetrachtung ist erkennbar, daß alle Längenmaße mit ihrer zugehörigen Toleranz dem Bereich der Freimaßtoleranz unterliegen. Es muß also das kleinste Maß betrachtet werden, d. h., die Bestimmung in der ersten Ebene wird an der Seite A (Fläche) erfolgen.

Im Bild 3.4.2 wird das Wirkprinzip am gegebenen Werkstück erläutert. Das Werkstück wurde in einer hier zulässigen Vereinfachung in ein Koordinatensystem gelegt. Für den durchzuführenden Arbeitsgang muß das Werkstück unter Einhaltung der genannten Forderungen bestimmt werden. Um das Maß a mit seiner zulässigen Toleranz einzuhalten, ist es in der ersten Ebene an der Bezugskante dieses Maßes zu bestimmen. Die Verdrehsicherung, also auch die Bestimmung an der Gabel, sollte nach Betrachtung des Werkstücks als günstig an der Aussparung 16^{H11} vorgenommen werden. Zur Anlage an der ersten Bestimmfläche erscheint es zweckmäßig, eine Kraft F_1 wirken zu lassen. Zur Sicherung gegen Verschiebung in der x-z-Ebene und der Mittenlage der Bohrung ist eine weitere Forderung nach Maßnahmen zur Bestimmung zu stellen. Im gekennzeichneten Wirkprinzip sollen dazu die Kräfte F_s benutzt werden. Die Stellungen I und II zeigen Varianten ihrer Wirkung am Werkstück.

Die genannten Überlegungen führen zu folgender Zusammenfassung:
1. Das Maß a zwingt zur Bestimmung an der gekennzeichneten Fläche.
2. Zur Verdrehsicherung wird ein Paßstück an der Aussparung 16^{H11} als günstig angesehen.
3. Zur Sicherung der Bohrungsmittenlage in der x-z-Ebene müssen die Kräfte F_s wirken, die gleichzeitig das Einmitten und Spannen des Werkstücks übernehmen können.

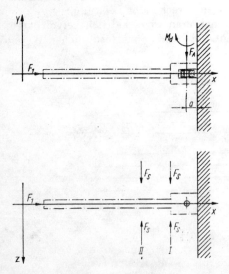
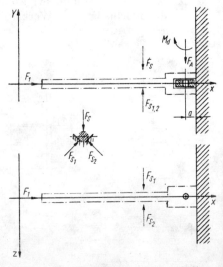

Bild 3.4.2. Erstes Wirkprinzip für eine Bohrvorrichtung zum Gabelbolzen nach Bild 3.4.1

Bild 3.4.3. Zweites Wirkprinzip für eine Bohrvorrichtung zum Gabelbolzen nach Bild 3.4.1

3.4. Beispiel einer systematischen Konstruktion

Bei näherer Betrachtung des Bildes 3.4.2 läßt sich eine Möglichkeit der Variation für das Einmitten und Spannen erkennen. Eine Variante stellt Bild 3.4.3 dar. Es soll die Mittenlage des Werkstücks über die Kraftzerlegung der Spannkraft F_s in F_{s1} und F_{s2} als Reaktionskräfte (Komponenten der Reaktionskraft von F_s) erreicht werden. Für ein Werkstück der vorliegenden Schaftform ist die prismenförmige Auslegung denkbar. Wenn dieses Prisma festliegt, d. h. keine Veränderung in y-Richtung zuläßt, treten folgende Nachteile auf:

Die Durchmessertoleranzen am Schaft zwingen, um Überbestimmen zu vermeiden, zur Verstellbarkeit des Paßstücks am Gabelkopf und der Teile, die die Kraft F_1 erzeugen. Der konstruktive Aufwand erscheint zu hoch, so daß die Entscheidung für die Variante nach Bild 3.4.2 fällt. Bei diesen übersehbaren Problemen ist eine Punktbewertung nicht erforderlich.

Die zu betrachtenden Elementegruppen einer solchen Vorrichtung sind
Grundkörper
Bestimmen des Werkstücks
Spannen des Werkstücks
Werkzeugführung

Für die Gestaltung des *Vorrichtungsgrundkörpers* sind möglich:
Gußkonstruktion
Schweißkonstruktion
verschraubte und verstiftete Ausführung
gemischte Bauweise

Bild 3.4.4 zeigt das Schema für die Betrachtung der Varianten in den Abstraktionsstufen zur konstruktiven Lösung. Es bedeuten:

I Wirkprinzip
II Stufe, die sich aus den genannten Möglichkeiten ergibt (es muß im Vergleich zur speziellen Aufgabe die geeignete Variante gefunden werden)
III konstruktive Ausbildung, wobei der Einfluß der anderen Elementegruppen beachtet werden muß.

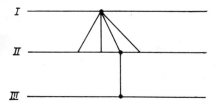

Bild 3.4.4. *Entwicklungsstufen vom Wirkprinzip zur konstruktiven Lösung*

Aus dem Wirkprinzip läßt sich die Möglichkeit einer sehr flachen Konstruktion ablesen. Dabei kann die Entscheidung für das Spannen noch von wesentlichem Einfluß sein. Aufgrund der flachen Ausführung und der aus dem Wirkprinzip möglichen unkomplizierten Ausführung sowie der Einzelanfertigung scheidet die Gußkonstruktion aus.

Auch im Vorrichtungsbau sind Schweißkonstruktionen anzustreben. Sie ermöglichen ein leichteres Fügen von Baugruppen mit geringstem Aufwand an Vorleistungen in bezug auf das Bearbeiten der zu fügenden Bauelemente. In den meisten Fällen müssen die beim Schweißen entstandenen Spannungen durch Glühen beseitigt werden, und erst danach kann die Bearbeitung erfolgen.

Für den vorliegenden Fall einer flachen Bohrvorrichtung mit einem hohen Grad an Bearbeitungsforderungen erscheint die schweißtechnische Ausführung nicht günstig. Es soll jedoch bei der Entwurfserarbeitung eine nochmalige Überprüfung erfolgen. Aus ähnlichen Erwägungen wird auf die kombinierte Ausführung vorerst verzichtet.

Zur konstruktiven Lösung wird die verschraubte und verstiftete Ausführung geführt. Die Art des Bestimmens ist aus dem Wirkprinzip abzuleiten, so daß die Bestimmelemente beim Entwurf in der aufgezeigten Grundkonzeption ausgebildet werden müssen.

Beim Spannen wird unterschieden nach mechanischem, hydraulischem, pneumatischem und elektrischem Spannen.

Im vorliegenden Fall der erforderlichen zwei Spannkomponenten und der Forderung des Bestimmens in bezug auf die Mittenlage treten besondere Probleme auf. Die Kraftkomponenten müssen gleich groß und die krafterzeugenden Elemente geführt sein, damit der Vorgang des Bestimmens erfüllt werden kann.

Mögliche Lösungen innerhalb der mechanischen Spanner sind Keilspanner und Schraubenspanner.

Zum Keilspannen ist zu sagen, daß eine zwangläufige Führung notwendig wird. Spannstück und Keil müssen getrennt ausgeführt werden (Bild 3.4.5.). Die Spannbacken *1* sind geführt, so daß nur eine horizontale Verschiebung möglich ist. Beide Spannkeile *2* greifen in ein Spannstück *3* ein. Das Spannen erfolgt über einen Wellenexzenter *4* durch Drehbewegung. Die erkennbaren Zug- und Druckfedern übernehmen die Rückführung der Elemente beim Lösevorgang. Diese Variante zeigt den großen Aufwand dieses Spannprinzips.

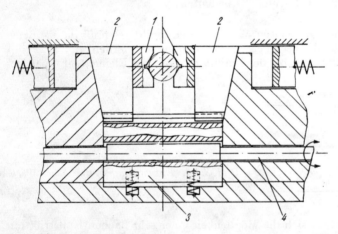

Bild 3.4.5. Prinzip einer Keilspannung zum Spannen und Bestimmen

1 Spannbacken; *2* Spannkeile; *3* Spannstück; *4* Wellenexzenter

Bei Anwendung des Schraubspannens (Bild 3.4.6) mit gleichzeitigem Bestimmen besteht die Spannstelle aus den Spannbacken *1*, die entsprechend geführt werden müssen. Die Spannstelle wird durch eine Gewindespindel betätigt, die in die Spannbacken mit Links- und Rechtsgewinde eingreift, so daß diese gleichzeitig bewegt werden.

3.5. Beispiele für Vorrichtungen

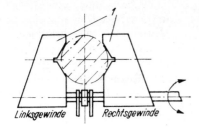

Bild 3.4.6. *Prinzip einer Schraubspannung zum Spannen und Bestimmen*
1 Spannbacken

Aufgrund der erkennbaren wesentlichen Unterschiede, die zugunsten des Prinzips nach Bild 3.4.6 ausfallen, soll die konstruktive Lösung nach diesem Prinzip erfolgen.

Es muß eine Werkzeugführung vorgenommen werden. Dabei soll das endgültig herzustellende Maß durch Reiben erreicht werden, wodurch sich eine Kombination Grundbuchse—Steckbuchse erforderlich macht.

Das Ergebnis des systematischen Herangehens an die konstruktive Lösung zeigt Bild 3.4.7. Alle Elemente sind auf eine Grundplatte *1* aufgebaut, die so aufgelegt ist, daß genügend Freiheit für das Ansetzen von Spanneisen zum Festlegen der Vorrichtung auf der Maschine vorhanden ist. Die Bestimmung an der Gabel übernehmen die Aufnahme *7*, die Zentrierspitze *16* und die Spannung. Zur Erleichterung beim Einlegen des Werkstücks wird die Aufnahme keilförmig und der Lagerbock *5* prismenförmig ausgebildet. Neben der Bestimmung an der Zentrierspitze wird über

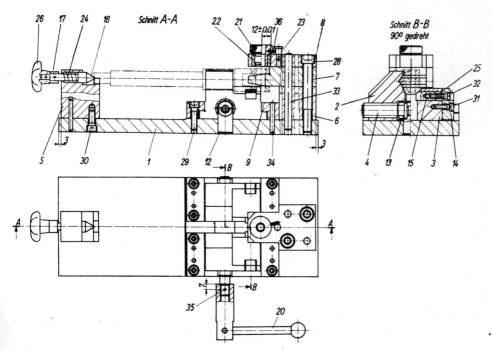

Bild 3.4.7. Bohrvorrichtung für Gabelbolzen

15 Thiel, Vorrichtungen

die Druckfeder 24 die Axialkraft zur Bestimmung an der Aufnahme erzeugt. Der Lagerbock 5 ist mit der Grundplatte verschraubt und verstiftet. Die Aufnahme 7 ist über Beilage 6 und Bohrplatte 8 ebenfalls mit der Grundplatte verschraubt und verstiftet. In der Bohrplatte werden die Bohrbuchsen aufgenommen. Entsprechend dem Funktionsprinzip erfolgt das Spannen über eine Spindel 4 (Links-Rechts-Gewinde) und die Spannbacken 2 und 3. Die Spindelfestlegung übernimmt der Zentrierbolzen 12. Die Spannbackenführung erfolgt durch die Führungsschienen 9. Aufgrund der wirkenden Vorschubkraft beim Bohren muß der untere Lappen am Gabelkopf durch die Stützkeile 15 abgestützt werden. Sie müssen entsprechend eingestellt werden, damit sie beim Lösen der Spannung am Schwenkgabelhebel zwangläufig zurückgeführt werden. Weitere Angaben sind der Stückliste (s. Bild 3.4.7) zu entnehmen.

Stück	Benennung	Teil-Nr.	Werkstoff	Rohmaße ●	Rohmaße ■	Rohmaße lg.	Bemerkung
1	Grundplatte	1	St 37		358 × 133	24 dick	eins. geh.
1	Spannbacke	2	C 15		100 × 60	70	eins. geh.
1	Spannbacke	3	C 15		100 × 60	70	eins. geh.
1	Spindel	4	K 13 Ni Cr 12	22		161	eins. geh.
1	Lagerbock	5	St 37		55 × 45	70	
1	Beilage	6	St 37		65 × 45	55	
1	Aufnahme	7	C 15		65 × 30	95	eins. geh.
1	Bohrplatte	8	St 37		65 × 20		
4	Führungsschiene	9	St 50		25 × 25	61	
		10					
		11					
1	Zentrierbolzen	12	C 100 W 1	22		40	geh.
1	Abdeckhülse	13	St 37	28		37	
2	Leiste	14	St 37		16 × 16	47	
2	Stützkeil	15	C 100 W 1		15 × 15	28	geh.
1	Zentrierspitze	16	C 100 W 1	16		17	geh.
1	Hülse	17	St 37	18		83	
		18					
		19					
1	Schwenkhebel	20					
1	Steckbohrbuchse 11,8 × 18 DIN 173	21					
1	Bohrbuchse A 18 × 16 DIN 179	22					
1	Ansatzkerbstift	23					
1	Druckfeder 1,1 × 12 × 30	24					
2	Druckfeder 1,1 × 9 × 15	25					
1	Sterngriff DIN 6336	26					
		27					
2	Zylinderschraube M 12 × 90 DIN 912	28					
8	Zylinderschraube M 8 × 30 DIN 912	29					
2	Zylinderschraube M 8 × 20 DIN 912	30					
2	Zylinderschraube M 6 × 20 DIN 912	31					
2	Zylinderschraube M 6 × 25 DIN 84	32					
2	Zylinderstift 10_{m6} × 100 DIN 7	33					
10	Zylinderstift 6_{m6} × 40 DIN 7	34					
1	Zylinderkerbstift 3 × 24 DIN 1473	35					
3	Zylinderkerbstift 3 × 16 DIN 1473	36					

3.5. Beispiele für Vorrichtungen

Es ist bekannt, daß ein Körper im Raum sechs Möglichkeiten der Bewegung hat, drei Translationen in den x-, y- und z-Achsen und drei Rotationen um diese Achsen. Für diese Bewegungen wird der Begriff Freiheitsgrad (FG) verwendet. Der Betriebsmittelkonstrukteur hat die Aufgabe, entsprechend den technologischen Forderungen, das Werkstück eindeutig zu bestimmen, d. h., ihm die unerwünschte Bewegungsfreiheit zu nehmen. Er muß durch konstruktive Maßnahmen dem Werkstück die erforderliche Anzahl Freiheitsgrade entziehen.

Im folgenden wird an einigen Beispielen neben der Erläuterung des Bestimmens in Ebenen (s. Abschn. 2.1.) die Anzahl der jeweils entzogenen Freiheitsgrade angegeben.

3.5.1. Bohrvorrichtungen

Bohrvorrichtungen sind ein Mittel zur schnellen und qualitätsgerechten Herstellung von Bohrungen an Werkstücken, wobei die Arbeitsgänge Bohren, Senken, Reiben Nuten und Gewindeschneiden durchgeführt werden können. Die Bestimmung der Werkstücke erfolgt nach den technologisch vorgegebenen Haupt- und Hilfsbestimmflächen. Für das Spannen sind die bereits genannten Gesetzmäßigkeiten zutreffend (s. Abschn. 2.2.).

Die Werkzeugführung (s. Abschn. 2.4) ist meist für die eigentliche Bohroperation gedacht, während beim Senken und Reiben auf eine Führung der Werkzeuge in der Regel verzichtet werden kann. Als werkzeugführende Elemente werden Bohrbuchsen eingesetzt, die in Grundbohrbuchsen, Steckbohrbuchsen und Bohrbuchsen in Sonderausführung eingeteilt sind. Die Kombination von Grund- und Steckbohrbuchsen ist beim Einsatz mehrerer Werkzeuge an einer Bohrung mit unterschiedlichem Durchmesser üblich (Bild 3.5.1).

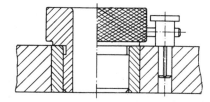

Bild 3.5.1. *Grund- und Steckbohrbuchse mit Zylinderkerbstift*

Die Handhabung der einzusetzenden Vorrichtungen, z. B. ausgehend von der Werkstückgröße und dem technologisch geplanten Ablauf, zwingt zu verschiedenen Auslegungen der Vorrichtungen:

Bohrschablonen oder Plattenbohrvorrichtungen

Bei der Herstellung von Durchgangsbohrungen an einzelnen Flanschen kann eine Vorrichtung, bestehend aus einer Platte (Vorrichtungsgrundkörper) mit Bohrbuchsen eingesetzt werden. Muß das Bohrbild auf eine Ebene am Werkstück bezogen werden, so sind Arretierungen zu verwenden.

Bohrwürfel bis zu Kastenvorrichtungen

Bohrwürfel sind Kleinstvorrichtungen, die das zu bearbeitende Werkstück völlig umschließen und leicht zu handhaben sind. Es wird meist in mehreren Ebenen gebohrt. Größere Vorrichtungen sollten nur dann für die Bearbeitung in mehreren Ebenen ausgelegt werden, wenn ihre Handhabung zumutbar ist. Die Grenze liegt

228　　　　　　　　　　　　　　　　　　　　3. Entwerfen von Vorrichtungen

in der Möglichkeit der Bewegung von Hand in einer Ebene ohne Zusatzeinrichtungen. Als Zusatzeinrichtungen können Luftplatten zum Einsatz kommen.

Das gilt für Maschinen mit festem Bohrschlitten, der nur die vertikale Zuführung der Werkzeuge mit erforderlicher Drehbewegung des Werkzeugs ausführt.

Beim Einsatz von Maschinen mit veränderlichem Bohrschlitten in vertikaler und horizontaler Richtung kann die Vorrichtung auf dem Maschinentisch festgelegt werden. Auch bei der Herstellung einer Bohrung in einer Ebene und beim Einsatz von Bohrköpfen in einer oder mehreren Ebenen ist die Festlegung der Vorrichtung an der Maschine möglich.

Schwenkvorrichtungen, die in der Symmetrieachse zu den herzustellenden Bohrungen an den Werkstückflächen gelagert sind und eine Arretierung für die jeweilige Bearbeitungslage zulassen

Der eigentliche Schwenkvorgang wird meist durch Handkraft vorgenommen. Lösungen, die im Zuge der Mechanisierung und Automatisierung erforderlich

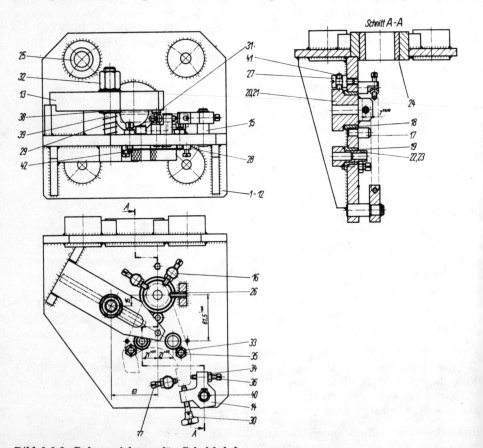

Bild 3.5.2. *Bohrvorrichtung für Schalthebel*

1, 2 Platten; *3* bis *6* Rippen; *7* Unterlage; *8* Platte; *9* bis *12* Augen; *13* Spanneisen; *14* Winkelhebel; *15* Spannbolzen; *16* Bolzen; *17* Druckbolzen; *18, 19* Bohrbuchsen; *20* bis *23* Steckbohrbuchsen; *24, 25* Buchsen; *26* Bohrbuchse; *27, 28* Bundschrauben; *29* Druckfeder; *30* Kreuzgriff; *31* Bolzen; *32* bis *34* Sechskantmuttern; *35* bis *37* Vierkantschrauben; *38* Unterlegscheibe; *39* Stiftschraube; *40* Sicherungsring; *41, 42* Zylinderstifte

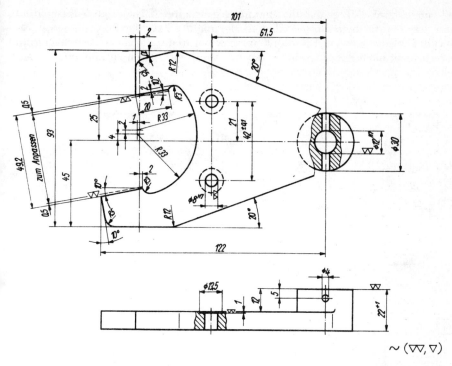

Bild 3.5.3. Schalthebel

werden (maschinelle Schwenkbewegung im zwangläufigen Steuerungsvorgang), sind bekannt.

1. Bild 3.5.2 zeigt eine Bohrvorrichtung zur Herstellung der Bohrungen an einem Schalthebel (Bild 3.5.3). Die Vorrichtung wird in eine Horizontal-Universalschwenkvorrichtung aufgenommen. In der Vorrichtungsgrundplatte sind Zentrier- und Befestigungsstellen erkennbar. Der Vorrichtungskörper ist in Schweißkonstruktion ausgeführt, zu der die Teile *1* bis *12* gehören. Aufgrund der unbearbeiteten Oberfläche an der Auflage und der damit zu erwartenden makrogeometrischen Abweichungen wurde eine Dreipunktauflage (Bestimmfläche) gewählt. Es handelt sich bei *17* um einen festen Auflagepunkt und bei den Vierkantschrauben *35* um einstellbare Auflagepunkte (drei Freiheitsgrade entzogen). Für die übrigen zwei Bestimmebenen wurden einstellbare Vierkantschrauben *37* gewählt, die durch Muttern gesichert werden. In diesen Bestimmebenen werden weitere drei Freiheitsgrade entzogen.

Somit ist eine Korrektur der zu erwartenden Abweichungen möglich. Über Winkelhebel *14*, Vierkantschraube *36* und Kreuzgriff *30* wird die Lage des Werkstücks in dieser zweiten Ebene garantiert. Das Spannen erfolgt durch die Spanneisen *13*, die Spannkrafterzeugung durch die Sechskantmutter *32*. Die Spannkraft wird von der Sechskantmutter über das Spanneisen und einen Bolzen *31* auf das Werkstück geleitet. Das Spanneisen ist mit einem Langloch versehen und wird in einer Aussparung am Grundkörper geführt. Bei der Herstellung der Bohrung

$\varnothing\,12^{H7}$ und $\varnothing\,8^{H7}$ wird gegen die Spannung gearbeitet. Dieser kaum vermeidbare Umstand zwingt zu besonders starker Auslegung der Spannstelle.

Steckbohrbuchsen müssen gewählt werden, um in der gleichen Vorrichtung und Arbeitsstellung nach dem Vorbohren noch senken und reiben zu können.

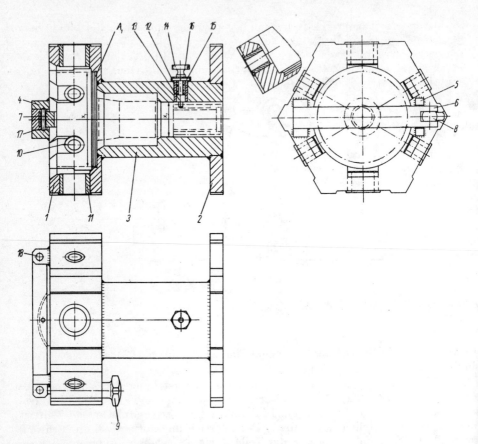

Bild 3.5.4. Bohrvorrichtung für Revolverkopf

1, 2 Aufnahmen; *3* Zwischenstück; *4, 5* Augen; *6* Klappe; *7* Druckleiste; *8* Augenschraube; *9* Kreuzgriff; *10, 11* Bohrbuchsen; *12* Führungsbuchse; *13* Absteckdorn; *14* Rändelmutter; *15* Feder; *16* bis *18* Zylinderstifte

2. Bei der Bohrvorrichtung für einen Revolverkopf nach Bild 3.5.4 wird das Werkstück an den Durchmessern x_1 und x_2 und an der Fläche A_1 bestimmt. Für den Vorrichtungskörper wird eine Schweißkonstruktion gewählt (Teile *1* bis *5*). Die Verdrehsicherung des Werkstücks übernimmt der Absteckdorn *13*, der in der Führungsbuchse *12* gleitet, mit Rändelmutter *14* ausgehoben werden kann und durch Feder *15* in Arretierstellung gehalten wird. Zwei Freiheitsgrade werden bei x_1, zwei bei x_2, einer bei A_1 und einer durch Teil *13* entzogen. Die Werkstückspannung erfolgt über die Klappe *6*, wobei die Druckleiste *7* gleich große Spannkräfte an den Spannflächen des Werkstücks erzeugt. Die Spannkraft wird an Kreuzgriff *9* eingeleitet und über Augenschraube *8* auf die Klappe übertragen.

3.5. Beispiele für Vorrichtungen

Teile *1* und *2* sind Sechskantteile, wodurch die Vorrichtung und damit das Werkstück in die jeweilige Bearbeitungsebene gekippt werden kann.

3.5.2. Fräsvorrichtungen

Die Besonderheit beim Fräsen liegt in der stark schwankenden Belastung, hervorgerufen durch den nacheinander folgenden Angriff von Einzelschneiden und den dauernden Wechsel von Größe und Richtung der Schnittkräfte beim Gegenlauffräsen (Fräserzähne). Es treten also Schwingungen auf, denen durch stabile konstruktive Auslegung der Vorrichtung entgegenzuwirken ist.

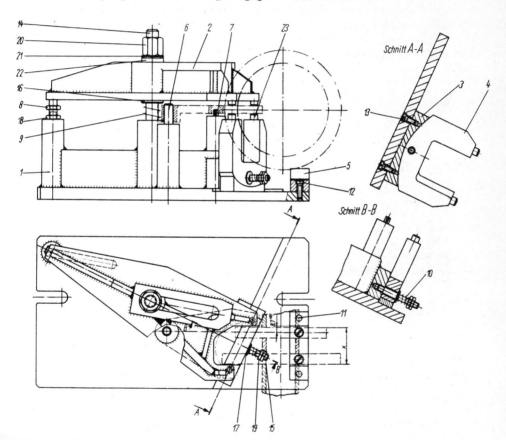

Bild 3.5.5. Fräsvorrichtung für einen Schalthebel

1 Grundkörper; *2* Spannbrücke; *3* Stütze; *4* Wippe; *5* Meßklotz; *6* Stift; *7* Schwertbolzen; *8* Stützschraube; *9, 10* Druckfedern; *11* Zylinderstift; *12, 13* Zylinderschrauben; *14, 15* Stiftschrauben; *16, 17* Scheiben; *18* bis *20* Sechskantmuttern; *21* Kugelscheibe; *22* Kegelpfanne; *23* Zylinderstifte

1. In der Fräsvorrichtung nach Bild 3.5.5 sind Schaltklauen zu fräsen, wobei das eingezeichnete Maß x hergestellt werden soll. Entsprechend den bei der Bearbeitung zu erwartenden Schwingungen wurde bewußt eine sehr stabile Vorrichtungskonstruktion ausgewählt. Der Grundkörper der Vorrichtung und das

Spanneisen sind Schweißkonstruktionen. An der Spannplatte des Grundkörpers *1* sind Nuten eingearbeitet, die dem Ausrichten der Vorrichtung und dem nachfolgenden Spannen in den Nuten des Frästisches dienen. Der Stift *6* und der Schwertbolzen *7* übernehmen das Bestimmen des Schalthebels. Zum Ausgleich der Gußtoleranzen wurde die Wippe *4* mit den Zylinderstiften *23* vorgesehen. Zur Einhaltung des Maßes x brauchen nur fünf Freiheitsgrade entzogen zu werden; vier entzieht Teil *6* und einen Freiheitsgrad Teil *7*.

Die Stützschraube *8* lagert in einer Senkung an der Spannbrücke *2*. Die Durchgangsbohrung am Spanneisen für die Stiftschraube *14* ist entsprechend größer gehalten, so daß durch das Spannelement ein Einpendeln um die zu erwartenden Gußtoleranzen möglich ist. Kugelscheibe *21* und Kegelpfanne *22* gleichen die Schräglage gegenüber der feststehenden Stiftschraube aus. Die Druckfeder *9* hebt das Spanneisen nach dem Lösen der Sechskantmutter *20* an, so daß Werkstücke herausgenommen oder eingelegt werden können. Eine in der Spannbrücke am Auflagebolzen vorhandene Nut übernimmt die Führung beim Einschieben bzw. Herausziehen.

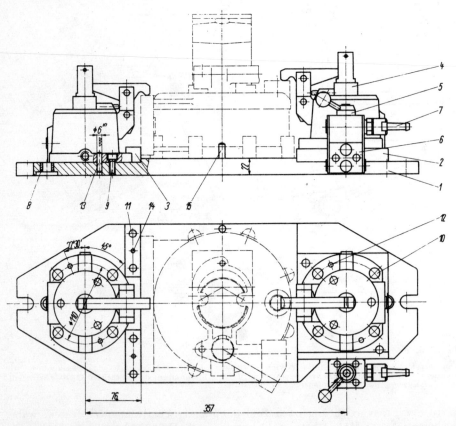

Bild 3.5.6. Fräsvorrichtung für Gehäuse

1 Grundplatte; *2* Zwischenplatte; *3* Leiste; *4* Spannbock; *5* Dreiwegeventil; *6* Verteiler; *7* Rückschlagventil; *8* Bohrbuchse; *9* bis *11* Zylinderschrauben; *12* bis *15* Zylinderstifte

3.5. Beispiele für Vorrichtungen

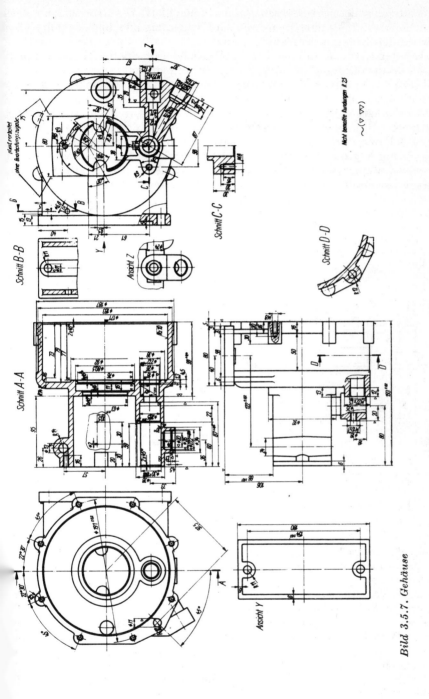

Bild 3.5.7. Gehäuse

Zur Einstellung des Fräsersatzes dient der Meßklotz 5, verbunden mit einer Lehre des Maßes 8,7. Der Fräsersatz wird auf die zu fräsende Breite x mit Hülsen auf dem Dorn der Fräsmaschine aufgespannt.

Der Anfertigung einer solchen werkstückgebundenen Spezialvorrichtung muß eine Wirtschaftlichkeitsuntersuchung vorangestellt werden.

2. Bild 3.5.6 zeigt eine Fräsvorrichtung zur Herstellung des Maßes $193^{\pm 0,2}$ am Werkstück nach Bild 3.5.7. Sehr beachtenswert ist der erreichte Stand der Normung. Das Werkstück wird an der Grundplatte 1, der Leiste 3 und dem Zylinderstift 15 bestimmt. Da nur die Gesamthöhe des Werkstücks hergestellt werden muß, ist die Bestimmung an der Grundplatte von ausschlaggebender Bedeutung d. h., es müssen hier nur drei Freiheitsgrade entzogen werden. Das Spannen wird über standardisierte Spannböcke am Werkstück erreicht. Spannkrafterzeugendes Element ist Druckluft, die über das Wegeventil 5 gesteuert wird.

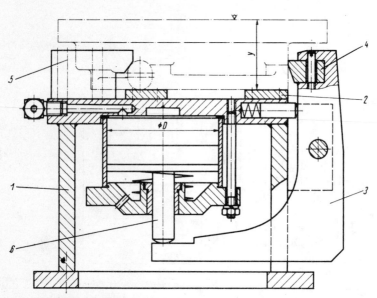

Bild 3.5.8. Fräsvorrichtung

1 Vorrichtungsgrundkörper; *2* Bestimmplatte; *3* Winkelhebel; *4* Druckstück; *5* Widerlager; *6* Kolbenstange

3. In der Fräsvorrichtung nach Bild 3.5.8 ist der Vorrichtungsgrundkörper b auf die Grundplatte in Schweißkonstruktion ausgeführt. Die Bestimmung d Werkstücks erfolgt an den Platten 2, wobei das Maß y hergestellt werden soll. D pneumatische Werkstückspannung übernimmt der Winkelhebel 3 mit Druckstück und Widerlager 5. Die eingeleitete Druckluft wirkt auf die Kolbenfläche mit de Durchmesser D. Der Druck, multipliziert mit der Kolbenfläche und einem a zusetzenden Wirkungsgrad (0,7 bis 0,8), ergibt die an der Kolbenstange 6 wirken Kraft. Durch Berechnung am Winkelhebel kann die direkte Werkstückspannkra ermittelt werden.

4. Der Funktionsschaltplan (Bild 3.5.9) zeigt eine der möglichen Lösungen z Schaltung von Bauelementen der Hochdruckpneumatik, wobei auf die Wartung einheit (Druckluftfilter, Wasserabscheider, Druckminderventil und Öler) verzicht

3.5. Beispiele für Vorrichtungen

wurde. Ebenso sei nur erwähnt, daß auch kolbengeschwindigkeitsregelnde Elemente einsetzbar sind, wie Drosselventile in Parallelschaltung mit Rückschlagventilen usw. Im System werden ein 3/2-Wegeventil mit handbetätigter Stelleinheit, ein einseitig beaufschlagter Arbeitszylinder mit Rückstellung durch Feder und Übertragungs- und Verbindungselemente angewendet.

In der gezeichneten Schaltstellung *1* wird der Motor M beaufschlagt und damit die Spannkraft erzeugt.

In Schaltstellung *2* sperrt das Wegeventil die Zuleitung, und über die freigegebene Entlüftung erfolgt in Verbindung mit der Feder am Motor das Lösen des Werkstücks.

5. Die Möglichkeit einer Schaltung mehrerer Motoren über ein Wegeventil ist im Bild 3.5.10 dargestellt. Die Schaltstellungen *1* und *2* entsprechen dem Bild 3.5.9.

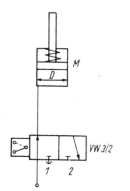
Bild 3.5.9. *Funktionsschaltplan zur pneumatischen Spannung*

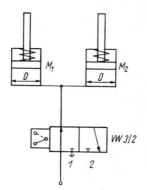
Bild 3.5.10. *Funktionsschaltplan zur pneumatischen Spannung mit mehreren Motoren*

3.5.3. Drehvorrichtungen

Im Gegensatz zum größten Teil der Vorrichtungen aus den anderen Bearbeitungsverfahren werden Drehvorrichtungen an Maschinenspindeln angeschlossen und sind damit rotierende Massen. Dieser Tatbestand verlangt besondere Maßnahmen. vor allem in bezug auf den bedienenden Menschen und zum Schutz der Maschinen.

Gundforderungen für die Konstruktion solcher Vorrichtungen sind folgende:

Vermeiden jeder Gefährdung und Erschwernis bei der Bedienung
Ausschluß erkannter gefährdender Stellen durch sicherheitstechnische Maßnahmen (Zwang zur Anwendung)
volle Funktionssicherheit aller sicherheitstechnischen Mittel bei allen eintretenden Umständen
exakte und leichtverständliche Arbeitsschutzrichtlinien für gefährdende Stellen der jeweiligen Vorrichtung und Maschine, die nicht voll durch sicherheitstechnische Maßnahmen ausgeschaltet werden können

Für den speziellen konstruktiven Fall der Drehvorrichtungen ist zu beachten:
Drehvorrichtungen vermeiden, wenn andere vertretbare Lösungen möglich sind
grundsätzlich die gesamte Vorrichtung zentrieren.

die Vorrichtungsbefestigung an der Maschine ausreichend stark dimensionieren

bei hohen Drehzahlen starke Fliehkräfte beachten, die eine gute Befestigung aller Vorrichtungselemente erfordern

vorstehende Teile, scharfe Kanten usw. vermeiden

möglichst zusätzliche Schutzvorrichtungen anordnen, die über den Stromkreis der Maschine elektrisch abgesichert werden

bei exzentrisch angeordneten Teilen Ausgleichsmassen anordnen, um übermäßige Belastung der Vorrichtung und Maschine durch Unwucht zu vermeiden

nicht vertretbare Spannkraftminderung bei großen Drehzahlen beachten

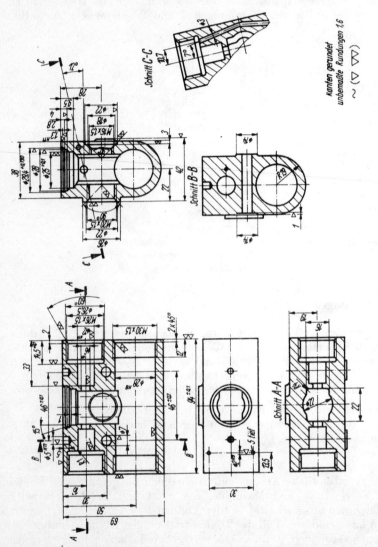

Bild 3.5.11. Gehäuse

3.5. Beispiele für Vorrichtungen

Am Werkstück im Bild 3.5.11 soll der Arbeitsgang „Querbohrung, Durchmesser 26, auf Höhe 42 mm planen, komplett drehen und gewindeschneiden" durchgeführt werden. Die dazu konstruierte Vorrichtung zeigt Bild 3.5.12. Das Bestimmen des Werkstücks erfolgt an der Werkstückgrundfläche, an der die Bohrung $\varnothing$ 28 austritt, und in den beiden Bohrungen $\varnothing$ 5^{H11} mit den Bohrungsabständen $46^{\pm 0,1}$. Als Vorrichtungsgrundkörper wurde eine Schweißkonstruktion gewählt (Teile 1 bis 4). In der Vorrichtungsgrundplatte sind eine Aufnahme für die Vorrichtungszentrierung an der Maschine und drei Bohrungen mit Gewinde für die Befestigung der Vorrichtung vorgesehen. Die Teile 2 bis 4 sind zu einem U-Profil verschweißt, das in Verbindung mit dem Spannteil das Werkstück umgibt.

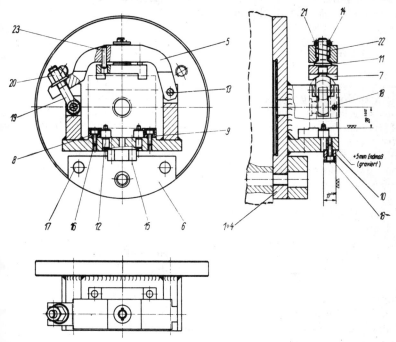

Bild 3.5.12. Drehvorrichtung für Gehäuse

1 bis *4* Schweißteile des Vorrichtungsgrundkörpers; *5* Spannbrücke; *6* Gegengewicht; *7* Druckstück; *8*, *9* Leisten; *10* Meßbock; *11* Bolzen; *12* Aufnahmestift; *13* Zylinderstift; *14* Kerbstift; *15* Zylinderstift; *16*, *17* Zylinderschrauben; *18* Gewindestift; *19* Augenschraube; *20* Sechskantmutter mit Bund; *21* Scheibe; *22* Druckfeder; *23* Zylinderstift

Das Werkstück wird auf die Leisten *8* und *9* aufgelegt und von den Stiften *12* aufgenommen, ein Stift wurde als Schwertbolzen ausgeführt. Die Spannbrücke *5* (Spannteil) ist im Grundkörper durch den Zylinderstift *13* gelagert. Die Spannung wird über die Augenschraube *19* und einen Zylinderstift von der Sechskantmutter *20* eingeleitet. Aufgrund der nichtbearbeiteten Außenform am Werkstück und der gewählten Lagerung der Spannbrücke mußte ein Druckstück *7* in pendelnder Ausführung gewählt werden. Die Stifte *23* übernehmen die Führung des Druckstücks. Der Bolzen *11* wird in Druckstück *7* eingepreßt, und ein kegelförmiger Ansatz, dem in der Spannbrücke eine Gegenform geschaffen wurde, ermöglicht die erforderliche Pendelbewegung. Die Druckfeder *22* in Verbindung mit Scheibe *21* und Kerbstift *14* hält das Druckstück bei gelöster Spannung an der Spannbrücke. Die gewählte Form der Lagerung des Druckstücks 7 garantiert annähernd gleich große Kräfte an den Spannpunkten des Werkstücks. Die Werkzeugeinstellung erfolgt in Verbindung mit einem Endmaß am Meßbock 10.

Besonderheiten am gezeigten Beispiel sind:
starre Spannung
zusätzliche Arretierung der Sechskantmutter 20 durch eine Senkung am Spannteil 5
Anordnung eines Gegengewichts 6 zur Minderung der Unwucht
vollumschlossenes Werkstück
Zentrierung der gesamten Vorrichtung und Dreipunktbefestigung
Anordnung eines Meßbocks zur Werkzeugeinstellung

3.5.4. Fügevorrichtungen

Fügevorrichtungen dienen zum Zusammenbau von Einzelteilen zu Baugruppen oder zum Zusammenbau von Baugruppen zu Aggregaten unter Zuhilfenahme von Fügeverfahren (Nieten, Kleben, Löten, Schweißen, Pressen usw.).

Die *Schweißvorrichtungen* spielen hierbei eine besondere Rolle, weil durch die große Wärmeentwicklung während des Schweißens Schrumpfungen auftreten können, die die Funktion einer Schweißvorrichtung gefährden können. Aus diesem Grund werden die Schweißvorrichtungen noch einmal untergliedert in Heftvorrichtungen, Ausschweißvorrichtungen und kombinierte Heft- und Ausschweißvorrichtungen.

In den *Heftvorrichtungen* werden die Einzelteile oder Baugruppen in der Lage bestimmt und nur geheftet. Die Wärmeentwicklung ist gering, und damit treten nur geringfügige Schrumpfungen auf, die innerhalb der Vorrichtung bedeutungslos sind. Die Heftstellen müssen für den Schweißer frei zugänglich sein.

Nach dem Heften werden große Baugruppen in der *Ausschweißvorrichtung* so gespannt, daß eine möglichst günstige Schweißnahtlage (Wannen-, Waagerechtoder Steillage) erreicht und der Einsatz automatischer Schweißverfahren möglich wird. Überkopfnähte dürfen keinesfalls auftreten. Die Ausschweißvorrichtungen müssen deshalb in einer oder mehreren Ebenen schwenkbar sein. Die Lageänderung kann hand- oder kraftbetätigt durchgeführt werden. Bei automatischen Schweißverfahren muß auch der Vorschub automatisch regelbar sein. In diesem Fall spricht man von Schweißmanipulatoren. Sie sind teilweise handelsüblich und brauchen nicht selbst konstruiert und gebaut zu werden. Kleine Baugruppen können zum Ausschweißen vom Schweißer selbst in die richtige Lage gewendet werden, so daß in diesen Fällen auf eine Ausschweißvorrichtung verzichtet werden kann.

Die Ausschweißvorrichtungen haben als zweite Aufgabe die auftretende Wärme während des Ausschweißens günstig abzuführen. In bestimmten Fällen wird deshalb die Luftkühlung nicht mehr ausreichen, und es sind andere Kühlverfahren (besonders die Wasserkühlung) einzusetzen. Beim Widerstandsschweißen werden z. B. die Elektroden durch Wasser gekühlt. Es ist aber auch möglich, daß die Vorrichtung selbst gekühlt werden muß.

Das auszuschweißende Werkstück muß in der Ausschweißvorrichtung unbehindert und verzugsarm schrumpfen können. Diese Bedingungen werden durch die richtige Schweißfolge festgelegt und kommen im Schweißfolgeplan zum Aus

3.5. Beispiele für Vorrichtungen

druck. Der Konstrukteur für Schweißvorrichtungen muß bei komplizierten Bauteilen unbedingt mit dem Schweißtechnologen zusammenarbeiten und auch selbst ausreichende Kenntnisse über die möglichen auftretenden Längs-, Quer- und Winkelschrumpfungen haben.

Beim Schweißen kleinerer Baugruppen und bei geringen Stückzahlen ist es möglich, kombinierte Heft- und Ausschweißvorrichtungen einzusetzen. Dabei dürfen sich die auftretenden Schrumpfungen nicht auf Spann- und Bestimmelemente auswirken, oder diese Elemente müssen so eingesetzt werden, daß die Schrumpfungen nicht zum Beschädigen der Vorrichtung führen. In diesen Fällen muß das Schrumpfen entgegengesetzt zu den Bestimmelementen erfolgen, und die Spannelemente müssen elastisch sein. Da aber der konstruktive, bautechnische und kostenmäßige Aufwand sehr groß ist, wird man in den meisten Fällen Heften und Ausschweißen voneinander trennen.

1. Bild 3.5.13 zeigt eine Heftvorrichtung für eine Verriegelung. Der Grundkörper *1* ist aus U-Profil zur günstigen Wärmeableitung hergestellt. Die beiden Zentrierbolzen *2* nehmen die Einzelteile der Baugruppen des Werkstücks auf. Die Distanzplatte *3* garantiert den Abstand der Bauteile (10,6 mm) vor dem Heften

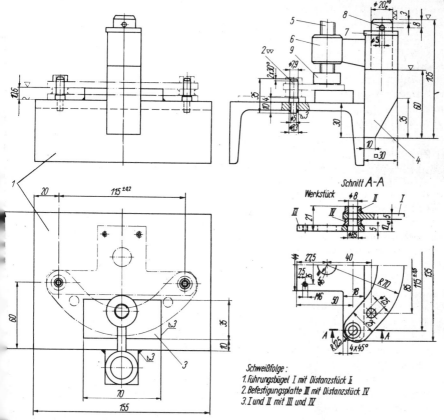

Bild 3.5.13. Heftvorrichtung für Verriegelung

1 U-Profil; *2* Zentrierbolzen; *3* Distanzplatte; *4* Lagerzapfen; *5* Spannschraube; *6* Ausleger; *7* Scheibe; *8* Splint; *9* Deckscheibe

und Ausschweißen. Der schwenkbare Ausleger 6 ermöglicht durch das Wegschwenken der Spannschraube 5 ein gutes und unbehindertes Ein- und Auslegen der Werkstückteile. Der Lagerzapfen 4, um den der Ausleger geschwenkt wird, ist am Vorrichtungsgrundkörper angeschweißt. Durch die Scheibe 7 und Splint werden die beweglichen Teile gegen Verlust geschützt. Die Spanneinrichtung wirkt wie eine Schraubzwinge. Das Schrägstellen der Spannschraube wird durch die Druckscheibe 9 ausgeglichen.

Der auf der Zeichnung vermerkte Schweißfolgeplan gilt auch für das Heften. Das Ausschweißen wird bei diesem Werkstück ohne Ausschweißvorrichtung durchgeführt.

Die beim Ausschweißen auftretenden Längs- und Winkelschrumpfungen sind unbedeutend. Es treten aber wesentliche Querschrumpfungen auf, weil alle Nähte Anschlußnähte sind. Aus Erfahrungswerten beträgt die Schrumpfung je Anschluß bei durchgehender Naht 0,3 mm. Bei drei Anschlußnähten wird das Maß der Gesamtschrumpfung $3 \cdot 0{,}3$ mm = 0,9 mm betragen. Eine durchgehende Schrumpfung ist nur an den Distanzstücken II und IV möglich, deshalb sind beide in der Materialvorbereitung mit dem entsprechenden Aufmaß zu versehen. Die Gesamthöhe der Verriegelung beträgt nach Fertigstellung 21 mm. Die Teile I und III sind je 5 mm dick, so daß für Teil II ein Rohmaß von 5,5 mm + 0,3 mm = 5,8 mm und für Teil IV ein Rohmaß von 5,5 mm + $2 \cdot 0{,}3$ mm = 6,1 mm vorzusehen sind.

Passungsbohrungen und Feinbearbeitungen an geschweißten Bauteilen können grundsätzlich nur nach dem Schweißen gefertigt werden.

Die grundsätzlichen Konstruktionsbedingungen weichen bei Schweißvorrichtungen nicht von denen anderer Vorrichtungen ab.

Die Spannkräfte können bei Schweißvorrichtungen erheblich geringer gehalten werden, weil keine äußeren Kräfte auftreten und die Bauteile nur in ihrer Lage zu halten sind. Oft kann man auf Spannelemente verzichten. Bei großen Ausschweißvorrichtungen, die schwenkbar gestaltet werden, ist die Masse des Werkstücks und Zusatzkräfte, die durch die Masse des Arbeiters auftreten, für die Größe der Spannkräfte ausschlaggebend. Bei kombinierten Heft- und Ausschweißvorrichtungen sollten immer elastische Spannelemente (Federspanner oder Druckluft-

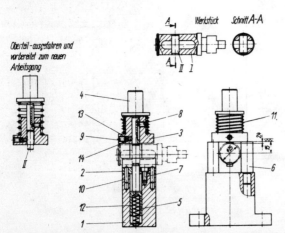

Bild 3.5.14. Montagevorrichtung zum Einpressen eines Stiftes in einen Kolben
1 Grundkörper; 2 Prisma; 3 Stiftaufnahme; 4 Einspannzapfen; 5 Bestimmbolzen; 6 Anschlagbolzen; 7 Zylinderschraube; 8, 9 Gewindestifte; 10 Zylinderstift; 11 bis 13 Druckfedern; 14 Kugel

spanner) eingesetzt werden, damit nach dem Schrumpfen die Bauteile aus der Vorrichtung entnommen werden können.

2. Im Bild 3.5.14 wird eine Montagevorrichtung zum Einpressen eines Stiftes in einen Kolben gezeigt. Die Montage erfolgt durch eine hydraulische Tischpresse. Bei ausgefahrenem Oberteil wird der Stift *11* in die Stiftaufnahme *3* gesteckt. Die unter Federkraft stehende Kugel *14* schützt den Stift gegen Herausfallen. Der Kolben *1* wird in das Prisma *2* gelegt, wobei der Bestimmbolzen *5* in die vorhandene Bohrung des Kolbens eingreift und damit das Werkstück in der Lage bestimmt. Beim Niedergehen des Pressenstößels wird der am Einspannzapfen *4* sitzende Bolzen nach unten gedrückt. Er schiebt den einzupressenden Stift vor sich her. Der Arbeitsgang ist beendet, wenn *4* auf *3* und beide gemeinsam auf den Anschlagbolzen *6* aufgesetzt haben. Die Anschlagbolzen sind so bemessen, daß der Stift *11* symmetrisch im Kolben sitzt. Beim Hochgehen des Pressenstößels hebt der Bestimmbolzen durch die Feder *12* die montierte Baugruppe an, und sie kann aus der Vorrichtung herausgenommen werden. Die Feder *11* drückt das Oberteil auseinander, und der nächste Arbeitsgang kann beginnen. Durch die Schraube *7* und die Zylinderstifte *10* wird das Prisma im Grundkörper *1* in der Lage bestimmt und festgeschraubt. Der Gewindestift *8* dient zum Sichern des Einspannzapfens gegen Herausdrücken. Der Gewindestift *9* hält die Feder *13* und die Kugel *14*.

3.5.5. Vorrichtungen mit Teileinrichtungen

Das Problem der Teileinrichtungen für Vorrichtungen wurde eingehend im Abschn. 2.6. behandelt, so daß auf grundlegende Ausführungen verzichtet werden kann.

Der hohe Grad der Normungsarbeit im Vorrichtungsbau ermöglicht es, den größten Teil aller auftretenden Probleme mit genormten Universalteilvorrichtungen zu lösen.

Das Teilen an Einzweckvorrichtungen tritt vor allem an mechanisierten Vorrichtungen auf, die entweder in ein gesamtes System eingefügt werden oder in sich abgeschlossen sind.

Bild 3.5.15 zeigt eine Gewindeschneid- und Lochvorrichtung für eine Kappe. Das Werkstück besteht aus einer Leichtmetallegierung und wurde durch Umformen hergestellt. In der Vorrichtung ist am Boden der Kappe, die am Aufnahmestück *36* bestimmt wird, Gewinde zu schneiden, und die Mantelfläche ist zu lochen. Zur Bestimmung gehört die Verdrehsicherung (Bestimmstück *37*), die in zwei Aussparungen am Bund des Werkstücks eingreift. Der Teller *43* ist auf Kugeln gelagert. Die Spieleinstellung wird durch die Nutmutter *27* über ein Axialrillenkugellager erreicht. Die Teilung (vier Stationen) erfolgt durch das Indexstück *29*, das von Hand aus den Teilnuten geschoben werden muß. Der Zylinderstift *31* in Verbindung mit einer Druckfeder legt die Teilscheibe in der entsprechenden Station fest. Während des Rückführens des Hebelsystems (Betätigung am Griff *28*) wird das Werkstück gelocht. Der Gewindeschneidvorgang wird auf einer Tischbohrmaschine mit Gewindeschneideinrichtung durch Fußbetätigung des Bedienenden ausgelöst. Die weitere Funktion ist aus der Darstellung leicht erkennbar.

3.6. Baukastenvorrichtungen

Diese Vorrichtungen werden aus einem vorhandenen Teilesortiment je nach Aufgabe zu einer Spezialvorrichtung zusammengebaut. Die geometrischen Formen der Teile haben sich aufgrund jahrzehntelanger Erfahrung im In- und Ausland heraus-

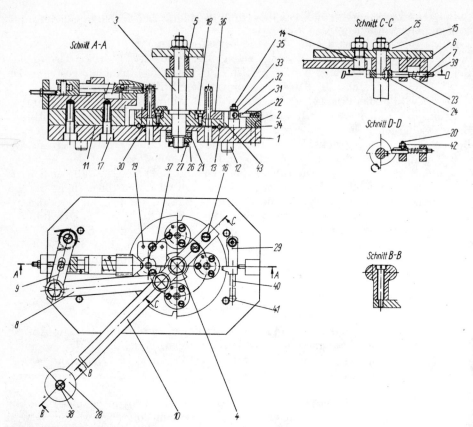

Bild 3.5.15. *Gewindeschneid- und Lochvorrichtung für Kappe*

1 Grundplatte; *2* Klotz; *3* Achse; *4* Schaltstern; *5* Buchse; *6* Bock; *7* Mitnehmer; *8* bis *10* Hebel; *11* komplette Schneideinheit; *12* Fuß; *13* Kugel; *14* Bolzen; *15* Scheibe; *16* bis *18* Zylinderschrauben; *19* Zylinderstift; *20* Gewindestift; *21* Axialrillenkugellager; *22, 23* Druckfedern; *24* Paßfeder; *25* Sechskantmutter; *26* Druckscheibe; *27* Nutmutter; *28* Griff; *29* Indexstück; *30* Filzring; *31* Zylinderstift; *32* Scheibe; *33* Sechskantmutter; *34* Zylinderschraube; *35* Stiftschraube; *36* Aufnahmestück; *37* Bestimmstück; *38* Bolzen; *39* Mitnehmer; *40* Gewindestift; *41* Kugelgriff; *42* Sechskantmutter

gebildet und werden ständig vervollkommnet. Es werden auch neue Baukästen für bisher nicht erfaßte technologische Teilgebiete entwickelt. Ausgezeichnete Erfahrungen sind aus der Sowjetunion und Großbritannien bekannt.

Für die spanende Bearbeitung von Metall haben sich zwei Systeme herausgebildet, die als Vorrichtungsbaukasten im Nutsystem und Vorrichtungsbaukasten im Lochsystem bekannt sind.

Der *Vorrichtungsbaukasten im Nutsystem* hat sich im Einsatz für fast alle spanenden Verfahren sowie Spann- und Kontrollaufgaben bewährt.

Der *Baukasten im Lochsystem* eignet sich hervorragend für Drehvorrichtungen und Kleinteile, hauptsächlich im Bereich der feinmechanischen und optischen Industrie.

Unter dem Begriff Nutsystem versteht man, daß Grundplatten, Grundbauelemente, Aufbauteile usw. durch T-Nuten miteinander verbunden werden. Das Maßbild ist entsprechend den Baugrößen unterschiedlich.

Beim Lochsystem werden die Teile über ein Lochbild miteinander verbunden.

3.6. Baukastenvorrichtungen

Bei der bisherigen Entwicklung des Nutsystems hat sich folgende Gliederung in Baugruppen herausgebildet:

Grundkörper
  Grundplatten
  Spannwinkel
Verbindungselemente
  Spannlaschen
  Verbindungsleisten
  und -winkel
Aufbau-. und Stützteile
  Aufspannleisten
  Spannkörper
  Stützkörper
  Stützkörper mit Ausgleichsteil

  Zwischenkörper
  Höhenböcke mit und ohne Ausgleichsteil

  Höhenzylinder
  Schrägunterlagen
Führungs- und Bestimmteile
  Bohrbuchsenträger
  Bohrplattenträger
  Gelenke für Bohrbuchsenträger

Schnappverschlüsse
Gabeln
Bohrunterlagen
einstellbare Bohrunterlagen

Prismen
Winkel
Spannschrägen
Aufnahmeringe, Aufnahmen
  und quer einstellbare Unterlagen

diverse Spann- und Befestigungsteile
  Spannbrücken
  Spannklauen
  Spannhaken
  Nutensteine
Baugruppen
  Lagerböcke mit Einsätzen
  Spiralspanner
  Spanneinheiten
  rückziehbare Spanneisen
  Zentrier- und Spannböcke
  Untersätze für Zentrierböcke
  Sinuswinkel

Das Lochsystem hat ähnliche Baugruppen.

Der gegenwärtige Stand der Entwicklung zeigt den hohen Entwicklungsgrad und damit den großen Anwendungsbereich für entsprechende Probleme. Die folgenden Beispiele sind so ausgewählt, daß fast alle Bauelemente der aufgezählten Gruppen erkennbar sind und auf eine spezielle Darstellung verzichtet werden kann.

Beispiele

1. In einer Bohrvorrichtung für einen Hebel (Bild 3.6.1) soll eine Bohrung, $\varnothing\ 18^{H7}$, Werkstoff des Werkstücks St37 mit den größten Werkstückabmessungen 25 mm × × 15 mm × 130 mm hergestellt werden. Ausgewählt wurde der Vorrichtungsbaukasten im Nutsystem, Baugröße 64.

Bild 3.6.1. Bohrvorrichtung für Hebel

Für die Vorrichtung verwendete Bauteile:

Stückzahl	Bezeichnung
1	Grundkörper
3	Stützkörper
1	Höhenbock
1	einstellbare Bohrunterlage
1	Bohrbuchsenträger, ⌀ 26 mm
3	Bohrbuchse, ⌀ 17,5 mm
	⌀ 17,75 mm
	⌀ 18 mm
1	Spanneinheit
1	Spannbock
diverse	Schrauben, Stehbolzen, Muttern und Nutensteine

Masse der Vorrichtung: 20 kg
Äußere Vorrichtungsmaße: 250 mm × 220 mm × 190 mm

2. In einer Fräsvorrichtung für eine Zentrierung (Bilder 3.6.2 und 3.6.3) werden drei Schlitze gefräst, Werkstoff des Werkstücks St42-2, größte Werkstückmaße ⌀ 200 mm × 35 mm. Ausgewählt wurde der Vorrichtungsbaukasten im Nutsystem, Baugröße 48.

Stückzahl	Bezeichnung
1	Platte 3 × 3
10	Stützkörper 48 mm
2	Stützkörper 96 mm
1	verstellbare Unterlage
2	Spanneinheit
2	Sinuswinkel
4	Befestigungsstreben
2	Spannlaschen
diverse	Schrauben, Stehbolzen, Muttern und Nutensteine

Masse der Vorrichtung: 17 kg
Äußere Vorrichtungsmaße: 180 mm × 150 mm × 270 mm

Bild 3.6.2. Fräsvorrichtung für Zentrierung   Bild 3.6.3. Fräsvorrichtung für Zentrierung

Die Vorteile der Baukästen lassen sich wie folgt zusammenfassen:

Gewährleistung einer rationellen Fertigung auch bei kleinen Stückzahlen, z. B. bei Nullserienfertigung
kurzfristige Produktionsumstellung, also schneller Anlauf der Produktion neuer Erzeugnisse
Entlastung der Betriebsmittel-Konstruktionsabteilungen und der Betriebsmittelfertigung
schnelle Hilfe bei Ausfall von Spezialvorrichtungen (Überwindung von Engpässen, z. B. durch verspätete Materialanlieferung und damit Möglichkeiten des gleichzeitigen Arbeitens mehrerer Maschinen)
schnelle Bereitstellung der Vorrichtungen bei der Weiterentwicklung von Erzeugnissen und evtl. eintretenden Zeichnungsänderungen

Die Vorteile der Baukastenvorrichtungen werden am besten durch planmäßigen Einsatz ausgenutzt. So konnte z. B. in einem Großbetrieb durch planmäßigen Einsatz von Baukastenvorrichtungen folgendes Ergebnis erzielt werden:
In fünf Jahren wurden 579 Vorrichtungen nach dem Baukastensystem eingesetzt, die den Betrieb 43 300,00 M kosteten. Spezialvorrichtungen für diese Aufgaben hätten etwa 500 000,00 M Kosten verursacht, so daß eine Einsparung von über 450 000,00 M erreicht werden konnte.
Neben den hier gezeigten Systemen, deren hauptsächliche Anwendung in der spangebenden Fertigung liegt, sei noch auf die Entwicklung eines Heft- und Fügebaukastens hingewiesen. Er baut auf einem Lochsystem mit 32 mm Teilung auf, das kombiniert mit Langlöchern in einem bestimmten Größenbereich der Werkstücke fast allen Füge- und sonstigen montagetechnischen Aufgaben gerecht wird. Dieses System eignet sich besonders für das Schweißen, Heften, Löten, Nieten, Schrauben und Zusammensetzen von Werkstücken (Bild 3.6.4).

3.7. Gruppenvorrichtungen

Die Gruppenbearbeitung ermöglicht vor allem bei Klein- und Mittelserienfertigung die Anwendung hochproduktiver Verfahren. Darüber hinaus sind in größerem Maß Grundmittel mit hohem Mechanisierungs- und Automatisierungsgrad einsetzbar

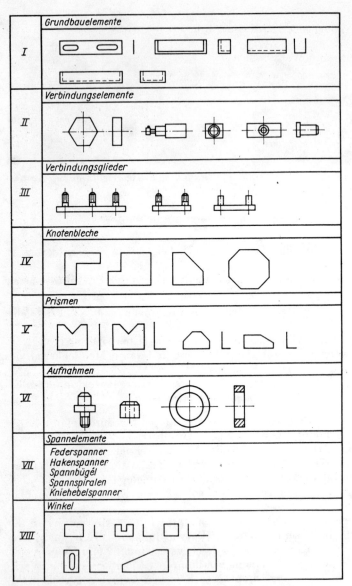

Bild 3.6.4. Einzelteile zum Heft- und Fügebaukasten

Eine wichtige Voraussetzung für die komplexe Durchsetzung der Gruppenbearbeitung ist der Einsatz von Gruppenvorrichtungen. Sie können für Gruppen von Werkstücken mit gleichen oder ähnlichen geometrischen Formen bei veränderlichen Abmessungen und gleichen fertigungstechnischen Forderungen angewendet werden.

Die Klassifizierung der Werkstücke sollte nach folgenden Gesichtspunkten vorgenommen werden:

3.7. Gruppenvorrichtungen

Hauptabmessungen
Ähnlichkeit des technologischen Prozesses, d. h. Art und Reihenfolge der Grundoperationen
Maßgenauigkeit, Güte und Werkstoffart

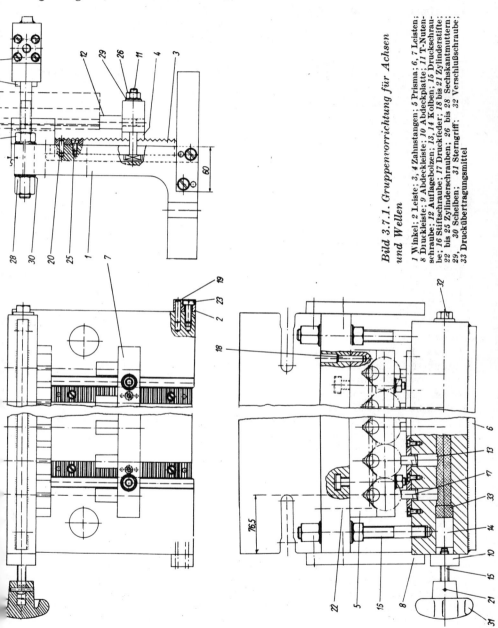

Bild 3.7.1. Gruppenvorrichtung für Achsen und Wellen
1 Winkel; *2* Leiste; *3, 4* Zahnstangen; *5* Prisma; *6, 7* Leisten; *8* Druckleiste; *9* Abdeckleiste; *10* Abdeckplatte; *11* T-Nutenschraube; *12* Auflagebolzen; *13, 14* Kolben; *15* Druckschraube; *16* Stiftschraube; *17* Druckfeder; *18* bis *21* Zylinderstifte; *22* bis *25* Zylinderschrauben; *26* bis *28* Sechskantmuttern; *29, 30* Scheiben; *31* Sterngriff; *32* Verschlußschraube; *33* Druckübertragungsmittel

Gruppenvorrichtungen gibt es für alle Fertigungsverfahren. Sie haben den entscheidenden Vorteil des maschinellen Einsatzes innerhalb von Werkstückgruppen, wodurch der Anteil an Vorrichtungskosten je Werkstück wesentlich sinkt.

Für die spezielle Auslegung von Gruppenvorrichtungen lassen sich folgende Gesichtspunkte formulieren:

Ordnen nach Größe und Form der Werkstücke
Erzeugung gleicher oder ähnlicher Flächen an allen der Fertigungsgruppe angehörenden Teilen durch ein bestimmtes Bearbeitungsverfahren
Vorhandensein gleicher oder ähnlicher Flächen zum Spannen der Werkstücke in der Vorrichtung

Es wird unterschieden nach:

Verstellen von Elementen, die für alle Gruppen in der Vorrichtung verbleiben
einheitlichen Grundkörpern und Wechselelementen je Werkstück
einheitlichen Grundkörpern und Wechselelementen mit begrenztem Verstellbereich

Varianten innerhalb dieser Punkte sind möglich.

Beispiel

Bild 3.7.1 zeigt eine Gruppenfräsvorrichtung für die Bearbeitung von Wellen mit unterschiedlichem Durchmesser und unterschiedlicher Länge. Die Werkstückbestimmung erfolgt am Mantel im Prisma 5 und stirnseitig an den Auflagebolzen 12. In der Vorrichtung können zehn Werkstücke gleichzeitig gespannt und bearbeitet werden. Der Vorrichtungsgrundkörper besteht aus einem Winkel 1, der abgestützt wird durch die beiden Leisten 2, deren Befestigung und Arretierung durch die Schrauben 23 und die Stifte 19 erfolgt. Das Prisma ist am Vorrichtungsgrundkörper befestigt, der mit T-Nuten zur Verschiebung des gesamten Stützteils versehen ist.

Das Stützteil besteht aus Zahnstange 4, Leiste 7, Auflagebolzen 12, T-Nutenschrauben 11, Scheiben 29, Sechskantmuttern 26 und Stiften und Schrauben zur Befestigung der Zahnstange 4 an der Leiste 7. Die Zahnstangen 3 sind am Grundkörper verschraubt und verstiftet, in sie greift Zahnstange 4 ein. Dabei wird die Abstimmung der Zahnteilung mit der Werkstücklänge vorausgesetzt. Das gesamte Spannteil wird durch die Stiftschrauben 16 gehalten. Über die Stiftschrauben ist durch die Muttern 27 und 28 eine Einstellung des Spannteils gegeben, wodurch neben der bereits erwähnten Werkstücklängenänderung eine Veränderung des Einstellbereichs für den Werkstückdurchmesser möglich ist. Die Spannkraft wird über den Sterngriff 31, der durch Stift 21 mit der Druckschraube 15 verbunden ist, und Kolben 14 eingeleitet. Als Druckübertragungsmittel wurde Ekalit gewählt. Über dieses Medium wird auf die Kolben 13 ein Druck ausgeübt, der sich aufgrund der vorhandenen Fläche an einem Kolben in die jeweilige Spannkraft je Werkstück umsetzt.

In diese Überlegungen ist ein Wirkungsgrad je Kolben einzubeziehen, der die mechanische Reibung und die vorhandene Gegenkraft der Druckfeder 17 berücksichtigt. Die Druckfeder führt den Kolben nach Lösen des Sterngriffs zurück Die Abdeckplatte 10 nimmt die Reaktionskraft der Druckschraube 15 auf und leitet sie über die Zylinderschrauben 24 in die Druckleiste 8. Aus fertigungs- und montagetechnischen Gründen ist der Hauptkanal für die Aufnahme des Druckübertragungsmittels durch Druckleiste 8 voll durchbohrt und mit einer Verschlußschraube 32 und entsprechender Dichtungsscheibe verschlossen.

4. WERKSTÜCKBEWEGUNG

4.1. Einführung

Das Gesetz der ständig steigenden Arbeitsproduktivität macht in der Epoche der wissenschaftlich-technischen Revolution den Übergang zur Serien- und Fließfertigung und zur automatisierten Fertigung in allen Zweigen der Produktion erforderlich.

Die Entwicklungsrichtung der Werkzeugmaschinen wird dabei bestimmt durch

eine immer weitere Verkürzung der Hauptzeit t_H

durch gleichzeitigen Einsatz vieler Werkzeuge, gleichzeitiges Bearbeiten mehrerer Werkstücke, Verbesserung der Spannungsleistungen u. ä.

Verkürzung der Nebenzeiten t_N

durch schnellen Werkzeugwechsel (möglichst während der Grundzeit), selbsttätigen Werkstück- und gesteuerten Werkzeugfluß, Automatisierung des Arbeitsprozesses (Steuerung nach Programmen) usw.

Verkürzung der Rüstzeiten t_R

durch schnelles Umrüsten auf ähnliche Werkstücke (Gruppenbearbeitung), schnelles Wechseln der Werkzeuge (Einrichten außerhalb der Maschine, Voreinstellen) usw.

Die Entwicklung der Produktionsorganisation geht dabei vom Werkstattprinzip zur erzeugnisgebundenen Fertigung (höchste Stufe: Fließfertigung) bis zur automatisierten Fertigung.

Da die automatisierte Fertigung immer mehr an Bedeutung gewinnt, sollen in diesem Abschnitt die Grundlagen der Werkstückbewegung und einige Einrichtungen für die Werkstückbewegung behandelt werden.

4.2. Begriffe

Zur Sicherung einer einheitlichen Terminologie müssen zunächst die wichtigsten Begriffe für die Werkstückbewegung definiert werden.

4.2.1. Automatisieren

Unter Automatisieren versteht man:

„*Befreiung des Menschen von der Ausführung immer wiederkehrender gleichartiger Verrichtungen und insbesondere seine Loslösung aus der zeitlichen Bindung an den Rhythmus maschineller technischer Einrichtungen.*"

In ähnlicher Form definiert *Dolezalek* [23] den Begriff Automatisierung:
„*Automatisierung ist die Einrichtung des Ablaufes von Vorgängen verschiedenster Art in solcher Weise, daß der Mensch von der Ausführung ständig wiederkehrender, gleicher manueller oder geistiger Verrichtungen und von der zeitlichen Bindung an den Rhythmus technischer Anlagen befreit ist.*"
Eine Gliederung des Vorgangs Automatisieren zeigt Bild 4.2.1.

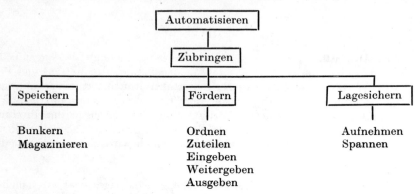

Bild 4.2.1. Gliederung des Vorgangs Automatisieren

Die einzelnen Begriffe zum Vorgang Automatisieren werden wie folgt definiert:

Begriff	Definition
Speichern	Aufbewahren eines Vorrats
Bunkern	Ungeordnetes Speichern von Werkstoff, Halbzeug, Werkstücken oder Werkzeugen
Magazinieren	geordnetes Speichern von Halbzeug, Werkstücken oder Werkzeugen für die nachfolgende Gebrauchslage
Fördern	lage- oder ortsverändertes Bewegen von Werkstoff, Halbzeug, Werkstücken oder Werkzeug
Ordnen	Fördern von Halbzeug oder Werkstücken aus einer beliebigen in eine bestimmte Lage oder Richtung
Zuteilen	Fördern einer bestimmten Menge von Werkstoff, Halbzeug, Werkstücken oder Werkzeugen im Arbeitstakt der nachfolgenden Fertigungseinrichtung (Maschine oder Bearbeitungsstelle)
Eingeben	Fördern von Werkstoff, Halbzeug, Werkstücken oder Werkzeugen in eine Fertigungseinrichtung
Weitergeben	Fördern von Werkstücken oder Werkzeugen innerhalb einzelner oder verketteter Fertigungseinrichtungen
Ausgeben	Fördern von Werkstücken oder Werkzeugen aus einer Fertigungseinrichtung
Lagesichern	Halten von Halbzeug, Werkstücken oder Werkzeugen in einer bestimmten Lage

4.2. Begriffe

Begriff	Definition
Aufnehmen (Positionieren)	formschlüssiges Lagesichern von Werkstoff, Halbzeug, Werkstücken oder Werkzeugen gegen mindestens einen Freiheitsgrad
Spannen	kraftschlüssiges Lagesichern von Halbzeug, Werkstücken oder Werkzeugen

4.2.2. Einrichtungen für die Werkstückbewegung

Den Inhalt des Begriffs Automatisieren auf den Maschinenbau übertragen bedeutet einerseits, daß nicht nur der Arbeitsprozeß einschließlich des Messens und Prüfens selbsttätig erfolgt, sondern daß auch die Fertigungseinrichtungen so miteinander zu verbinden sind, daß der zu verarbeitende Stoff vollkommen unabhängig vom Menschen in der richtigen Lage und Menge den Fertigungseinrichtungen zugeführt wird. Die dazu notwendigen Hilfsmittel werden als Einrichtungen für die Werkstückbewegung bezeichnet (Bild 4.2.2).

Bild 4.2.2. Gliederung der Einrichtungen für die Werkstückbewegung

Einrichtungen für die automatische Werkstückbewegung dienen zum Speichern. Fördern und Lagesichern von Werkstücken.

Es gelten folgende Definitionen:

Begriff	Definition
Werkstückspeicher	Einrichtungen zum zeitweiligen Aufbewahren von Werkstücken
Werkstückbunker	Einrichtungen zum ungeordneten Speichern von Werkstücken, z. B. Rotorbunker
Werkstückmagazine	Einrichtungen zum geordneten und lagebestimmten Speichern von Werkstücken, z. B. Schachtmagazin
Werkstückförderer	Einrichtungen zum stetigen oder schrittweisen Bewegen von Werkstücken zur Lage- oder Ortsveränderung durch mechanischen, hydraulischen oder pneumatischen Antrieb oder durch Schwerkraftwirkung

Begriff	Definition
Werkstück- ordnungseinrichtungen	Einrichtungen zum Fördern von Werkstücken aus einer beliebigen in eine bestimmte Lage oder Richtung, z. B. Leitschiene
Werkstückeingabe- einrichtungen	Einrichtungen zum Fördern von Werkstücken in eine Fertigungs- oder Automatisierungseinrichtung, z. B. Bandzuführeinrichtung
Werkstückausgabe- einrichtungen	Einrichtungen zum Fördern von Werkstücken aus einer Fertigungs- oder Automatisierungseinrichtung z. B. Entnahmerotor
Werkstückwechsel- einrichtungen	Einrichtungen zum Ein- und Ausgeben von Werkstücken, z. B. Portalgreifereinrichtungen
Werkstückweitergabe- einrichtungen	Einrichtungen zum Fördern zwischen Fertigungs- oder Automatisierungseinrichtungen, z. B. Rollkanal
Werkstückwende- einrichtungen	Einrichtungen zum Drehen oder Schwenken von Werkstücken um einen bestimmten Winkel, bezogen auf eine oder mehrere Achsen
Werkstückhalte- einrichtungen	Einrichtungen zum Sichern von Werkstücken in einer bestimmten Lage
Werkstückaufnahmen	Einrichtungen zum formschlüssigen Lagesichern von Werkstücken, z. B. Auflageprisma
Werkstückspann- einrichtungen	Einrichtungen zum kraftschlüssigen Lagesichern von Werkstücken, z. B. Greiferzange

Zur deutlichen Unterscheidung von innerbetrieblichem Fördern und Transportieren wird die Werkstückbewegung in der Fertigungskette als *Zubringen* bezeichnet. Bestimmend für Einrichtungen zur Werkstückbewegung (auch Zubringeeinrichtungen genannt) ist immer das Werkstück, da dessen Größe, Gestalt, Masse und Menge, die bei einer Fertigung verlangt wird, die Konstruktion maßgeblich beeinflussen.

Die Werkstückbewegung ist das wichtigste Glied bei der Automatisierung der Fertigung.

Die Kosten der Einrichtungen zur Werkstückbewegung betragen bis zu 45% der Gesamteinrichtungskosten.

Das Zubringen beginnt mit der Übernahme der Werkstücke nach dem Antransport von der vorhergehenden Maschine (Fertigungseinrichtung) und endet mit der Übergabe der Werkstücke zum Abtransport (äußere Grenze des Zubringens).

Die Werkstückbewegung im Bereich der Maschine (Fertigungseinrichtung) wird unterbrochen durch die Arbeitsbewegung (innere Grenze des Zubringens) [24]. Eine schematische Gegenüberstellung der Werkstückbewegung von Hand und automatisiert zeigt Bild 4.2.3.

4.2.3. Symbole für Bewegungsfunktionen

Zur Rationalisierung der Fertigung sind auch die Werkstückbewegungsvorgänge zu untersuchen, im Ablauf darzustellen und zu prüfen. Für eine solche Darstellung eignen sich am besten *Symbole*, die zu Blockschaltbildern zusammengefügt werden.

4.2. Begriffe

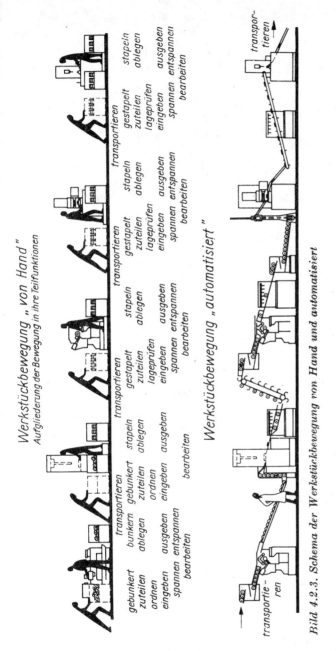

Bild 4.2.3. Schema der Werkstückbewegung von Hand und automatisiert

Die Symbole für die Werkstückbewegungsfunktionen sind u. a. nach VDI 3239 (Tafel 4.2.1) festgelegt. Das Arbeiten mit diesen Symbolen soll an zwei Beispielen erläutert werden:

1. Bild 4.2.4 zeigt eine Beschickung von zwei Gewindewalzmaschinen. Aus einem **Bunker 1** werden die Werkstücke geschüttet und rutschen in den zur Fertigungs-

4. Werkstückbewegung

Tafel 4.2.1. Symbole für Werkstückbewegungsfunktionen

Symbol	Bedeutung
Speichern	
⟨⟩	Bunkern
≡	Stapeln
Fördern	
--→	Fördern ohne Lagesichern
→	Fördern mit Lagesichern
↗	Abzweigen
⤙	Trennen
↘	Zusammenführen
⊙⁄⁄⁄	Rollen
→⁄⁄⁄	Rutschen
▭→⁄⁄⁄	Schieben
⁄⁄⁄▭→	Ziehen
⌇	Hängen
⩘	Schütten
⬓⁄⁄⁄	Kippen
⊐⇛	Blasen
⊲⇚	Saugen
→ǀ	Eingeben
ǀ→	Ausgeben
⌒≡	Ordnen

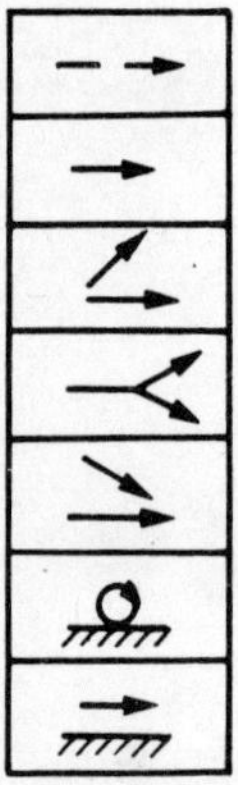

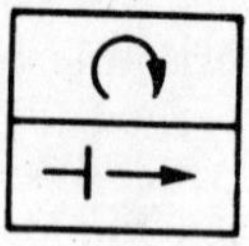

↻	Wenden
⊣→	Zuteilen
Lagesichern	
→⟩	Aufnehmen (Positionieren)
⊣⊢	Spannen
⊣⊢→	Entspannen
Prüfen	
→←	Lageprüfen
⁓	Formprüfen
⌇⁄⁄⁄	Messen
Geräte	
⟦⋯⟧	automatische Einrichtung
○	Fertigungseinrichtung
□	Automatisierungsvorgang

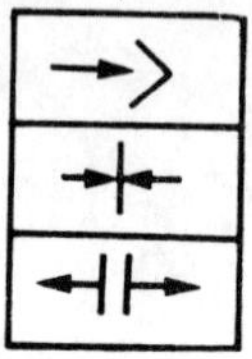

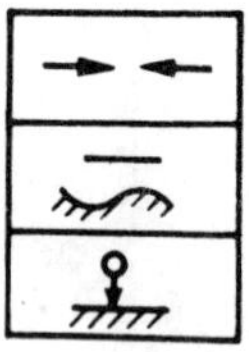

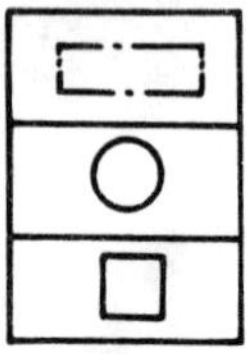

4.3. Arten der Bearbeitungsprozesse

einrichtung gehörenden Rotorbunker *3*. In diesem Rotorbunker werden die Teile aus dem ungeordneten Zustand in den geordneten, lagebestimmten Zustand gebracht und danach der Fertigungseinrichtung (Maschine) zugeführt. Die einzelnen Bewegungsfunktionen werden als Automatisierungsvorgänge dargestellt. Automatische Einrichtungen für Werkstückbewegungsvorgänge, wie z. B. Rotorbunker *3*, werden als Strich-Punkt-Linien (s. Tafel 4.2.1) dargestellt.

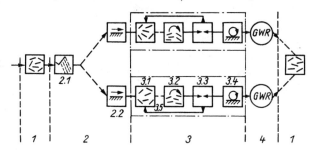

Bild 4.2.4. Blockschaltbild zur Beschickung von zwei Gewindewalzmaschinen

1 Bunker; *2* Rutschkanal; *2.1* Schütten; *2.2* Rutschen; *3* Rotorbunker; *3.1* Bunkern; *3.2* Ordnen; *3.3* Lageprüfen; *3.4* Rollen; *3.5* Zurückgeben der nicht lagegerechten Werkstücke; *4* Fertigungseinrichtung

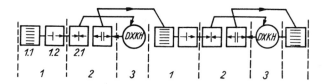

Bild 4.2.5. Blockschaltbild zur Verkettung von zwei Drehmaschinen

1 Speichereinrichtung; *1.1* Magazin; *1.2* Zuteileinrichtung; *2* Fördereinrichtung; *2.1* Spanneinrichtung (z. B. Greifer); *3* Fertigungseinrichtung

2. Die Verkettung zweier Drehmaschinen zeigt Bild 4.2.5. Aus einem Magazin werden der Spanneinrichtung (Greifereinrichtung) die Werkstücke zugeteilt. Die Spanneinrichtung bringt die Werkstücke zur Fertigungseinrichtung. Nach der Bearbeitung gibt die Fertigungseinrichtung das Werkstück an eine zweite Spanneinrichtung ab. Diese Spanneinrichtung führt das Werkstück in das Magazin für die zweite Fertigungseinrichtung.

4.3. Arten der Bearbeitungsprozesse

Den zu bearbeitenden Stoff (Ausgangsstoff) unterscheidet man grundsätzlich nach Fließ- und Stückgut. Bild 4.3.1 zeigt eine Gliederung der Bearbeitungsprozesse. Zur automatischen Bearbeitung eignet sich Fließgut (z. B. in Form von Stangen, Drähten, Rohren, Bändern, aber auch flüssig, pulver- oder gasförmig) weitaus besser als Stückgut. Die Lage des Stückguts zueinander kann im Ausgangszustand sehr unterschiedlich sein, so daß es sich als zweckmäßig erweist, eine Unterteilung in *geordnet* und *ungeordnet* vorzunehmen. Zur näheren Bestimmung wird der Unordnungsgrad U eingeführt.

Nach dem Charakter des zu bearbeitenden Stoffes unterscheidet man *Fließprozesse* und *Stückprozesse*.

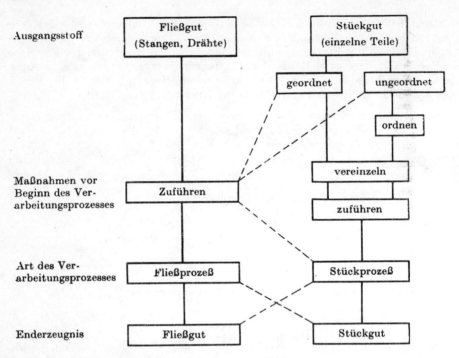

Bild 4.3.1. *Gliederung der Bearbeitungsprozesse* [25]

Stückgut muß zu einem bestimmten, auf die periodisch bewegten Werkzeuge abgestimmten Zeitpunkt an einer bestimmten Stelle in der Maschine sein.

Ein Stückprozeß stellt deshalb an die Einrichtungen für die Werkstückbewegung viel größere Anforderungen als ein Fließprozeß. Außerdem muß das zu verarbeitende Stückgut geordnet und vereinzelt werden, bevor es eingeführt werden kann.

Wird Fließgut in einem Fließprozeß verarbeitet, so kann das Endergebnis Fließ- oder Stückgut sein.

So ist z. B. beim Drahtziehen der Ausgangsstoff Fließgut und auch das Enderzeugnis Fließgut. Demgegenüber ist beim Streifenschneiden mit umlaufenden Messern der Ausgangsstoff Fließgut, das Enderzeugnis dagegen Stückgut.

Stückgut kann ebenfalls in einem Fließprozeß verarbeitet werden, das Enderzeugnis bleibt dann meist Stückgut (z. B. Härteofen mit durchlaufendem Förderband).

Man sieht, daß es viele Möglichkeiten gibt, denen die Einrichtungen der Werkstückbewegung entsprechen müssen.

4.4. Verkettung von Fertigungseinrichtungen

Für die Verkettung von Fertigungseinrichtungen sind die Organisationsformen der Produktion von großer Bedeutung, weil sie Prinzipien und Arten der Verkettung wesentlich bestimmen.

4.4. Verkettung von Fertigungseinrichtungen

4.4.1. Organisationsformen der Produktion

Man unterscheidet zwischen der Werkstättenfertigung (Werkstattprinzip) und der erzeugnisgebundenen Fertigung.

4.4.1.1. Merkmale der Werkstättenfertigung

Bei der Organisation nach der *Werkstättenfertigung* sind Maschinen und Arbeitskräfte nach der Art der durchzuführenden Arbeitsgänge örtlich zusammengefaßt (z. B. Dreherei, Hobelei, Fräserei usw.). Entsprechend der technologischen Reihenfolge der Bearbeitung durchlaufen die verschiedenen Werkstücke bis zu ihrer Fertigstellung nacheinander die verschiedensten Abteilungen.

Charakteristische Merkmale dieser Fertigung sind
lange Transportwege, hohe Transportkosten
kein kontinuierlicher Produktionsablauf
hohe Umlaufmittelbindung
große Durchlaufzeit für Enderzeugnis
gute kapazitätsmäßige und zeitliche Auslastung der Arbeitsplätze und Maschinen (Mehrmaschinenbedienung möglich)

4.4.1.2. Merkmale der erzeugnisgebundenen Fertigung

Die *erzeugnisgebundene Fertigung* wird charakterisiert durch die unmittelbar aufeinanderfolgende Anordnung der Arbeitsplätze entsprechend dem technologischen Ablauf zur Herstellung der Arbeitsgegenstände und durch räumliche Konzentration der Fertigung in einem Abschnitt. Man unterscheidet dabei Nestfertigung, erzeugnisgebundene Reihenfertigung und Fließfertigung (Maschinenfließreihen).

Nestfertigung

Die einfachste Form der erzeugnisgebundenen Fertigung ist die Nestfertigung. Die Arbeitsplätze werden hier zu einer Gruppe (Nest) meist ringförmig angeordnet. Die Nestfertigung eignet sich für kleinere Stückzahlen, bei denen sich der Einsatz einer Fließstrecke nicht lohnt. Es können meist nicht alle Arbeitsgänge im Nest durchgeführt werden. Für ihren reibungslosen Ablauf ist eine gute Arbeitsorganisation erforderlich. Die einzelnen Bearbeitungszeiten können wenig aufeinander abgestimmt werden, wodurch eine zeitweilige Füllproduktion nicht zu umgehen ist.

Vorteile der Nestfertigung sind
Verkürzung der Transportwege
Möglichkeit der Mehrmaschinenbedienung

Erzeugnisgebundene Reihenfertigung

Die erzeugnisgebundene Reihenfertigung stellt eine höhere Form der erzeugnisgebundenen Fertigung dar. Die einzelnen Arbeitsplätze werden entsprechend der technologischen Folge der Bearbeitung hintereinander angeordnet (geradlinig, U-förmig usw.).

Bedingt durch die besondere Art der Anordnung der Arbeitsplätze spricht man von Fertigungsstraßen bzw. Fertigungslinien. Vor allem für gleichartige Werkstücke haben sich derartige Fertigungsstraßen (z. B. Wellen-, Zahnradstraßen) bewährt, wobei man vor allem Universalmaschinen zur Bearbeitung einsetzt. Die einzelnen Arbeitsplätze können durch Rollbahnen oder Transportbänder miteinander verbunden sein. Auch bei der erzeugnisgebundenen Reihenfertigung können die Arbeitsplätze zueinander nicht voll synchronisiert werden, da die Fertigung öfter auf andere Werkstücke umgestellt werden muß und sich deshalb eine genaue Abstimmung der Bearbeitungszeiten nicht lohnt. Je nach Umfang der Losgröße staut sich eine größere Anzahl von Werkstücken an den einzelnen Arbeitsplätzen. Eine zeitweilige Füllproduktion läßt sich nicht umgehen. Exakt ausgearbeitete Durchlaufpläne sind Voraussetzung für einen reibungslosen Ablauf dieser Fertigung.

Vorteile der erzeugnisgebundenen Reihenfertigung:

Unterbringung vieler Arbeitsplätze auf kleinem Produktionsraum
geringe Transport- und Maschinenkosten (niedrige Raumkosten)
Spezialisierung der Arbeit für einen bestimmten Arbeitsgang
geringer Ausschußprozentsatz

Fließfertigung

Die Fließfertigung stellt die höchste Organisationsform der erzeugnisgebundenen Fertigung dar. Sie ist eine örtlich fortschreitende, zeitlich bestimmte, lückenlose Folge von Arbeitsgängen, d. h., die Werkstücke bzw. Werkzeuge rücken in bestimmten Zeitabständen (Takt) ohne größere Unterbrechung, entsprechend der technologischen Reihenfolge von einer Bearbeitungsstation zur anderen (Umlaufmittelbindung gering). Die Fließfertigung erfordert große Stückzahlen, beständiges Produktionsprogramm und gesicherte Fertigungsperspektive. Sie schafft mit der Synchronisierung der Fertigungszeiten die Voraussetzung für die Anwendung hochproduktiver Fertigungsverfahren, die ihren Niederschlag in den automatischen Maschinenfließreihen finden.

Automatische Maschinenfließreihen sind zweckmäßig zueinander angeordnete, technologisch aufeinander abgestimmte und durch Förderanlagen miteinander verbundene Maschinen, deren ununterbrochener Arbeitsablauf automatisch in einem bestimmten Rhythmus (Takt) erfolgt. Das Werkstück wird also durch die in Reihe angeordneten Maschinen in automatisch ablaufender Fließarbeit gefertigt.

Die automatischen Maschinenfließreihen finden ihre produktivste Form in den *vollautomatischen Transferstraßen*, deren hoher Automatisierungsgrad auch in den automatischen Meß- und Kontrollstationen zum Ausdruck kommt. Der Arbeitsablauf erfolgt dabei selbsttätig ohne unmittelbare Mitwirkung der Menschen. Der Mensch hat nur noch die Aufgabe, den störungsfreien Ablauf der Anlage zu überwachen, Rohmaterial bereitzustellen und die fertigen Erzeugnisse abzutransportieren. Der arbeitende Mensch wird frei von körperlicher Arbeit.

4.4.2. Verkettung

4.4.2.1. *Allgemeines*

Um die erheblichen Vorteile der Fließfertigung noch besser auszunutzen, werden neben der weiteren Modernisierung der Bearbeitungsmaschinen die Einrichtungen für die Werkstückbewegung ständig weiterentwickelt. Es soll erreicht werden, die fließende Fertigung vor allem durch Verkettung von Universalwerkzeugmaschinen auch für die rationelle Bearbeitung mittlerer Stückzahlen anwenden

4.4. Verkettung von Fertigungseinrichtungen

zu können. Unter *Verkettung* wird das Verbinden mehrerer Maschinen (Fertigungseinrichtungen) durch geeignete Förder- und Steuereinrichtungen verstanden. Diese Verbindung kann sowohl durch einfache Rutschen, Bänder, Rollbahnen usw. als auch durch komplizierte Einrichtungen (Kettenförderer, Greifer usw.) erfolgen.

4.4.2.2. Fertigungskette

Die Automatisierung der Bearbeitungsmaschinen und deren Hilfseinrichtungen schufen die Voraussetzung für die nutzbringende Anwendung von Fertigungsketten. Unter einer *Fertigungskette* wird eine selbsttätig arbeitende Fertigungslinie verstanden, die ohne ständige, zeitabhängige körperliche und geistige Mitarbeit von Menschen den selbsttätigen Ablauf verschiedener Fertigungsvorgänge auf verschiedenen Fertigungseinrichtungen am gleichen Werkstück bei gleichbleibender Arbeitsgüte (Aufgabe des Fertigens: Kontinuität) ermöglicht. Wie die Glieder einer Kette zusammenhängen, die gleiche Last tragen und das schwächste Glied die Tragfähigkeit der ganzen Kette begrenzt, so sind auch die Glieder einer Fertigungskette voneinander abhängig, und das schwächste Glied bestimmt die Leistung der gesamten Kette.

Die Glieder (Komplexe) einer automatischen Fertigungskette sind folgende:
Einrichtungen für die Werkstückbewegung (Zubringeeinrichtungen)
Bearbeitungseinrichtungen (Fertigungseinrichtungen)
Meß- und Überwachungseinrichtungen
Steuer- und Regeleinrichtungen

Sie sind für die Bearbeitung eines Werkstücktyps aufeinander abgestimmt, zusammengestellt und miteinander verkettet. Die Verkettung bezieht sich vor allem auf das Zusammenwirken der Programmsteuerungen der Einzelmaschinen und auf die richtig abgestimmte Werkstückbewegung in der Fertigungskette. Dabei versteht man unter Werkstückbewegung alle Tätigkeiten, die bei der Bearbeitung eines Werkstücks erforderlich sind (s. Bild 4.2.3).

Die Einrichtungen für die Werkstückbewegung (Zubringeeinrichtungen) haben die Aufgabe, die einzelnen Bearbeitungseinrichtungen zu verbinden und die Nebenzeiten auf ein Minimum zu reduzieren bzw. ganz zu beseitigen. Diese Einrichtungen sind so zu gestalten, daß sie auch für verschiedene Werkstücke gleichen Typs einzusetzen sind, damit die Fertigungskette einen mehr oder weniger universellen Anwendungsbereich besonders für mittlere Stückzahlen erhält.

4.4.2.3. Verkettungsarten

Die Möglichkeiten der Verkettung unterscheidet man nach
der Steuerung und der zeitlichen Förderung in lose Verkettung und starre Verkettung
der räumlichen Anordnung der Werkstückförderer zu den Fertigungseinrichtungen in Innenverkettung und Außenverkettung
der zeitlichen Folge der Fertigungsvorgänge in Reihenverkettung und Parallelverkettung.

Starre Verkettung

Die starre Verkettung ist die Verbindung von Fertigungseinrichtungen, die voneinander abhängig gesteuert werden und zwischen denen eine bestimmte Anzahl Werkstücke in einem vorgeschriebenen Takt weitergegeben wird. Bei der starren

Verkettung (z. B. Transferstraßen) sind die Glieder der Fertigungskette in ihren Zubringekreisläufen voneinander abhängig, während sie in den Bearbeitungskreisläufen auch voneinander unabhängig sein können. Die Verkettung wird durch Einrichtungen für die Werkstückbewegung und gemeinsame Steuereinrichtungen bewirkt. Eine bestimmte Anzahl von Werkstücken wird zwangsläufig im Takt weitergegeben, nachdem alle Fertigungseinrichtungen ihre Bearbeitungskreisläufe beendet haben. Eine Speicherung von Werkstücken zwischen den Bearbeitungsstationen erfolgt nicht. Die Abstände der einzelnen Bearbeitungseinrichtungen werden durch Einrichtungen der Werkstückbewegung maßgebend bestimmt (Bild 4.4.1).

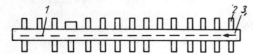

Bild 4.4.1. Durchgehende Taktstraße (starre Verkettung)

1 Werkstück; *2* Fertigungseinrichtung; *3* Fördereinrichtung (Fließeinrichtung)

Nachteile der starren Verkettung:

Die Transportzeit von einer Bearbeitungsstation zur anderen ist ein Teil der Stückzeit

Fällt eine Fertigunseinrichtung durch eine Störung aus, so können die anderen Fertigungseinrichtungen nicht mehr selbsttätig weiterarbeiten. (Es addieren sich also die an verschiedenen Stellen anfallenden Störungszeiten, und man sollte deshalb störanfällige Maschinen nicht starr verketten.)

Der Werkzeugwechsel erfordert Verlustzeit für alle Bearbeitungseinrichtungen

Die Maschinenwartung ergibt Ausfall der gesamten Anlage

Lose Verkettung

Die lose Verkettung ist eine Verbindung von Fertigungseinrichtungen, die voneinander unabhängig gesteuert und zwischen denen eine Anzahl Werkstücke gespeichert und weitergegeben wird. Bei der losen Verkettung sind die einzelnen Glieder einer Fertigungskette in ihren Zubringe- und Bearbeitungskreisläufen unabhängig voneinander und steuern sich selbst. Die Verkettung wird nur durch die Einrichtungen der Werkstückbewegung bewirkt. Zwischen den in variablen Abständen aufstellbaren Bearbeitungseinrichtungen kann eine Anzahl von Werkstücken gespeichert werden. Bei der losen Verkettung werden meist Universalmaschinen eingesetzt. Sie erfordert deshalb nicht unbedingt Neuinvestitionen von Maschinen; denn auch im Betrieb bereits vorhandene Maschinen können miteinander verkettet werden. Die lose Verkettung wird vor allem bei mittleren Stückzahlen angewendet, weil ihre schnelle und billige Umstellmöglichkeit diese Fertigung rentabel gestaltet. Selbst bei kleineren Serien sollte eine lose Verkettung in Erwägung gezogen werden.

Vorteile der losen Verkettung:

Die Förderzeit ist kein Teil der Stückzeit mehr, da die Werkstücke während der Bearbeitungszeit weitergefördert werden. (Nur die Werkstückwechselzeit ist ein Teil der Stückzeit.)

Eine Zwischenprüfung der Werkstücke direkt nach der Bearbeitung ist ohne Störung des Werkstückflusses möglich

4.4. Verkettung von Fertigungseinrichtungen

Wenn einzelne Fertigungseinrichtungen gestört sind, können die anderen aus zwischengeschalteten Werkstückspeichern (Störungspuffer) versorgt werden und selbsttätig weiterarbeiten. (Die an verschiedenen Stellen anfallenden Störungszeiten addieren sich nicht.)
Unterschiedliche Fertigungsverfahren und Fertigungseinrichtungen können, ohne aufeinander abgestimmt zu sein, miteinander verkettet werden
Ein Umbau der Fertigung bei Änderungen läßt sich durch Einfügen, Herausnehmen oder Umstellen einzelner Fertigungseinrichtungen oft einfach und schnell ausführen

Nachteile der losen Verkettung:

größerer Aufwand für Speicher-, Förder- und Halteeinrichtungen
größerer Platzbedarf
längere An- und Auslaufzeit der Fertigungskette durch die große Anzahl der Werkstücke in den Speichern
Zwischen loser und starrer Verkettung sind verschiedene Kombinationen auch innerhalb einer Fertigungskette möglich.

Beispiele

1. Lose verkettete Fertigungseinrichtungen können mit starr verketteten Fertigungseinrichtungen lose verkettet werden (Verkettung zwischen lose verketteten Universalwerkzeugmaschinen und Transfermaschinen).
2. Transferstraßen können durch Zwischenschalten von Magazinen lose miteinander verkettet werden (Bilder 4.4.2 und 4.4.3).

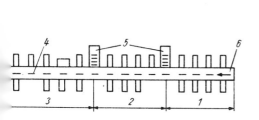

Bild 4.4.2. *Drei lose verkettete starre Taktstraßenabschnitte (in Linie angeordnet)*

1 erster Abschnitt; *2* zweiter Abschnitt; *3* dritter Abschnitt; *4* Werkstücke; *5* Speichereinrichtung; *6* Fördereinrichtung

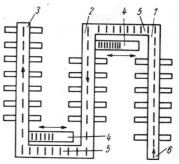

Bild 4.4.3. *Drei lose verkettete starre Taktstraßenabschnitte mit parallel zur Querbahn angeordneten Speichern*

1 erster Abschnitt; *2* zweiter Abschnitt; *3* dritter Abschnitt; *4* Speichereinrichtung; *5* Querbahn; *6* Fördereinrichtung

Durch eine lose Verkettung erhält man die Möglichkeit zur Senkung der Stillstandszeiten. Bringt eine starr verkettete Taktstraße als Durchschnittswert % Stillstandszeit, so kann durch eine in lose verkettete Taktstraßenabschnitte unterteilte Fertigungsstraße die Stillstandszeit auf 10% gesenkt werden.

Innenverkettung

Unter Innenverkettung wird die Verbindung der Fertigungseinrichtungen durch Werkstückförderer verstanden, wobei die Werkstückförderer so angeordnet sind, daß die auf die Grundfläche projizierte Hauptfördereinrichtung der Werkstücke durch die Grundfläche der Fertigungseinrichtungen führt (s. TGL 29-239). Das Werkstück erfährt zur Ein- bzw. Ausgabe eine zusätzliche Bewegung, die z. B. in der Richtung der Bearbeitungsachse der jeweiligen Fertigungseinrichtung verlaufen kann (Bild 4.4.4).

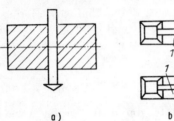

Bild 4.4.4. Innenverkettung quer
a) Schema
b) Prinzipskizze
1 Fertigungseinrichtungen; 2 Fördereinrichtungen

Vorteile der Innenverkettung:

Die Fördermechanismen können einfach und billig ausgeführt werden, sie erfordern wenig Platz (z. B. Schwerkraftförderer)
Die Werkstücke werden von Fertigungseinrichtung zu Fertigungseinrichtung auf kürzestem Weg geleitet

Nachteile der Innenverkettung:

Die Fertigungseinrichtung muß eine besonders verkettungsfähige offene Bauart aufweisen
Der Verkehrsbereich an den Fertigungseinrichtungen wird eingeschränkt, die Bedienung oft behindert
Die Fördermechanismen sind stark maschinengebunden

Außenverkettung

Unter Außenverkettung wird die Verbindung der Fertigungseinrichtungen durch Werkstückförderer verstanden, wobei die Werkstückförderer so angeordnet sind, daß die auf die Grundfläche projizierte Hauptfördereinrichtung der Werkstücke neben der Grundfläche der Fertigungseinrichtungen vorbeiführt. Die Verkettung kann dabei quer oder längs erfolgen (Bild 4.4.5).

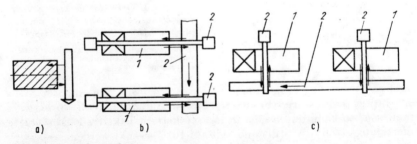

Bild 4.4.5. Außenverkettung
a) Schema
b) Außenverkettung quer
c) Außenverkettung längs
1 Fertigungseinrichtungen; 2 Fördereinrichtungen

4.4. Verkettung von Fertigungseinrichtungen

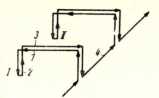

Bild 4.4.6. Schema der Werkstückförderung bei Außen- und Innenverkettung

1 Eingeben; *2* Bearbeiten; *3* Ausgeben; *4* Fördern; *I* und *II* Fertigungseinrichtungen

Bild 4.4.6 zeigt ein Schema der Werkstückbewegung bei Außen- und Innenverkettung.

Vorteile der Außenverkettung:

Die Verkettungsmechanismen (Einrichtungen für die Werkstückbewegung) lassen sich universell und baukastenmäßig gestalten
Die Bedienung wird nicht mehr so stark durch Fördereinrichtungen behindert
Sie ist für schlecht verkettbare Fertigungseinrichtungen geeignet

Nachteile der Außenverkettung:

Es ist ein höherer Aufwand für Fördermechanismen (Schwerkraftförderer scheiden fast völlig aus) erforderlich
Ein größerer Platzbedarf ist notwendig
Fördereinrichtungen benötigen meist einen eigenen Antrieb (z. B. Kettenförderer)

Durchverkettung

Bei der Durchverkettung geht die Hauptfördereinrichtung direkt durch den Arbeitsraum der Fertigungseinrichtung. Sie ist ein Sonderfall der Innenverkettung. Bei der Betrachtung der Durchverkettung ist zu unterscheiden, ob als Fertigungseinrichtungen Sondermaschinen oder Normalwerkzeugmaschinen zur Anwendung kommen.

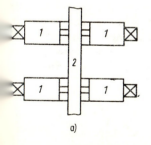 

Bild 4.4.7. Durchverkettung von Sondermaschinen
a) Prinzipskizze
b) Schema der Werkstückförderung
1 Aufbausondermaschinen; *2* Fördereinrichtungen

Bei Taktstraßen, Aufbau- und Sondermaschinen laufen die Werkstücke direkt durch den Arbeitsraum. Eine zusätzliche Bewegung für das Ein- und Ausgeben folgt nicht (Bild 4.4.7).
Eine Durchverkettung an Normalwerkzeugmaschinen erfolgt gewöhnlich quer oder längs, oberhalb des Arbeitsraums, und nicht direkt durch den Arbeitsraum der Fertigungseinrichtung. Zusätzliche Bewegungen für das Ein- und Ausgeben machen sich deshalb erforderlich (Bild 4.4.8).

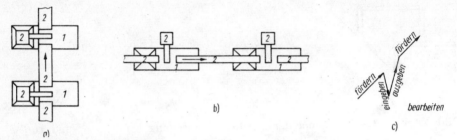

Bild 4.4.8. Durchverkettung von Normalwerkzeugmaschinen

a) Prinzipskizze Durchverkettung quer
b) Prinzipskizze Durchverkettung längs
c) Schema der Werkstückförderung
1 Normalwerkzeugmaschinen; 2 Fördereinrichtungen

Reihenverkettung

Reihenverkettung ist die Verbindung von Fertigungseinrichtungen, die funktionsmäßig nacheinander angeordnet sind, so daß sie am gleichen Werkstück verschiedene Fertigungsvorgänge zeitlich nacheinander ausführen (Bild 4.4.9).

Die Reihenverkettung kann als Innenverkettung oder als Außenverkettung aufgebaut sein, so daß die gleichen Vor- und Nachteile zutreffen.

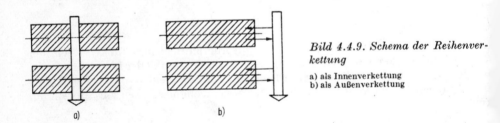

Bild 4.4.9. Schema der Reihenverkettung

a) als Innenverkettung
b) als Außenverkettung

Parallelverkettung

Parallelverkettung ist die Verbindung von Fertigungseinrichtungen, die funktionsmäßig nebeneinander angeordnet sind, so daß sie an gleichen Werkstücken gleiche Fertigungsvorgänge gleichzeitig ausführen. Die Fertigungsstückzahl ist für diese Anordnung sehr entscheidend (Bild 4.4.10).

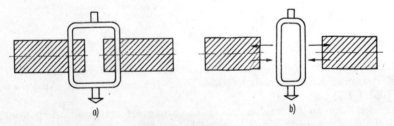

Bild 4.4.10. Schema der Parallelverkettung

a) als Innenverkettung
b) als Außenverkettung

4.5. Einrichtungen für die Werkstückbewegung im Fließ- und Stückprozeß

Entsprechend der Gliederung der Einrichtungen für die Werkstückbewegungen nach Bild 4.2.2 werden im folgenden die erforderlichen theoretischen Grundlagen und konstruktiven Gesichtspunkte dieser Einrichtungen behandelt.

4.5.1. Speichereinrichtungen

Als Speichern bezeichnet man ein Unterbrechen des Materialflusses zum Zweck einer Aufbewahrung bzw. Bevorratung (z. B. Puffer für Störungen) von Arbeitsgut. Ein Speicher kann ein Bunker oder wie in den meisten Fällen, ein Magazin sein. Ein Vibrator ist z. B. eine Kombination zwischen Bunker (im Zentrum ungeordnete Teile) und Magazin (letztes Stück der innen angebrachten Spirale). Eine *Speichereinrichtung* kann Werkstücke, Werkzeuge oder Programme für eine geordnete Entnahme reproduzierbar aufbewahren oder bereithalten. Je nach Art des Speicherguts unterscheidet man deshalb Werkstückspeicher, Werkzeugspeicher und Programmspeicher.

4.5.1.1. *Werkstückspeicher*

Der *Werkstückspeicher* hat die Aufgabe, Werkstücke vor oder zwischen zwei Bearbeitungseinrichtungen der Fertigungskette aufzubewahren. Er überbrückt also Unregelmäßigkeiten des Durchlaufs und sichert einen kontinuierlichen Ausstoß.
Werkstückspeicher werden nur bei loser Verkettung angewendet.
Nach dem Verwendungszweck unterscheidet man:

Beschickungsspeicher

Sie ermöglichen die automatische Beschickung einer Werkzeugmaschine bzw. einer Fertigungskette über einen gewissen Zeitraum.

Störungsspeicher

Sie erfüllen die Aufgabe, größere Zeitausfälle (Störungen, notwendige Wartung, Werkzeugwechsel usw.) durch Aufnahme bzw. Abgabe von Werkstücken zu überbrücken (Störungspuffer).

Ausgleichsspeicher

Sie dienen zur Ansammlung von Werkstücken bei zeitlich versetzt arbeitenden Einrichtungen.
Nach der Art des Durchlaufs der Werkstücke unterscheidet man:

Durchlaufspeicher

Dieser Speicher wird von jedem Werkstück durchlaufen. Eine direkte Übergabe von einem Förderer zum anderen erfolgt nicht.

Rücklaufspeicher

Dieser Speicher ist dem Werkstückfluß parallelgeschaltet. Er nimmt bei Stillstand der nachfolgenden Maschine Werkstücke auf und gibt diese bei Stillstand der vorangehenden Maschine ab. Die Werkstücke haben dabei gegenläufige

Bewegungsrichtung. Da eine direkte Übergabe zwischen den Förderern möglich ist, müssen nicht alle Werkstücke den Speicher durchlaufen. Ebenso werden Ungleichheiten in den Operativzeiten ausgeglichen.

Werkstückspeicher in Form von Magazinen für Fließgut in Verbindung mit Zuführeinrichtungen für Fließ- oder Stückprozesse (Bild 4.5.1) werden z. B. als Schüttmagazine (Bild 4.5.1c) für Plastverarbeitungseinrichtungen verwendet. An Werkstückmagazine für Stückgut werden konstruktiv höhere Anforderungen gestellt.

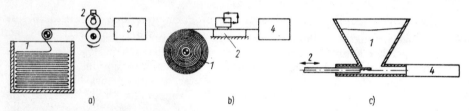

Bild 4.5.1. Werkstückspeicher für Fließgut [25]

a) Fließgut wird einem Fließprozeß zugeführt
b), c) Fließgut wird einem Stückprozeß zugeführt
Magazin; 2 Zuführeinrichtung; 3 Fließprozeß; 4 Stückprozeß

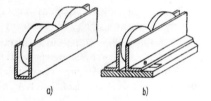

Bild 4.5.2. Quermagazin in Form des offenen Gleitens [29]

a) U-förmiger Blechstreifen
b) Grundblech und zwei aufgeschraubte Winkeleisen
c) Profileisen mit zwei Seitenblechen

Bild 4.5.2 zeigt ein Quermagazin (Werkstückmittelachsen liegen parallel und quer zum Magazin) in Form des offenen Gleitens in drei konstruktiven Ausführungen. In der Ausführung Bild 4.5.2 läßt sich ein Winkeleisen verstellen. Die Ausführung Bild 4.5.2c bietet die Möglichkeit, die Laufbahn durch die an der Seite angebrachten Öffnungen zu reinigen.

4.5.1.2. Werkzeugspeicher

Der *Werkzeugspeicher* hat die Aufgabe, voreingestellte Werkzeuge aufzubewahren. Die Entwicklung numerisch gesteuerter Werkzeugmaschinen und numerisch gesteuerter Bearbeitungszentren erforderte die Entwicklung von Werkzeugspeichern. Der Werkzeugwechsel wird an solchen Maschinen bzw. Einrichtungen ebenfalls numerisch gesteuert. Die Werkzeugwechselzeit muß dabei möglichst niedrig sein.

4.5.1.3. Programmspeicher

Die *Programmspeicher* dienen zum Speichern von Informationen (Schalt- und Weginformationen). Die einzelnen Programmspeicher werden nur angeführt, aber nicht im einzelnen behandelt.

Die elementarsten Programmspeicher sind Anschläge, Nocken und Kurven.

Anschläge sind auf geradlinigen oder kreisförmigen Flächen (Programmträgern) angeordnete Elemente, die den Zweck haben, eine geradlinige oder kreisförmige

4.5. Einrichtungen für die Werkstückbewegung im Fließ- und Stückprozeß

Bewegung zu begrenzen (z. B. Anschlagtrommel an einer Trommelrevolverdrehmaschine).

Nocken sind auf geradlinigen oder kreisförmigen Flächen (Programmträgern) angeordnete Erhebungen, die dem Zweck dienen, eine Schalt- oder Steuerbewegung auszulösen. Nockenprogramme werden fast ausschließlich zur Betätigung von elektrischen Schaltgeräten (z. B. Mikroendschalter) verwendet. Man unterscheidet Reihenprogramme, Parallelprogramme und Schaltwerke.

Bei Reihenprogrammen werden alle zu programmierenden Daten, d. h. einzusetzende Nocken, in einer Reihe zusammengefaßt.

Bei Parallelprogrammen werden die zu programmierenden Daten, d. h. einzusetzende Nocken, in parallel aneinander verlaufenden Nuten eingesetzt. Die Anzahl der Steuerzeilen ist unbegrenzt. Diese Parallelprogramme findet man an einfach programmierten Werkzeugmaschinen mit Anschlagsteuerung.

Für größere Schaltprogramme werden Schaltwerke in Form von Programmscheiben oder Programmtrommeln benutzt. Die Programmwechselzeit muß gering gehalten werden. Dazu eignet sich die Programmtrommel mit Schnellwechselnocken am besten. Als Beispiel sei das vom VEB Werkzeugmaschinenfabrik Magdeburg entwickelte Kugel-Schrittschaltwerk genannt, bei dem Kugeln als Nocken in eine Trommel eingelegt werden. Der Einsatz dieses Schrittschaltwerks erfolgt z. B. an den Maschinentypen DXKH 63 II (Magkomat) und DF 315 NC.

Kurvenprogramme sind werkstückabhängig und werden an Drehautomaten als Kurvenscheiben oder Kurventrommeln verwendet.

Höhere Programmspeicher sind die Informationsträger zur Steuerung numerischer Werkzeugmaschinen oder Digitalrechner. Als Informationsträger werden Lochkarten, Lochstreifenkarten, Lochstreifen und Magnetbänder verwendet. Eine nähere Behandlung dieser Informationsträger erfolgt in diesem Lehrbuch nicht

4.5.2. Fördereinrichtungen

4.5.2.1. *Werkstückordnungseinrichtungen*

Zum Verständnis der Ordnungseinrichtungen sind Kenntnisse über die theoretischen Grundlagen des Ordnens und Zuteilens erforderlich.

Unordnungsgrad

Der Unordnungsgrad U kennzeichnet die geometrische Form und die lagemäßige Zuordnung der Einzelstücke im Magazin und ist gleichzeitig eine eindeutige Kennzahl für die Schwierigkeit des durchzuführenden Ordnungsprozesses [25].

Der größtmögliche Unordnungsgrad läßt sich nach *Groh* [25] berechnen zu

$$U_{max} = C_1 A + S + C_2; \qquad (4.5.1)$$

A Anzahl der ausgezeichneten geometrischen Achsen, die das Stück lagemäßig bestimmen

S Anzahl der Seitenflächen, die sich relativ zu den gegenüberliegenden Seitenflächen durch Besonderheiten auszeichnen

C_1 von A abhängige Konstante $(A + 1)/A$

C_2 Konstante, die 1 ist, wenn sich die Teile in einer Rinne befinden, 2 ist, wenn sich die Teile in einer Ebene befinden, und 3 ist, wenn sich die Teile in einem Raum befinden

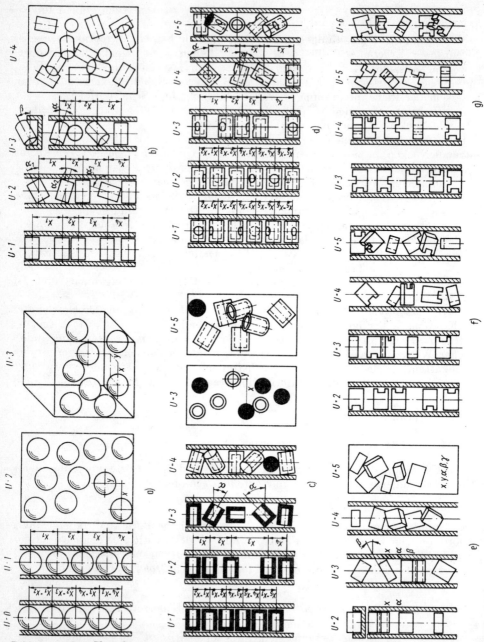

Bild 4.5.3. Der Unordnungsgrad bei Stückgut [29]
a) Kugeln $A = 0, S = 0$
b) Zylinder $A = 1, S = 0$
c) Zylinder mit ausgezeichneter Stirnseite $A = 1, S = 1$
d) Zylinder mit zwei ausgezeichneten Seitenflächen $A = 1, S = 2$
e) rechteckiger Körper $A = 2, S = 0$
f) rechteckiger Körper mit einer ausgezeichneten Seite $A = 2, S = 1$
g) rechteckiger Körper mit zwei ausgezeichneten Seiten $A = 2, S = 2$

4.5. Einrichtungen für die Werkstückbewegung im Fließ- und Stückprozeß

Mit dieser Formel lassen sich nur die größtmöglichen Unordnungsgrade für die verschiedenen Werkstücke für Rinne, Ebene oder Raum berechnen.

Bild 4.5.3 zeigt den Unordnungsgrad bei Stückgut verschiedener geometrischer Formen. Es sind die Ordnungsmöglichkeiten von U_{max} bis $U = 0$ zu erkennen.

Beispiele

Kugel	$A = 0, S = 0$
Zylinder	$A = 1, S = 0$
Zylinder mit ausgezeichneter Stirnseite	$A = 1, S = 1$
Zylinder mit zwei ausgezeichneten Stirnseiten	$A = 1, S = 2$
rechteckiger Körper	$A = 2, S = 0$
rechteckiger Körper mit ausgezeichneter Seite	$A = 2, S = 1$
rechteckiger Körper mit zwei ausgezeichneten Seiten	$A = 2, S = 2$

Danach ergibt sich z. B. bei $A = 2$ und $S = 2$ nach Gl. (4.5.1)

$$U_{max} = 8.$$

Heinrich [24] definiert die Ordnungsaufgabe wie folgt:

„*Die Ordnungsaufgabe O ist abhängig vom Unordnungsgrad der angelieferten Werkstücke U_{max} und dem Unordnungsgrad der Werkstücke beim Bearbeiten U_{min}.*"

Somit wird

$$O = U_{max} - U_{min}. \qquad (4.5.2)$$

Da nun die Werkstücke bei der Bearbeitung eine eindeutig bestimmte Lage haben müssen, wird

$$U_{min} = 0;$$

somit wird

$$O = U_{max},$$

und damit entspricht die Schwierigkeit der Ordnungsaufgabe dem maximalen Unordnungsgrad.

Ordnungswahrscheinlichkeit

Die Ordnungswahrscheinlichkeit W ist der Quotient aus der Anzahl der für den Ordnungsprozeß günstigen Fälle und der Anzahl aller möglichen Fälle [25].

Die Bilder 4.5.4 bis 4.5.6 zeigen die Ordnungswahrscheinlichkeit in Abhängigkeit vom Unordnungsgrad U. Liegen zylindrische Teile (Bild 4.5.4) beliebig im Bunker ($U_{max} = 5$), dann verteilen sich die Spitzen der die Lage der Teile bestimmenden Vektoren (z. B. Mittelachsen) gleichmäßig auf einer Kugeloberfläche. Für den Ordnungsprozeß haben nur die Teile eine günstige Lage, deren lagebestimmenden Vektoren innerhalb eines Kegels mit dem Öffnungswinkel $2\varkappa$ liegen. Die zylindrischen Teile fallen je nach Schwerpunktlage entweder auf die Stirnfläche oder auf die Mantelfläche. Der Winkel, der den Grenzfall darstellt, wird als Kippwinkel $\varkappa$ bezeichnet. Er wird am zweckmäßigsten experimentell für das jeweils zu untersuchende Werkstück ermittelt.

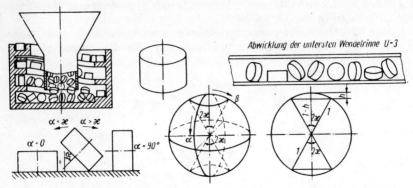

Bild 4.5.4. Ordnungswahrscheinlichkeit zylindrischer Teile ($U = 5$) [25]

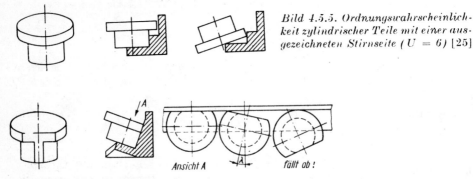

Bild 4.5.5. Ordnungswahrscheinlichkeit zylindrischer Teile mit einer ausgezeichneten Stirnseite ($U = 6$) [25]

Bild 4.5.6. Ordnungswahrscheinlichkeit zylindrischer Teile mit einer ausgezeichneten Stirnseite und einer weiteren Fläche ($U = 7$) [25]

Aus Bild 4.5.4 ergeben sich folgende Werte:

Oberfläche der Kugel = $4 \pi r^2$ (Anzahl aller für den Ordnungsprozeß möglichen Fälle)

Oberfläche des Kugelabschnitts = $2 \pi r h$ (Anzahl aller für den Ordnungsprozeß günstigen Fälle)

$h = r(1 - \cos \varkappa)$.

Es ergibt sich die Ordnungswahrscheinlichkeit entsprechend der angeführten Definition zu

$$W = \frac{4 \pi r h}{4 \pi r^2} = 1 - \cos \varkappa. \tag{4.5.3}$$

Die Ordnungswahrscheinlichkeit hängt also im vorliegenden Fall lediglich vom Kippwinkel $\varkappa$ ab.

Beträgt z. B. die Förderleistung des Schüttelmagazins n_1 Teile je Minute, so ergibt sich bei der Bearbeitung unter Berücksichtigung der Ordnungswahrscheinlichkeit eine tatsächliche Mengenleistung je Minute von

$$n_p = n_1 W. \tag{4.5.4}$$

4.5. Einrichtungen für die Werkstückbewegung im Fließ- und Stückprozeß

Soll die Bearbeitungsmaschine n_c Teile je Minute fertigen, so muß die Magazinförderleistung $n_p \geqq n_r$ sein.

Für zylindrische Teile mit einer ausgezeichneten Stirnfläche $U_{max} = 6$ (Bild 4.5.5) liegen die richtungsbestimmenden Vektoren nur auf der oberen Kugelabschnittsoberfläche, und diese Teile fallen bei falscher Lage sofort von der Rinne.

Die Ordnungswahrscheinlichkeit wird

$$W = \frac{2\pi rh}{4\pi r^2} = \frac{1}{2}(1 - \cos \varkappa) \qquad (4.5.5)$$

und die tatsächliche Mengenleistung

$$n_p = n_l \frac{1}{2}(1 - \cos \varkappa). \qquad (4.5.6)$$

Die Vergrößerung des Unordnungsgrads hat eine Verringerung der Ordnungswahrscheinlichkeit und der Magazinförderleistung zur Folge.

Für zylindrische Teile (Bild 4.5.6) spielt der Drehwinkel $\pm \lambda$ eine große Rolle. Dieser Drehwinkel ist experimentell zu ermitteln. Dabei sind die Teile so weit zu drehen, bis sie von der Rinne fallen.

Es werden die Ordnungswahrscheinlichkeit

$$W = \frac{1}{2}(1 - \cos \varkappa)\frac{\lambda}{\pi} \qquad (4.5.7)$$

und die tatsächliche Mengenleistung

$$n_p = n_l \frac{1}{2}(1 - \cos \varkappa)\frac{\lambda}{\pi}. \qquad (4.5.8)$$

Möglichkeiten des Ordnens

Es gibt unabhängig vom Unordnungsgrad U drei Möglichkeiten des Ordnens:

Stetiges Ordnen ist ein Fließprozeß. Unter stetigem Ordnen versteht man die Überführung der Teile vom ungeordneten in den geordneten Zustand ohne zwangläufige Steuerung und zu Zeiten, die sich nicht genau bestimmen lassen (Bild 4.5.7)

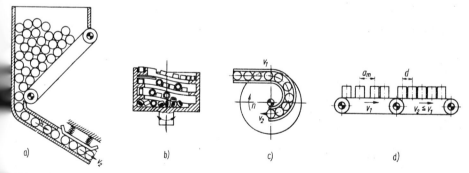

Bild 4.5.7. *Stetiges Ordnen von Stückgut* [25]
a) $U = 2$ b) $U = 5$ c), d) $U = 1$, Werkstücke mit ungleichen Abständen

Gruppenweises Ordnen ist ein Stückprozeß. Unter gruppenweisem Ordnen versteht man das Herausgreifen mehrerer noch ungeordneter Teile aus einer Vielzahl und ihre gemeinsame zwangläufige Überführung in den geordneten Zustand (Bild 4.5.8).

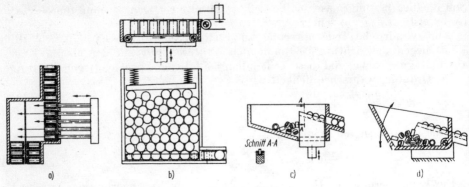

Bild 4.5.8. Gruppenweises Ordnen von Stückgut [25]
a) Werkstücke mit gleichen Abständen, aber ungleichen Lagen ($U = 1$)
b) Ordnen durch Stößelbewegung im Bunker ($U = 2$)
c) Ordnen durch Stößelschieber ($U = 5$)
d) Ordnen durch pendelnde Bewegung des Bunkers ($U = 5$)

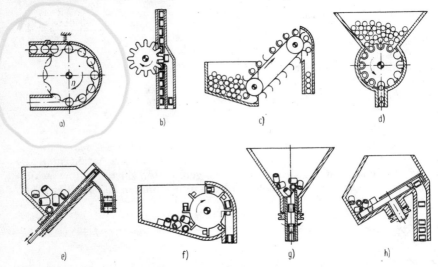

Bild 4.5.9. Ordnen durch Zuteilen von Stückgut [25]
a) Werkstücke mit ungleichen Abständen ($U = 1$)
b) Werkstücke mit gleichen Abständen, aber ungleichen Lagen ($U = 1$)
c) Zuteilen über Becherwerk (Schöpferband, ($U = 2$)
d) Zuteilen über Verteilertrommel ($U = 2$)
e) Zuteilen durch Stößel ($U = 5$)
f) Zuteilen über Trommel ($U = 5$)
g) Zuteilen durch rotierendes Rohr ($U = 5$)
h) Zuteilen über rotierende Trommel ($U = 5$)

Ordnen durch Vereinzeln ist ein Stückprozeß. Beim Ordnen durch Zuteilen wird jeweils nur ein Werkstück aus der noch ungeordneten Menge (aus dem Bunker) herausgegriffen und zwangläufig geordnet und zugeteilt (Bild 4.5.9).

Zuteilen
Zur Bearbeitung von Stückgut in einem Stückprozeß ist nach dem Ordnen der Werkstücke eine Werkstückbewegungsverrichtung erforderlich, die als Zuteilen bezeichnet werden soll.

4.5. Einrichtungen für die Werkstückbewegung im Fließ- und Stückprozeß

Durch eine zwangläufig arbeitende Einrichtung wird dabei ein Werkstück zu einem auf das Fertigungsverfahren abgestimmten Zeitpunkt der Fertigungseinrichtung zugeführt. Der Prozeß des Zuteilens kann mit mechanischen Einrichtungen, mit Hilfe von Vakuum, Druckluft oder Magnetismus erfolgen (Bild 4.5.10).

Weitere konstruktive Anregungen sind in der Literatur enthalten [29] [30].

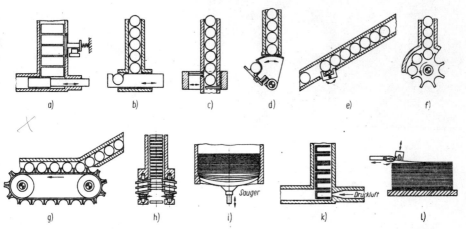

Bild 4.5.10. *Zuteilen von geordnetem Stückgut* [25]
a), b), c) durch periodische Schiebebewegung
d), e) durch periodische Drehbewegung
f) durch umlaufende Teilräder
g) durch umlaufenden Transport
h) durch Transportschnecken
i) durch Vakuum mittels Saugers
k) durch Druckluft
l) durch Magnetismus

4.5.2.2. Werkstückwechseleinrichtungen

Werkstückwechseleinrichtungen dienen dem Ein- und Ausgeben von Werkstücken. Die Werkstückeingabe- und Werkstückausgabeeinrichtungen werden an dieser Stelle mitbehandelt.

Beispiele

1. Im Bild 4.5.11 entnimmt ein pneumatisch betätigter Greifarm *1* das Werkstück dem Zuführmagazin und übergibt es dem Spannfutter *2* der Fertigungseinrichtung (z. B. Innenrundschleifmaschine). Nach dem Bearbeiten erfolgt das Entspannen. Das Werkstück fällt anschließend in den herangeschwenkten Abführkanal *3*.

2. Durch eine Werkstückwechseleinrichtung (Bild 4.5.12) wird eine Kopierdrehmaschine *1* von einem Taktband *2* aus beschickt. Die Beschickungseinrichtung besteht aus dem Querbalken *3* und den beiden pneumatischen Greifereinrichtungen *4*, die sich auf dem Querbalken bewegen. Gehen die Greifer über dem Taktband nach unten, dann wird ein neues Werkstück gegriffen und ein bearbeitetes abgelegt. Danach fahren die Greifer wieder nach oben und nach links bis über die Bearbeitungsstelle. Der hintere Greifer entnimmt das bearbeitete Werkstück, und der vordere Greifer legt das unbearbeitete Werkstück ein. Nach diesem Ein- und Ausgeben

274　　　　　　　　　　　　　　　　　　　　　　　　4. Werkstückbewegung

Bild 4.5.11. *Werkstückeingabe- und ausgabeeinrichtung*

(VEB Berliner Werkzeugmaschinenfabrik)

1 Greifarm; *2* Spannfutter; *3* Abführkanal

Bild 4.5.12. *Werkstückwechseleinrichtung*

(VEB Werkzeugmaschinenfabrik Magdeburg; Maschine DXKH 63/II-MAGKOMAT)

1 Kopierdrehmaschine; *2* Taktband; *3* Querbalken; *4* Greifereinrichtungen

fährt die Greifereinrichtung wieder nach rechts bis über das Taktband. Diese Operationen erfolgen während der Maschinengrundzeit t_{Gm}.

3. Eine selbsttätige Ein- und Ausgabeeinrichtung von Werkstücken an einer Drehmaschine zeigt Bild 4.5.13. In der Ausgangsstellung des pneumatischen Schubförderers *1* nimmt dessen Aufnahmeprisma *2* das Werkstück *3* auf. Di

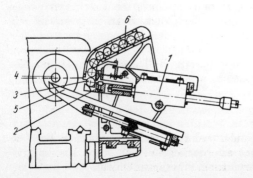

Bild 4.5.13. *Werkstückwechseleinrichtung* [29]

1 pneumatischer Schubförderer; *2* auswechselbares Werkstück-Aufnahmeprisma; *3* Werkstück; *4* Hauptspindelmitte; *5* auswechselbarer Rollkanal; *6* verstellbares Kanalmagazin

4.5. Einrichtungen für die Werkstückbewegung im Fließ- und Stückprozeß

Betätigung eines Druckknopftasters in der Kommandoplatte des Spindelkastens leitet an der vorher eingerichteten Drehmaschine den automatischen Werkstückdurchlauf ein. Hat der Schubförderer das Werkstück in Drehmitte *4* gebracht, so findet die Spannung zwischen den Spitzen in den meisten Fällen durch Verschieben der hydraulischen Reitstockpinole statt. Anschließend erfolgt der Rückgang des Schubförderers, wobei nach der Freigabe des Werkstücks durch die Federknaggen der Zerspanungsablauf eingeleitet wird.

Nach dem Rückgang der Kopierpinole wird der Support-Eilrücklauf eingeschaltet, die Arbeitsspindel abgebremst und gleichzeitig der auswechselbare Rollkanal *5* unter das Werkstück geschoben. In der Ausgangsstellung des Supports erfolgt dann das Zurückfahren der Reitstockpinole.

Während des anschließenden Rückgangs des Rollkanals wird durch den mit einem neuen Werkstück versehenen Schubförderer ein neuer Durchlaufzyklus eingeleitet. Das verstellbare Kanalmagazin ermöglicht die Aufnahme von Werkstücken mit verschiedenen Abmessungen.

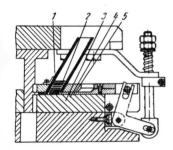

Bild 4.5.14. *Werkstückeingabeeinrichtung mit mechanischer Hebelbetätigung* [29]
1 Magazin; *2* Werkstücke; *3* Anschlagleiste; *4* Schieber; *5* Führungsleiste

4. Das Eingeben von Blechronden in ein Zieh- oder Schneidwerkzeug zeigt Bild 4.5.14. Beim Rückhub des Werkzeugoberteils wird über einen Hebelmechanismus der Schieber *4* nach links bewegt und somit eine Ronde eingegeben. Die Ronden sind im Magazin geordnet.

4.5.2.3. *Werkstückweitergabeeinrichtungen*

Das Weitergeben der Werkstücke von einer Bearbeitungsstation zur anderen bezeichnet man auch als *Fördern*. Es wird dabei zwischen stetigem und schrittweisem Fördern unterschieden. Beim stetigen Fördern werden die Werkstücke ohne Unterbrechung, z. B. auf einer Rollbahn (Rollkanal), kontinuierlich weitergegeben. Beim schrittweisen Fördern werden die Werkstücke in gewissen zeitlichen Abständen taktweise gefördert.

Einrichtungen zum Weitergeben (meist standardisiert, s. Abschn. 4.7.) sind Gummibänder, Kettenbänder, Unterschubförderer, Rollkanäle, Elevatoren (Becherförderanlagen, Bild 4.5.15), Drehscheiben u. a.

4.5.2.4. *Werkstückwendeeinrichtungen*

Sollen Werkstücke gedreht oder gewendet werden, so sind zwischen den Bearbeitungsmaschinen *Wendeeinrichtungen* erforderlich. Verschiedene konstruktive Möglichkeiten haben sich als Wendeeinrichtungen herausgebildet.

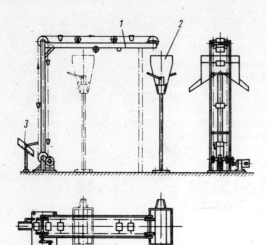

Bild 4.5.15. Becherförderanlage

1 Becherförderer; 2 Bunker; 3 Einlaufrinne

Das Wenden der Werkstücke ist möglich durch
Biegen der Gleitbahn (Bild 4.5.16)
schraubenförmige Windungen der Gleitbahn (Bild 4.5.17)
Öffnungen der Gleitbahn
Formöffnungen in der Gleitbahn (Bild 4.5.18)

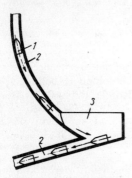

Bild 4.5.16. Werkstückwendeeinrichtung mit geteilter Gleitbahn [29]

1 Werkstücke; 2 Gleitbahnen; 3 Kammer

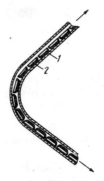

Bild 4.5.17. Werkstückwendeeinrichtung mit Kurvengleitbahn [29]

1 Gleitbahn; 2 Werkstücke

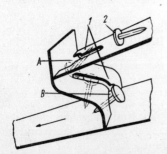

Bild 4.5.18. Werkstückwendeeinrichtung mit Formöffnungen in der Gleitbahn [29]

A, B Formöffnungen; 1 Gleitbahnen; 2 Werkstücke

4.5. Einrichtungen für die Werkstückbewegung im Fließ- und Stückprozeß   277

4.5.3. Werkstückhalteeinrichtungen

Sollen Werkstücke z. B. auf einem Transportband bewegt werden, so sind *Halteeinrichtungen* zum Sichern der Werkstücke in einer vorbestimmten Lage notwendig. Dieses Sichern der Lage kann formschlüssig oder kraftschlüssig erfolgen. Formschlüssiges Lagesichern kann z. B. in einem Auflegeprisma erfolgen (s. Bild 4.5.13, Teil 2). Kraftschlüssiges Lagesichern kann z. B. in einer Greiferzange erfolgen (Bild 4.5.19).

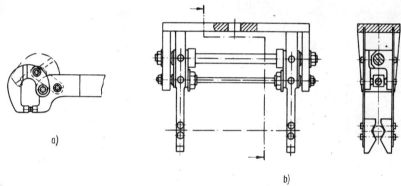

Bild 4.5.19. *Greiferausführung*
) für flache Werkstücke
) für runde Werkstücke

4.5.4. Beispiele

1. In einer Wälzlagerring-Transferstraße (Bild 4.5.20) sind Wälzlagerring-Drehautomaten miteinander verkettet. Die durch eine Ablaufrinne in das Hubwerk geleiteten Wälzlagerringe werden senkrecht hochgeschoben und rollen in das anschließende serpentinenförmige Magazin, das eine Speicherung der Wälzlagerringe im geordneten Zustand vornimmt, wenn eine Fertigungseinrichtung, z. B. bei Werkzeugwechsel, stillgesetzt werden muß. Bei vollem Magazin wird die vorhergehende Fertigungseinrichtung einschließlich Hubwerk automatisch abgeschaltet. Die Führungsrinnen des Hubwerks sind für den Bearbeitungsdurchmesser verstellbar ausgeführt. Zu dieser Transferstraße gehören drei Fertigungseinrichtungen (Wälzlagerring-Drehautomaten), drei Hubwerke und drei serpentinenförmige Magazine.
2. In einer automatischen Stiftschrauben-Fertigungseinrichtung (Bild 4.5.21) sind ein Drahtricht- und Abschneidautomat und eine Profilwalzmaschine miteinander verkettet. Der Werkstoff wird von einem Drahtbund als Fließgut dem Automaten zugeführt. Der Automat führt das Vor- und Fertigrichten und das Abschneiden auf Länge aus. Die Rohlinge (Stückgut) fallen in den Bunker *8*. Die Förderscheibe mit Haftmagneten des Rotorförderers (Bild 4.5.22) greift die Rohlinge aus dem Bunker. An der Rinne werden die Rohlinge abgestreift und der Zuteileinrichtung *4* zugeführt. Die überschüssigen Rohlinge fallen zurück in den Bunker. Der Rotorförderer hat die Aufgabe des Förderns und Ordnens.
Die Zuteileinrichtung (Bild 4.5.23) wird von einer Kurvenscheibe der Profilwalzmaschine gesteuert. Dadurch ist eine Synchronisation der Zuteileinrichtung

Bild 4.5.20. Wälzlagerring-Transferstraße
Wälzlagerring-Drehmaschinen Baureihe DWä 63/II
(VEB Werkzeugmaschinenfabrik Magdeburg)

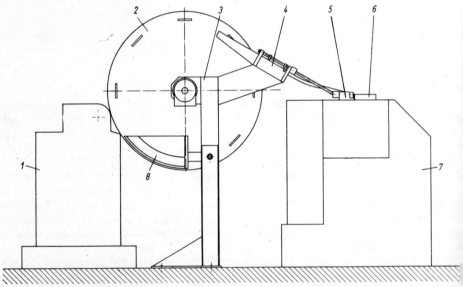

Bild 4.5.21. Automatische Stiftschrauben-Fertigungseinrichtung (Schema) [31]
1 Drahtricht- und Abschneidautomat UDARA 6.3; *2* Förderscheibe mit Haftmagneten (Rotorförderer, s. Bild 4.5.2
3 Ständer der Verkettungseinrichtung; *4* Zuteileinrichtung (s. Bild 4.5.23); *5* Sondereinrichtung; *6* Stapelmaga
(s. Bild 4.5.24); *7* Profilwalzmaschine UPW 12,5 × 70 mit Sondereinrichtung zum Walzen von Stiftschraub
8 Bunker

mit dem Walzprozeß gegeben. Befinden sich die Stiftschrauben in Abstreifrinne
dann rutschen sie gegen Sperre *8*. Durch die Kurvenscheibe erhält Welle *6* ei
Pendelbewegung, die Sperre wird geöffnet und der vorherliegende Rohling wird

4.5. Einrichtungen für die Werkstückbewegung im Fließ- und Stückprozeß   279

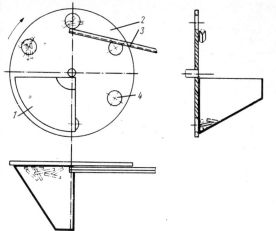

Bild 4.5.22. Schema eines Rotorförderers [31]

1 Bunker; *2* Förderscheibe; *3* Abstreifrinne; *4* Haftmagnete

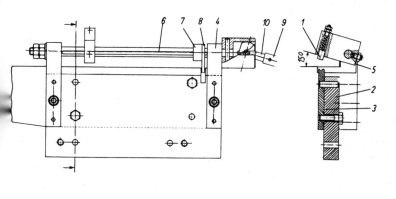

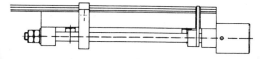

Bild 4.5.23. Zuteileinrichtung [31]

1 Bolzen; *2* Grundkörper; *3* Abstreifrinne; *4* Leiste; *5* Klemmstück; *6* Welle; *7* Klemmring; *8* Sperre; *9* Antrieb; *10* Kugelkopf

dem Augenblick über Klemmstück *5* durch Bolzen *1* gehalten. Das Klemmstück *5* läßt sich auf Welle *6* verstellen, damit verschiedene Längen verarbeitet werden können.

Die Zuteileinrichtung gibt die Rohlinge an ein Stapelmagazin (Bild 4.5.24) der Profilwalzmaschine weiter. Auch dieses Magazin ist verstellbar gestaltet und teilt die Rohlinge der Profilwalzmaschine zu. Nach dem Gewindewalzen fallen die Stiftschrauben in einen Bunker.

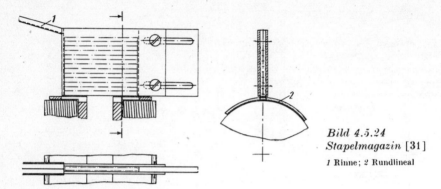

Bild 4.5.24
Stapelmagazin [31]
1 Rinne; 2 Rundlineal

4.6. Hinweise für die Konstruktionstätigkeit

Für die Konstruktion von Einrichtungen zur Werkstückbewegung sind folgende wichtige Vorüberlegungen nötig, um von der Aufgabenstellung zum Grundprinzip zu gelangen:
1. Analyse der Fertigungskette
2. Festlegung der erforderlichen Funktionen für die Werkstückbewegung
3. Zusammenstellung der Funktionssymbole im Blockschaltbild
4. Ermittlung des Unordnungsgrads und der Ordnungswahrscheinlichkeit

Aus dem Grundprinzip entstehen unter Berücksichtigung der technisch-konstruktiven Verwirklichungsmöglichkeiten für die einzelnen Funktionen (z. B. für das Magazinieren, Weitergeben, Ordnen, Zuteilen) Arbeitsprinzipien, die nach Betrachtung unter ökonomischen Gesichtspunkten und nach einer Fehlerkritik zum verbesserten Arbeitsprinzip führen.

Für die Arbeitsstufen zur Entwicklung neuer Erzeugnisse gibt es Netzwerksimulatoren, die alle Aktivitäten und Ereignisse von der Aufgabenstellung bis zur Überleitung in die Fertigung enthalten.

4.7. Normen für Einrichtungen zur Werkstückbewegung

Benennung	Werknorm
Rotorbunker	28-113
Vibrator	14 519
Rollkanal	28-12
Greifereinrichtung, senkrecht	28-10
Greifer	28-133
Kettenmagazin, Kettenförderer	28-51
Greifereinrichtung, waagerecht	28-8
Schubförderer	28-93
Becherförderanlage	28-199
Schaltgetriebe mit Kurvenzylinder	28-112
Vakuumspanner	28-139

4.8. Wiederholungsfragen

1. Was versteht man unter den Begriffen *Automatisieren* und *Einrichtungen für die Werkstückbewegung*?
2. Weshalb hat man Symbole für Bewegungsfunktionen geschaffen?
3. Was sind Fließ- und Stückprozesse?
4. Was versteht man unter Fließfertigung?
5. Welche Verkettungsarten gibt es?
6. Welche Aufgaben haben Speichereinrichtungen?
7. Was wird unter Unordnungsgrad und Ordnungswahrscheinlichkeit verstanden?
8. Welche Gesichtspunkte muß der Konstrukteur bei der Entwicklung von Fördereinrichtungen beachten?
9. Welche Möglichkeiten des Zuteilens gibt es?
10. Der Ablauf des Konstruierens von Einrichtungen für die Werkstückbewegung ist zu diskutieren!

4.9. Übungen

1. Auf einer Exzenterpresse sind Blechteile (Stückgut) aus Bandmaterial (Fließgut) auszuschneiden. An der Presse befinden sich je ein Einlauf-, Bandricht- und Auslaufapparat. Die ausgeschnittenen Blechteile werden in einem Magazin geordnet gespeichert. Das übrigbleibende Blechgitter wird in einem Abfallschneider zerkleinert. Dieser Abfall fällt in einen Bunker.
Es ist das Blockschaltbild der Bewegungsfunktion zu zeichnen und zu erläutern.

Lösung:

Um zum Blockschaltbild der Bewegungsfunktionen zu kommen, ist es sinnvoll, das Ablaufprinzip einmal darzustellen (Bild 4.9.1a). Daraus läßt sich leichter das Blockschaltbild der Bewegungsfunktionen aufstellen (Bild 4.9.1b).

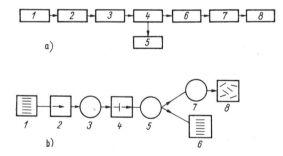

Bild 4.9.1. Blockschaltbilder
a) Ablaufprinzip

1 Abwickelhaspel (Fließgut); *2* Bandrichtapparat; *3* Einlaufapparat; *4* Exzenterpresse; *5* Werkstückmagazin (Stückgut); *6* Auslaufapparat; *7* Abfallschneider; *8* Abfallbunker

b) Bewegungsfunktionen

1 Magazin; *2* lagegesichertes Fördern; *3* Richten; *4* Zuteilen; *5* Ausschneiden; *6* Werkstückmagazin; *7* Abfallschneider; *8* Bunker für Abfall

2. Für einen Vibrationsförderer mit am Ende der Wendelrinne angebrachten Ordnungselementen und angebrachter Austragsrinne ist das Blockschaltbild der Bewegungsfunktionen zu zeichnen.

Lösung:

Nach Bild 4.9.2 werden auf dem Inneren des Vibrationsförderers (Bunker) die Teile ohne Lagesichern gefördert und dem Ordnungselement zugeteilt. Die Teile, die eine falsche Lage haben, werden in den Bunker zurückgeführt. Danach wird die

Lage der Werkstücke geprüft. Auch die Teile, die jetzt noch eine falsche Lage haben, werden in den Bunker zurücktransportiert. Nach dem Wenden werden die Werkstücke in der Austragungsrinne magaziniert und können dann einer Fertigungseinrichtung zugeführt werden.

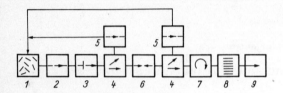

Bild 4.9.2. *Blockschaltbild der Bewegungsfunktionen (Vibrationsförderer)*

1 Bunker; *2* Fördern ohne Lagesicherung; *3* Zuteilen; *4* Abzweigen; *5* Fördern ohne Lagesicherung zurück in den Bunker; *6* Lageprüfen; *7* Wenden der Werkstücke; *8* Magazin; *9* lagegesichertes Fördern

3. In einem Bunker liegen Zylinderkopfschrauben M10 × 30. Es sind Unordnungsgrad und Ordnungswahrscheinlichkeit zu ermitteln.

Lösung:

Der Unordnungsgrad U läßt sich nach Gl. (4.5.1) berechnen. Die Anzahl der ausgezeichneten geometrischen Achsen, die das Werkstück lagemäßig bestimmen, beträgt für Zylinderkopfschrauben $A = 1$.

Die abhängige Konstante läßt sich berechnen zu

$$C_1 = \frac{A+1}{A} = \frac{1+1}{1} = 2.$$

Die Anzahl der Seitenflächen, die sich relativ zu den gegenüberliegenden Seitenflächen durch Besonderheiten auszeichnen, ist $S = 1$.

Die Konstante, wenn sich die Werkstücke in einem Raum befinden, ist $C_2 = 3$.

Nun läßt sich der größtmögliche Unordnungsgrad berechnen:

$$U = C_1 A + S + C_2 = 2 \cdot 1 + 1 + 3 = 6.$$

Die Ordnungswahrscheinlichkeit ergibt sich nach Gl. (4.5.4) zu

$$W = \frac{1}{2}(1 - \cos \varkappa).$$

5. WIRTSCHAFTLICHKEITSBETRACHTUNGEN

5.1. Senkung der Produktionsselbstkosten durch den Einsatz von Vorrichtungen

Der Industrieabgabepreis setzt sich nach folgendem Grundschema für die Preiskalkulation zusammen:

    technologische Einzelkosten
+ technologische Gemeinkosten
= *technologische Kosten*
+ Beschaffungskosten
+ Abteilungsleitungskosten
= *Abteilungskosten*
+ Betriebsleitungskosten
= *Produktionsselbstkosten*
+ Absatzkosten
= *Selbstkosten*
+ Gewinn (Prozentsatz der Verarbeitungskosten)
= *Betriebspreis*
+ Produktions- bzw. Dienstleistungsabgabe
= *Industrieabgabepreis*

Die technologischen Einzelkosten werden mindestens gegliedert in Kosten für

Material- und Zwischenerzeugnisse
auftrags- und typengebundene Vorrichtungen, Werkzeuge und Lehren
fremde Lohnarbeit und Kooperation
Lohn
Patent- und Lizenzgebühren

Aus diesem Schema geht eindeutig hervor, daß die Vorrichtungskosten als technologische Kosten zu planen sind.

Es ist erforderlich, möglichst schon vor dem Fertigungsmittelauftrag einen exakten Nachweis über die Wirtschaftlichkeit einer Vorrichtung zu führen. Eine Fertigung mit Vorrichtung muß geringere Kosten verursachen als die Fertigung des gleichen Werkstücks ohne Vorrichtung.

Gleiche Bedingungen bestehen, wenn bei einer Fertigung eine vorhandene Vorrichtung durch eine technologisch günstigere Vorrichtung ersetzt werden soll.

Bezeichnet man die Produktionsselbstkosten ohne Vorrichtung mit K_1 und die Produktionsselbstkosten mit Vorrichtung mit K_2, so ist die Einsparung

$$E = K_1 - K_2. \tag{5.1.1}$$

Verzichtet man bei der weiteren Betrachtung auf solche Kosten, die sich über einen längeren Zeitraum nicht verändern, wie Beschaffungskosten (für Material der Werkstücke), Abteilungsleitungskosten, Betriebsleitungskosten, so sind für die Wirtschaftlichkeitsberechnung einer Vorrichtung nur die Kosten von ausschlaggebender Bedeutung, die sich verändern. Das sind die Kosten für Löhne L und die Kosten für die Vorrichtung K_V. Da die wirtschaftliche Rechnungsführung aber auch fordert, daß die technologischen Gemeinkosten G zu senken sind, dürfen diese aus der Betrachtung nicht ausgeschlossen werden. Die Fertigung eines Werkstücks ohne Vorrichtung und die Fertigung des gleichen Werkstücks mit Vorrichtung werden im folgenden als Variante 1 und Variante 2 bezeichnet.

In Variante 1 sind die Vorrichtungskosten $K_V = 0$.
Es wird also

$$K_1 = L_1 + G_1. \tag{5.1.2}$$

Betrachtet man die Variante 2, so sind die Vorrichtungskosten K_V besonders zu berücksichtigen. Es wird

$$K_2 = L_2 + G_2 + K_V. \tag{5.1.3}$$

Da sich der Grundlohn in Variante 1 aus der Stückzahl der zu fertigenden Teile n, der Stückzeit t_{S1} in min/Stück und dem Lohnfaktor l_1 in M/min ergibt, folgt

$$L_1 = n\, t_{S1}\, l_1. \tag{5.1.4}$$

Der Grundlohn in Variante 2 wird

$$L_2 = n\, t_{S2}\, l_2 + Z\, t_A\, l_2; \tag{5.1.5}$$

Z Anzahl der Lose

t_A Zeit für Auf- und Abbau der Vorrichtung.

Die technologischen Gemeinkosten werden aus dem Grundlohn und dem Gemeinkostensatz auf der Basis des Grundlohns p in Prozent berechnet.

$$G_1 = p_1 L_1 \tag{5.1.6}$$
$$G_2 = p_2 L_2 \tag{5.1.7}$$

Die Vorrichtungskosten K_V ergeben sich aus den Herstellungskosten der Vorrichtung K_H und den Reparaturkosten der Vorrichtung K_R, die aus Erfahrungswerten der Betriebe als Prozentsatz q festgelegt werden.

$$K_V = K_H + K_R \tag{5.1.8}$$
$$K_R = q\, K_H \tag{5.1.9}$$
$$K_V = K_H\, (1 + q) \tag{5.1.10}$$

Aus Gl. (5.1.1) wird [33]

$$E = K_1 - K_2 = L_1 + G_1 - (L_2 + G_2 + K_V)$$
$$E = n t_{S1}\, l_1 + p_1\, n t_{S1}\, l_1 - [n t_{S2}\, l_2 + Z\, t_A\, l_2$$
$$\quad + p_2 (n t_{S2}\, l_2 + Z\, t_A\, l_2) + K_V]$$
$$E = n t_{S1}\, l_1\, (1 + p_1) - [l_2\, (n t_{S2} + Z\, t_A)\, (1 + p_2) + K_V] \tag{5.1.11}$$

Wenn E positiv, also eine Einsparung werden soll, dann sind die Faktoren zu ermitteln, die die Variante 2 gegenüber der Variante 1 billiger gestalten. Das sind die Lohnfaktoren, die Stückzeiten und die Gemeinkosten. Während die Rüstzeit t_A

5.1. Senkung der Produktionsselbstkosten durch Einsatz von Vorrichtungen

bei großen Stückzahlen relativ gering bleibt, dürfen die Vorrichtungskosten die Einsparung im ungünstigsten Fall kompensieren (Bild 5.1.1). Die konstant bleibenden Kosten wurden in der Berechnung nicht berücksichtigt, so daß nur noch die technologischen Kosten mit K bezeichnet werden.

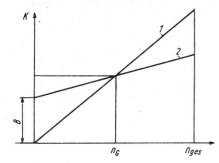

Bild 5.1.1. *Grenzstückzahlschaubild*
 1 Kostenverlauf der Fertigung ohne Vorrichtung; 2 Kostenverlauf der Fertigung mit Vorrichtung

Wenn die technologischen Kosten K als abhängige und die Stückzahl n als unabhängige Variable betrachtet werden, also

$$K = f(n),$$

dann ergibt sich in beiden Gleichungen die Funktion einer Geraden.

In Variante 1 z. B. sind vor Beginn der Fertigung keine Lohn-, Vorrichtungs- und technologischen Gemeinkosten entstanden, während in Variante 2 vor Beginn der Fertigung der Werkstücke schon die Kosten B vorhanden sind. (Die Materialkosten werden vernachlässigt, da sie in beiden Varianten gleich groß sind.)

$$B = Z\, t_A\, l_2\, (1 + p_2) + K_V.$$

Im Schnittpunkt der beiden Geraden (Grenzstückzahl) sind in beiden Varianten die technologischen Kosten gleich groß. Bereits bei dieser Grenzstückzahl ist die Fertigung mit Vorrichtung wirtschaftlicher, obwohl gleiche Kosten auftreten, weil die Vorrichtung auch solche im Augenblick nicht meßbaren Vorteile bringt, wie Erleichterung der Arbeit, Gewährleistung des Austauschbaus, Schonung von Werkzeug und Maschine u. ä. Liegt die tatsächliche Stückzahl unter n_G, dann ist die Variante 1 wirtschaftlicher.

Die Grenzstückzahl ergibt sich aus der Bedingung $K_1 = K_2$, wobei nach Gl. (5.1.1) $E = 0$ ist, und aus Gl. (5.1.11) wird

$$0 = n_G\, t_{S1}\, l_1\, (1 + p_1) - [n_G\, t_{S2}\, l_2\, (1 + p_2) + Z\, t_A\, l_2\, (1 + p_2) + K_V]$$

$$n_G = \frac{Z\, t_A l_2\, (1 + p_2) + K_V}{t_{S1}\, l_1\, (1 + p_1) - t_{S2}\, l_2\, (1 + p_2)}. \qquad (5.1.12)$$

Aus Gl. (5.1.12) läßt sich errechnen, von welcher Grenzstückzahl an eine kostenmäßig ausgewiesene Vorrichtung wirtschaftlich wird.

Wird die Vorrichtung im Betrieb selbst konstruiert und gebaut, so lassen sich durch Umstellen der Gl. (5.1.12) die maximal zulässigen Herstellungskosten der Vorrichtung ermitteln. Nach Gl. (5.1.10) wird

$$K_{H\max} = \frac{n_G\,[t_{S1}\, l_1\, (1 + p_1) - t_{S2}\, l_2\, (1 + p_2)] - Z\, t_A\, l_2\, (1 + p_2)}{1 + q}. \qquad (5.1.13)$$

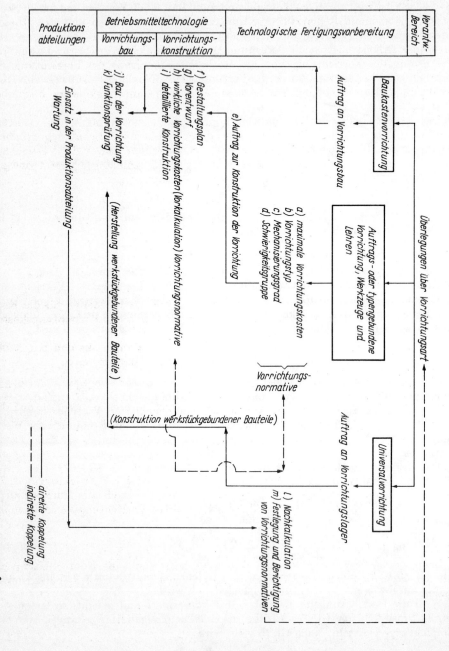

Tafel 5.2.1. Verantwortungsbereiche vor, während und nach der Konstruktion einer Vorrichtung

5.2. Herstellungskosten für Vorrichtungen

Bevor der Auftrag zur Konstruktion und zum Bau einer Vorrichtung erteilt wird, ist in der technologischen Vorbereitung zu prüfen, ob Baukastenvorrichtungen oder Universalvorrichtungen wirtschaftlich einsetzbar sind. Nur wenn das nicht der Fall ist, wird nach Berechnung der maximalen Vorrichtungskosten, der Festlegung des Vorrichtungstyps, des Mechanisierungsgrads der Vorrichtung und der Schwierigkeitsgruppe durch die Fertigungstechnologie der Auftrag zur Konstruktion und zum Bau der Vorrichtung der Betriebsmitteltechnologie übergeben (Tafel 5.2.1).

Die wirklichen Herstellungskosten können nach vielen Methoden ermittelt werden, die jedoch alle mehr oder minder den Charakter von Schätzungen haben. Die genaueste Methode ist die Arbeit nach Vorprojekten. Bevor die Vorrichtung konstruiert, berechnet und gebaut wird, muß ein skizzenmäßiger Vorentwurf angefertigt werden, aus dem sich grob einschätzen lassen:

Kompliziertheit der Vorrichtung
Anzahl der Einzelteile (einschließlich Standardteile)
grobe Außenmaße der Vorrichtung
Art des Vorrichtungsgrundkörpers
Wirkungsweise der Vorrichtung
Art der Spanneinrichtung
Anzahl der herzustellenden Einzelteile

Aus entsprechenden Tafeln lassen sich aufgrund dessen die Zeiten für die Konstruktion und den Bau ermitteln, und man kann die wirklichen Vorrichtungskosten ziemlich genau einschätzen.

Die Herstellungskosten setzen sich in der Regel zusammen aus den Konstruktionskosten K_{HK}, den Baukosten K_{HB} und den Materialkosten K_{HM}.

$$K_H = K_{HK} + K_{HB} + K_{HM}. \tag{5.2.1}$$

Gliedert man die Konstruktionskosten weiter auf, so ergeben sie sich aus der Summe von Entwicklungskosten K_{HKE}, Zeichnungskosten K_{HKZ} und Kontrollkosten K_{HKK}.

$$K_{HK} = K_{HKE} + K_{HKZ} + K_{HKK}. \tag{5.2.2}$$

Die Entwicklungskosten können ermittelt werden aus der Entwicklungszeit T_E in h, dem Gehaltsfaktor für Konstrukteure g_K in DM/h — nach dem Durchschnittsgehalt errechenbar — und dem Gemeinkostensatz des Vorrichtungskonstruktionsbüros p_K in %.

$$K_{HKE} = T_E g_K (1 + p_K). \tag{5.2.3}$$

Dementsprechend lassen sich die Zeichnungskosten und die Kontrollkosten ermitteln, wenn die Zeichenzeit T_Z und die Kontrollzeit T_K sich als $f(T_E)$ ausdrücken lassen.

$$K_{HKZ} = T_Z g_Z (1 + p_K) \tag{5.2.4}$$

$$K_{HKK} = T_K g_K (1 + p_K) \tag{5.2.5}$$

g_Z Gehaltsfaktor für technische Zeichner in DM/h (aus Durchschnittsgehalt errechenbar)

Wenn $T_Z = f(T_E)$ und $T_K = f(T_E)$, so ist die Entwicklungszeit selbst der ausschlaggebende Faktor für die Berechnung der Konstruktionskosten.

Arbeiten Technologen und Vorrichtungskonstrukteure systematisch zusammen und arbeitet der Vorrichtungskonstrukteur vor dem Konstruieren einen Gestaltungsplan aus, dann läßt sich aus dem Grad der Kompliziertheit und der Gesamtzahl der Einzelteile der jeweilig zu konstruierenden Vorrichtung deren Entwicklungszeit T_E ermitteln (Tafel 5.2.2).

Die aufgeführten Werte erheben keinen Anspruch auf Gültigkeit für jeden Betrieb und können durchaus erheblich abweichen.

Sie sind abhängig von den Kenntnissen, den Fertigkeiten, der Anwendung von Arbeitshilfsmitteln (Tabellen, Normen, Zeichenunterlagen) bis zur elektronischen Datenverarbeitung und der rationellen Ausnutzung der Arbeitszeit durch die Ingenieure und technischen Zeichner. Es soll deshalb darauf hingewiesen werden, daß durch den Einsatz materieller Stimuli die vorgegebenen Zeiten eingehalten und unterboten werden können.

Aus der Tafel 5.2.2 lassen sich aus bestimmten Qualitätsmerkmalen und Funktionen der einzelnen Vorrichtungen sowie aus der Anzahl der Einzelteile die Faktoren a und b für die Berechnung der Entwicklungszeit T_E ermitteln. (Alle Faktoren sind Erfahrungswerte.)

$$T_E = a + b\, n_{v1}; \tag{5.2.6}$$

a Wert für Typ und Gesamtfunktion der Vorrichtung in h

b Wert für Zahl und Funktion der Einzelteile in h/Stück

n_{v1} Gesamtzahl der Einzelteile in Stück.

Da $T_Z = f(T_E)$ und $T_K = f(T_E)$ sind, werden außerdem die Umrechnungsfaktoren c und d eingeführt.

$$T_Z = c\, T_E$$
$$T_Z = c\,(a + b\, n_{v1}) \tag{5.2.7}$$
$$T_K = d\, T_E$$
$$T_K = d\,(a + b\, n_{v1}) \tag{5.2.8}$$

c Wert für Geschicklichkeit und Arbeitsintensität der technischen Zeichner

d Wert für Qualifikation und Zuverlässigkeit der Konstrukteure und technischen Zeichner

Bei Zusammenfassung der Gln. (5.2.3) bis (5.2.7) wird aus Gl. (5.2.2)

$$K_{HK} = (1 + p_K)\,(T_E\, g_K + T_Z\, g_Z + T_K\, g_K)$$
$$K_{HK} = (1 + p_K)\,[(a + b\, n_{v1})\, g_K + c\, g_Z\,(a + b\, n_{v1})$$
$$\qquad + d\, g_K\,(a + b\, n_{v1})]$$
$$K_{HK} = (1 + p_K)\,[(a + b\, n_{v1})\,(g_K + c\, g_Z + d\, g_K)]. \tag{5.2.9}$$

Aus Bild 5.2.1 läßt sich T_E auch direkt ablesen. Es sind bewußt nur die Werte für T_E angegeben, da sich die Faktoren c und d stark verändern können.

In der Schwierigkeitsgruppe 7 zählen handelsübliche Steueraggregate als ein Bauteil der Vorrichtung.

5.2. Herstellungskosten für Vorrichtungen

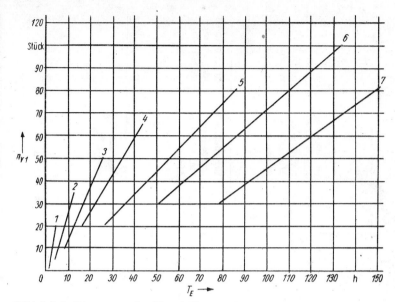

Bild 5.2.1. Diagramm der Entwicklungszeiten

Die Zahlen an den Kurven geben die Schwierigkeitsgruppen an.

Aus Gl. (5.1.19) ist ferner ersichtlich, daß die Baukosten K_{HB} eine nicht unwesentliche Rolle spielen. Liegt der Vorentwurf vor und lassen sich die genannten Faktoren einschätzen, dann können aus der Tafel 5.2.3 und dem Bild 5.2.2 auch die Bauzeiten mit ziemlicher Genauigkeit entnommen werden. Maßgebend dafür sind jedoch die herzustellenden Vorrichtungsteile n_{v2}.

Bei Benutzung der Tafel 5.2.3 ist davon auszugehen, daß möglichst viele Bedingungen der Vorrichtung mit den angegebenen Bedingungen übereinstimmen. Daraus ergibt sich die Schwierigkeitsgruppe, und es lassen sich aus Bild 5.2.2 die Bauzeiten ermitteln. Eine mögliche Fehlschätzung von 10 und 15% hat keinen nennenswerten Einfluß. Die Bauzeiten schließen die Zeiten für die Fertigung der Einzelteile T_{FE}, die Montagezeiten T_{Mo} und die Zeiten für die Funktionsprüfung T_{Pr} ein, so daß sich ergibt:

$$T_{HB} = T_{FE} + T_{Mo} + T_{Pr}. \tag{5.2.10}$$

Die Baukosten ergeben sich somit aus den Zeiten für Bau, Montage- und Funktionsprüfung und den Lohnkosten im Vorrichtungsbau.

Unter Berücksichtigung der technologischen Gemeinkosten der Abteilung wird

$$K_{HB} = T_{HB}\, l_V\, (1 + p_V); \tag{5.2.11}$$

T_{HB} Bauzeit in min

l_V Lohnfaktor in DM/min (berechenbar aus Durchschnittslohn)

p_V Gemeinkostensatz in % des Vorrichtungsbaus.

Eine weitere Aufgliederung der Baukosten ist vor der Konstruktion nicht möglich. Diese Aufgabe der Kalkulation kann erst durchgeführt werden, wenn die fertige Konstruktion vorliegt.

Tafel 5.2.2. Schwierigkeitsgruppen und Berechnungsfaktoren für die Konstruktionszeiten

Arbeitsgänge	Nur geringe Anforderungen	Bearbeitung einfacher Werkstücke in einem Arbeitsgang	Bearbeitung einfacher Werkstücke in einer Ebene in mehreren Arbeitsgängen	in mehreren Ebenen nacheinander	Bearbeitung von Werkstücken schwieriger Formgebung	Mehrere mechanisierte Arbeitsgänge	Mehrere automatisierte Arbeitsgänge
Schwierigkeitsgruppen	1	2	3	4	5	6	7
Bohrvorrichtungen	Bohrschablonen, Bohrplatten für Universalvorrichtungen	mit festen Bohrplatten und festen Bohrbuchsen	mit beweglichen Bohrplatten mit festen Bohrplatten und Steckbohrbuchsen	zum Kippen; zum Schwenken	zum Aufbohren mit Bohrstangen	für mechanisierte Vorrichtungen; Magazinspanner	für automatisierte Vorrichtungen
Fräs-, Hobel-, Stoß-, Schleif- und Drehvorrichtungen		für die Bearbeitung durchgehender Flächen bei kleinen Baumaßen	ebenso bei mittleren und größeren Baumaßen, Bearbeitung prismatischer Förmen	zum Schwenken; für abgesetzte Bearbeitung	bei erschwertem Bestimmen; Bearbeitung von Kurvenformen	für mechanisierte Vorrichtungen; Magazinspanner	für automatisierte Vorrichtungen
Mehrfach- und Gruppenvorrichtungen			feststehende Mehrfachvorrichtungen	schwenkbare Mehrfachvorrichtungen; einfache Gruppenvorrichtungen für ein bis drei Teile	schwierige Gruppenvorrichtungen für mehr als drei Teile	Magazinspanner	

5.2. Herstellungskosten für Vorrichtungen

	Fügevorrichtungen					
	Fügeschablonen	zum Fügen von zwei Teilen in einer Ebene	zum Fügen von mehr als zwei Teilen in einer Ebene	zum Fügen von Teilen in mehreren Ebenen; schwenkbare Ausschw.-Vorrichtungen	zum Fügen von Teilen schwieriger Form	automatisierte Schweißvorrichtungen
Einrichtungen zur Werkstückbewegung		einfache Hebeböcke	zum Fördern in einer Ebene	zum Fördern in mehreren Ebenen, ohne Wenden	zum Fördern in mehreren Ebenen, mit Wenden	ebenso mit automatisiertem Arbeitsablauf; Vorrichtungen in verketteten Arbeitsabläufen
Werkzeugspanner			mit einem feststehenden Werkzeug	mit mehreren Werkzeugen, die gleichzeitig zum Eingriff kommen	mit mehreren Werkzeugen, die nacheinander zum Eingriff kommen	für gesteuerte Werkzeugspanner
Sonderwerkzeuge und sonstige Vorrichtungen	Schablonen zum Anreißen und Körnen	Sonderwerkzeuge für einen Arbeitsgang	Sonderwerkzeuge mit mehreren Schneiden zum Schruppen oder Schlichten	ebenso mit mehreren Schneiden zum Schruppen und Schlichten	Bohrköpfe; Fräsköpfe	
					Programmwerkzeuge	
Vorrichtungsteile n_{v1}	2 … 20	5 … 35	10 … 50	20 … 65	20 … 80	30 … 100	30 … >100
Faktoren a	$1,5^1$	$1,5^2$	$1,5^3$	$1,5^4$	$1,35^5$	$1,35^6$	$1,35^7$
b	$1 \cdot 0,15$	$2 \cdot 0,15$	$3 \cdot 0,15$	$4 \cdot 0,15$	$5 \cdot 0,2$	$6 \cdot 0,2$	$7 \cdot 0,2$
c	1	1	1	0,8	0,7	0,6	0,5
d	0,1	0,2	0,3	0,4	0,5	0,4	0,3

Tafel 5.2.3. *Schwierigkeitsgruppen für die Bauzeiten*

Schwierigkeitsgruppen der Vorrichtung (s. Tafel 5.2.2)	Außenmaße der Vorrichtung	Art des Vorrichtungsgrundkörpers	Wirkungsweise der Vorrichtung	Art der Spanneinrichtung	Anzahl der zu fertigenden Einzelteile n_{v2}
1	bis $200 \times 200 \times 200$	Körper aus Platten	feststehende oder bewegliche Vorrichtung	ohne Spannelemente	≤ 5
2	unter $500 \times 500 \times 500$	Platten; Profile; Kombination von Zylindern, Stäben und Flächen	feststehende Vorrichtung	mechanische Spannelemente; Mehrfachspannen mit gesonderten Spannelementen	$3 \ldots 15$
3	bis $200 \times 200 \times 200$	Profile und Kombination	bewegliche Vorrichtung	mechanische Spannelemente; Mehrfachspannen mit gesonderten Spannelementen	für alle $7 \ldots 20$
	bis $200 \times 200 \times 200$	Kastenform mit mehr als drei Wandungen	feststehende Vorrichtung	beliebig	
	bis $500 \times 500 \times 500$	Profile und Kombination	feststehende Vorrichtung	beliebig	
	über $500 \times 500 \times 500$	Platten	feststehende Vorrichtung	beliebig	
4	bis $200 \times 200 \times 200$	Kastenform mit mehr als drei Wandungen	bewegliche oder Schwenkvorrichtung	mechanische Spannelemente; Mehrfachspannen mit gesonderten Elementen	für alle $15 \ldots 35$

5.2. Herstellungskosten für Vorrichtungen

	bis 500 × 500 × 500	Profile und Kombination	Schwenkvorrichtung	Mehrfachspannen mit gesonderten Spannelementen	
	bis 500 × 500 × 500	Kastenform mit mehr als drei Wandungen	feststehende Vorrichtung	beliebig	
	über 500 × 500 × 500	Profile und Kombination	feststehende Vorrichtung	beliebig	
5	bis 500 × 500 × 500	Kastenform mit mehr als drei Wandungen	Schwenkvorrichtung	mechanische Spannelemente; Mehrfachspannen mit gesonderten Spannelementen	für alle 35 ... 55
	über 500 × 500 × 500	Kastenform mit mehr als drei Wandungen	feststehende Vorrichtung	mechanische Spannelemente; Mehrfachspannen mit gesonderten Spannelementen	
	über 500 × 500 × 500	Profile, Kombination	Schwenkvorrichtung	Mehrfachspannen mit gesonderten Spannelementen	
6	über 500 × 500 × 500	Kastenform mit mehr als drei Wandungen	Schwenkvorrichtung	Mehrfachspannen, das mit einem Handgriff wirksam wird	über 50
7	beliebig	beliebig	beliebig	elektrisches, hydraulisches oder pneumatisches Mehrfachspannen	über 50

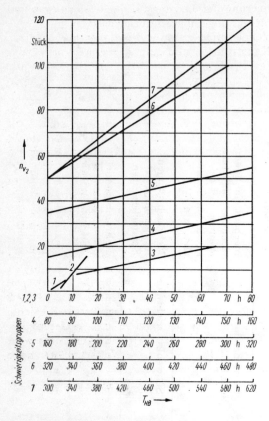

Bild 5.2.2. Diagramm der Bauzeiten

Die Zahlen an den Kurven geben die Schwierigkeitsgruppen an.

Als letzte Größe für die Vorrichtungskosten nach Gl. (5.2.1) sind die Beschaffungskosten K_{HM} zu betrachten. Sie setzen sich zusammen aus den Kosten des Grundmaterials K_{GM} und den Kosten für Zwischenerzeugnisse K_{ZE} (Zwischenerzeugnisse sind Normteile, einbaufähige handelsübliche Baugruppen u. ä.).

Berücksichtigt man eine 15prozentige Handelsspanne, dann ergibt sich für die Beschaffungskosten

$$K_{HM} = (K_{GM} + K_{ZE})\,1{,}15. \tag{5.2.12}$$

Die endgültige Gleichung für die Vorrichtungskosten ergibt sich aus Zusammenstellung der Gln. (5.2.9), (5.2.11) und (5.2.12) zu

$$K_H = K_{HK} + K_{HB} + K_{HM}$$
$$K_H = (1 + p_K)\,[(a + b\,n_{v1})\,(g_K + c\,g_Z + d g_K] + T_{HB}\,l_v\,(1 + p_V)$$
$$+ K_{HM}. \tag{5.2.13}$$

In Betrieben mit einer großen Abteilung Betriebsmitteltechnologie sind in die Kostenberechnung für Vorrichtungen auch die Kosten für die Betriebsmittelplanung einzubeziehen. Somit sind durch Vorkalkulationen die Vorrichtungskosten auf der Basis normativer Kosten aufstellbar.

Durch Nachkalkulation sind die Kostenträger abzurechnen und Abweichungen von den vorgegebenen Kostennormativen festzustellen sowie durch Analyse ihrer

5.2. Herstellungskosten für Vorrichtungen

Ursachen Maßnahmen für die Verbesserung der Leitungstätigkeit festzulegen und die innerbetriebliche wirtschaftliche Rechnungsführung durchzusetzen.

Bei den Betrachtungen über die Vorrichtungskosten wurde davon ausgegangen, daß die Vergabe des Auftrags zur Konstruktion und zum Bau einer Vorrichtung grundsätzlich von der technologischen Fertigungsvorbereitung erfolgt. Es ist also anzunehmen, daß die günstigste Fertigungsart ausgewählt und auch die Möglichkeit der Verwendung einer Baukastenvorrichtung geprüft wurde. Von der technologischen Fertigungsvorbereitung müssen klare Angaben über die maximal zulässigen Vorrichtungskosten, den Vorrichtungstyp, den Mechanisierungsgrad, die Schwierigkeitsgruppe und die Vorbearbeitungszeichnung an den Vorrichtungskonstrukteur mit dem Auftrag zur Konstruktion der Vorrichtung übergeben werden.

Der Vorrichtungskonstrukteur stellt den Gestaltungsplan auf und erarbeitet dann den Vorentwurf. Aus dem Vorentwurf kann er die wirklichen Vorrichtungskosten ermitteln und beginnt danach mit der detaillierten Konstruktion.

Die in Tafel 5.2.1 aufgeführten Leistungen und Verantwortungsbereiche haben schließlich Schlußfolgerungen für die Konstruktion und den Bau weiterer Vorrichtungen zu erbringen. Nachdem die Vorrichtung durch den Konstrukteur vorkalkuliert worden ist, müssen Rückschlüsse auf die Festlegung der maximalen Vorrichtungskosten gezogen werden. Damit ergeben sich eventuelle Änderungen der Vorrichtungsnormative, die in den Tafeln 5.2.2 und 5.2.3 sowie im Bild 5.2.2 zusammengefaßt sind. Mit dem Einsatz der Vorrichtung in einer Produktionsabteilung muß die Nachkalkulation erfolgen. Daraus ergeben sich wiederum Berichtigungen oder Neufestlegungen von Vorrichtungsnormativen. Außerdem wird aus der Funktionstüchtigkeit der Vorrichtung der Fertigungstechnologe neue Erkenntnisse für den Einsatz weiterer Vorrichtungen sammeln.

Bild 5.2.3 zeigt eine Bohrvorrichtung für eine Schaltgabel mit einem geschweißten Grundkörper aus einer Vielzahl von Einzelteilen.

Eine Vorrichtung für das gleiche Werkstück, die völlig aus Normteilen in Schraubbauweise aufgebaut wurde, zeigt Bild 5.2.4. Die Funktionstüchtigkeit dieser Vor-

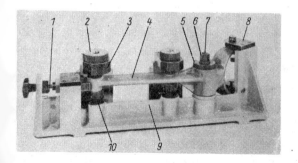

Bild 5.2.3. Sondervorrichtung für Schaltgabel, Ausführung Schweißkonstruktion

(VEB Vorrichtungsbau Hohenstein)

1 Bestimmelement; *2* Steckbohrbuchse; *3* Bohrplatte; *4* Werkstück; *5* Vorsteckscheibe; *6, 7* Spannelemente; *8* Bohrplatte; *9* Vorrichtungsgrundkörper; *10* einstellbare Stütze

Foto: Lichtbild-Hempel, Karl-Marx-Stadt

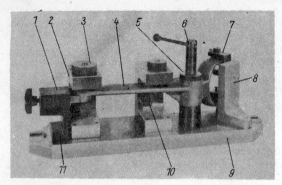

Bild 5.2.4. Sondervorrichtung für Schaltgabel in Schraubbauweise aus Normteilen
(VEB Vorrichtungsbau Hohenstein)

1 Bestimmelement; 2 Bohrplatte (aus U-Profil); 3 Steckbohrbuchse nach DIN 173; 4 Werkstück; 5 Vorsteckscheibe; 6 Spannelement (Schwenkhebel); 7 Bohrplatte (aus U-Profil); 8 Winkel; 9 Grundplatte; 10 Stützschraube; 11 U-Profil

Foto: Lichtbild-Hempel, Karl-Marx-Stadt

Bild 5.2.5. Baukastenvorrichtung nach dem Nutsystem für Schaltgabel

(VEB Vorrichtungsbau Hohenstein)
Foto: Lichtbild-Hempel, Karl-Marx-Stadt

richtung ist größer, da das Spannelement nicht mit einem losen Schlüssel betätigt werden muß. Die Vorrichtungskosten betragen rund 45% der Sondervorrichtung (s. Bild 5.2.3).

Eine Baukastenvorrichtung für das gleiche Werkstück mit gleicher Funktionstüchtigkeit ist im Bild 5.2.5 dargestellt.

Wie bereits erwähnt, kann es bei der Kalkulation Abweichungen von 10 bis 15% geben.

Aus der Gegenüberstellung dieser drei Vorrichtungen ergeben sich die Schlußfolgerungen:
Durchgehende Normung bei Konstruktion und Bau von Vorrichtungen bringt großen ökonomischen Nutzen. Genormte Bauteile lassen sich, wenn die Vorrichtung nicht mehr gebraucht wird, der Wiederverwendung zuführen.

5.3. Wiederholungsfragen

1. Unter welcher Hauptbedingung wird die Fertigung mit Vorrichtungen durchgeführt?
2. Bei welchen Vorrichtungen ist nicht unbedingt eine Einsparung zu erzielen?
3. Welche Faktoren sind ausschlaggebend, damit trotz Vorrichtungskosten eine Minderung der Produktionsselbstkosten eintritt?
4. Was versteht man unter dem Begriff der Grenzstückzahl?
5. Welche Vor- und Nachteile haben Baukastenvorrichtungen?
6. Was ist ein Gestaltungsplan, und welche Bedeutung hat er für den Vorrichtungskonstrukteur?
7. Welche Bedingungen sind durch den Vorentwurf zu klären?
8. Aus welchen Hauptkostenarten setzen sich die Vorrichtungskosten zusammen?
9. Welche Fragen sind zu klären, bevor eine Vorrichtungskonstruktion entsteht?

6. ENTWICKLUNGSSTAND UND ENTWICKLUNGSTENDENZEN

Werkzeugmaschinen und Fertigungsmittel bilden im Produktionsprozeß eine untrennbare Einheit.

In der Fertigungstechnik als Teilgebiet der Produktionstechnik bilden sich immer neue Fertigungsverfahren heraus, die zweckentsprechende Fertigungsmittel erfordern.

Die Gestaltung der Vorrichtungen hängt vom Fertigungsverfahren, von der Werkzeugmaschine und vom herzustellenden Gebrauchsstück mit seinen geometrischen Formen ab.

6.1. Entwicklungsstand

Aufgrund umfangreicher Untersuchungen der Vorrichtungswirtschaft wird eingeschätzt, daß von den entsprechenden Bearbeitungsaufgaben ungefähr 90% mit Spezialvorrichtungen, 6% mit Mehrzweckvorrichtungen (genormte Vorrichtungen) und 4% mit Baukastenvorrichtungen durchgeführt werden. Diese Spezialvorrichtungen fertigen sich die meisten Industriebetriebe selbst an. Es kann nicht unerwähnt bleiben, daß in den Industriebetrieben die Abteilungen Betriebsmittel eine niedrigere Arbeitsproduktivität haben als die übrigen Produktionsabteilungen.

Von den vorhandenen Vorrichtungsausleihstationen machen die Industriebetriebe unterschiedlich Gebrauch.

In der Montage werden gegenwärtig noch zuwenig Vorrichtungen angewendet.

Die Einrichtungen für automatische Werkstückbewegung, die sich im Zuge der Automatisierung als neuer Zweig der Vorrichtungen entwickelt haben, sind nur teilweise genormt.

Für die Kleinserienfertigung tritt die numerische Steuerung von Werkzeugmaschinen immer mehr in den Vordergrund. Vorrichtungen für numerische Werkzeugmaschinen unterscheiden sich in mehreren Punkten wesentlich von den konventionellen Vorrichtungen. So werden z. B. für numerisch gesteuerte Bohrmaschinen nur Spannvorrichtungen benötigt, d. h., für solche Vorrichtungen entfallen die Führungselemente. Die Anschaffungskosten für diese Vorrichtungen werden also geringer.

Um solche Maschinen rationell auslasten zu können, sind Gruppenvorrichtungen anzustreben.

Folgende technologische Anforderungen sind an die Vorrichtungen für numerisch gesteuerte Werkzeugmaschinen zu stellen und müssen bei der Konstruktion unbedingt Berücksichtigung finden:

universeller Einsatz für eine bestimmte Teilegruppe
Mehrstückspannung

6.1. Entwicklungsstand

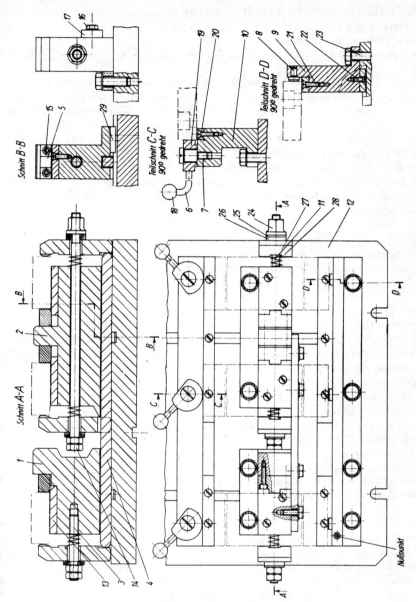

Bild 6.1.1. Gruppenspannvorrichtung für Deckleiste für numerisch gesteuerte Bohrmaschine [34]

1 Spannstock (klein); *2* Spannstock (groß); *3* Stehbolzen; *4* Druckstange; *5* Anschlag; *6* Hebel; *7* Gewindebolzen; *8* Anschlag; *9* Auflageleiste (fest); *10* Auflageleiste (beweglich); *11* Spannbolzen; *12* Grundplatte; *13* Auflageplatte; *14* Mutter; *15* Zylinderschraube; *16* Sechskantschraube; *17* Leiste (Normteil nachgearbeitet); *18* Ansatzkuppe; *19* Spannexzenter; *20* Auflageplatte; *21* Senkkopfschraube; *22* Senkkopfschraube; *23* Sechskantschraube; *24* Bundmutter; *25* Kegelscheibe; *26* Kugelpfanne; *27* Spanneisen; *28* Druckfeder; *29* Paßfeder

schnelles, einfaches Einlegen und Spannen der Werkstücke sowie eine genaue Lagebestimmung

eindeutige Bedienung der Spannelemente

geringe Nebenzeiten in bezug auf Einlegen, Spannen und Säubern (Späne entfernen)

weitgehende Verwendung von genormten und handelsüblichen Bauelementen.

In Zusammenarbeit zwischen den Abteilungen Technologie und Betriebsmittelkonstruktion ist die Lage des Nullpunktes vor Beginn der Konstruktion der Vorrichtung festzulegen.

An einem Beispiel sollen die Veränderungen an Vorrichtungen für numerisch gesteuerte Bohrmaschinen erläutert werden:

An einer Gruppenvorrichtung für eine Gruppe „Deckleiste" soll der derzeitige Stand auf diesem Gebiet gezeigt werden (Bild 6.1.1). Das Einlegen der Werkstücke erfolgt in die drei vorgesehenen Spannräume auf einer festen und einer verstellbaren Anschlagleiste.

Bestimmen

In Längsrichtung werden die Werkstücke durch einen festen Anschlag 9 in Querrichtung durch zwei auswechselbare Anschläge 10 bestimmt.

Spannen

Die Spannexzenter 26 auf der verstellbaren Aufnahmeleiste 10 haben die Aufgabe, die Werkstücke gegen Verschieben in der Längsachse zu sichern.

Das eigentliche Spannen der Werkstücke erfolgt durch die Spannstöcke 1 und 2, die an der Grundplatte 12 mit Schrauben befestigt sind. Die Spannstöcke ermöglichen es, durch die Ausnutzung einer Kraftflußübertragung mit Druckstange 4, den Spannvorgang von einer Stelle aus durchzuführen.

Die durch Anziehen der Mutter auf dem Spannbolzen 11 eingeleitete Spannkraft wird von drei Spanneisen auf je ein Werkstück übertragen. Mit Hilfe des vorderen Spanneisens wird der entstandene Kraftfluß durch die Druckstange auf das hintere Spanneisen geleitet. Aufgrund dieser Kraftübertragung besteht der Spannstock aus zwei Grundkörpern.

Im Fuß der Grundkörper befindet sich je eine Paßfeder, die in der Nut der Grundplatte gleitet und somit ein Verstellen des Spannstocks unter Beibehaltung der Lagegenauigkeit ermöglicht.

Verstellmöglichkeit

Die unterschiedlichen Längen der Werkstücke erfordern eine Verstellmöglichkeit der Aufnahmeleiste mit Spannexzenter. Dazu werden die Befestigungsschrauben herausgedreht und die durch Paßfeder gesicherte Versetzung vorgenommen. Für die einzelnen Längen der Werkstücke sind für die Befestigungsschrauben der Auflageleisten in der Grundplatte Gewindebohrungen vorhanden.

Durch Abnahme der Spannexzenter ist es möglich, Teile einzulegen, deren Längen über die x-Verstelleinrichtung des Koordinatentisches hinausgehen.

Nullpunkt

Auf der festen Aufnahmeleiste befindet sich der Nullpunkt zum Festlegen der Koordinaten bei der Aufstellung des Programms.

Dieses Beispiel zeigt, daß Bohrvorrichtungen für numerisch gesteuerte Maschinen keine Führungselemente für Bohrwerkzeuge benötigen.

6.2. Entwicklungstendenzen

In der Vorrichtungswirtschaft sollen folgende Relationen Eingang finden:
Von allen vorhandenen Bearbeitungsaufgaben, die mit Vorrichtungen gelöst werden müssen, sind ungefähr 50% mit Spezialvorrichtungen, 35% mit Mehrzweckvorrichtungen und 15% mit Baukastenvorrichtungen zu lösen. Die Spezialvorrichtungen sollen rationell, mit hoher Arbeitsproduktivität, gefertigt werden. Das läßt sich nur durch zentrale Fertigung erreichen. 80% sämtlicher Spezialvorrichtungen werden deshalb in der Perspektive in sogenannten Vorrichtungsdienstbetrieben hergestellt. Diese Betriebe übernehmen auch das Ausleihen der Vorrichtungen. Umfangreiche Nut- und Lochbaukästen werden in verschiedenen Baugrößen zur Verfügung stehen.

Um die Kosten weiter zu senken, ist die Normung aller Vorrichtungselemente und bestimmter Vorrichtungen zu erhöhen. Es muß erreicht werden, daß alle Spezialvorrichtungen zu einem großen Teil aus genormten Vorrichtungselementen bestehen. Durch Normung der Erzeugnisse erhöhen sich die Fertigungsstückzahlen, so daß in Zukunft in allen Industriezweigen wesentlich mehr Vorrichtungen benötigt werden.

Um die Montageprozesse effektiver gestalten zu können, sind mehr Montagevorrichtungen notwendig. Das erfordert die Entwicklung eines Baukastens für Füge- und Montagearbeiten.

Im gleichen Maß wie Pneumatik und Hydraulik bei Werkzeugmaschinen immer mehr Eingang finden, entstehen Vorrichtungen mit hydraulischen und pneumatischen Spannern. Mit zunehmender Automatisierung werden solche kraftbetätigten Spanner immer mehr erforderlich. Die Vorrichtungen müssen universell gestaltet werden, so daß die beiden Varianten „Handbetätigung – Kraftbetätigung" schnell realisierbar sind.

Die stärkere Beachtung des Arbeitsschutzes und der Sicherheit verlangt eine automatische Werkstückbewegung.

Für die Einrichtungen zur Werkstückbewegung wird universelle Einsatzbarkeit gefordert. Es sind deshalb mehr genormte Einrichtungen zu schaffen. In zunehmendem Maß weisen die Einrichtungen für die Werkstückbewegung Merkmale der Informationsverarbeitung innerhalb der Steuerung auf. Automatische Werkstückbewegungseinrichtungen sollen programmierbar gestaltet werden, so daß sie wirtschaftlich und variabel zwischen numerisch gesteuerten Werkzeugmaschinen eingesetzt werden können.

An Vorrichtungen, die auf verketteten Werkzeugmaschinen zum Einsatz kommen, werden höhere Anforderungen gestellt. Sie müssen kraftbetätigt und so gestaltet sein, daß die Werkstücke automatisch eingelegt und herausgenommen werden können.

Die Vorrichtungen für numerisch gesteuerte Maschinen werden als Gruppenvorrichtungen immer mehr Eingang finden, jedoch nicht als Spezialvorrichtungen, sondern als Baukastenvorrichtungen. Abschließend sei erwähnt, daß Vorrichtungen außer in der metallverarbeitenden Industrie in wachsendem Maß auch in anderen Industriebereichen (Holzverarbeitung, Leicht- und Papierverarbeitung u. a.) zum Einsatz kommen.

7. FORMELZEICHENVERZEICHNIS

A	Fläche	cm², mm²
A_K	Kolbenfläche	cm², mm²
A_S	Spannungsquerschnitt	cm²
A_Z	Zapfenfläche	cm²
A_o	oberes Abmaß	μm
A_u	unteres Abmaß	μm
c_{stat}	statische Steifigkeit	kp/cm, kp/μm
c_{dyn}	dynamische Steifigkeit	kp/cm, kp/μm
D, d	Durchmesser	cm, mm
d	Dämpfungskonstante	kps/cm
E	Elastizitätsmodul	kp/cm²
e_o	Exzentrizität	mm
F	Kraft	kp
F_A	Hangauftriebskraft	kp
F_{Ers}	Ersatzkraft	kp
F_F	Federkraft	kp
F_H	Hauptschnittkraft	kp
F_R	Reibungskraft	kp
F_R	Rückkraft	kp
$F_{R'}$	Rückkraft des Bestimmelements	kp
F_{Sp}	Spannkraft	kp
F_V	Vorschubkraft	kp
F_{erz}	erzeugende Kraft	kp
F_h	Handkraft	kp
$F_{h1}; F_{h2}$	horizontale Kraft	kp
F_n	Normalkraft	kp
F_{res}	resultierende Kraft	kp
F_x	Kraft in Richtung der x-Koordinate	kp
f	Durchbiegung	mm, μm
f	Fehler	mm, μm
G	Gleitmodul	kp/cm²
g	Dämpfungsmaß	—
H	Hub	mm
h	Höhe	mm
I	äquatoriales Trägheitsmoment	cm⁴, mm⁴
i	Anzahl der Gewindegänge	—
L, l	Länge	mm
M	Moment	kpcm, kpmm
M_K	Kippmoment	kpcm
M_{Sp}	Spannmoment	kpcm

7. Formelzeichenverzeichnis

M_z	Zapfenmoment	kp cm
M_b	Biegemoment	kp cm
M_d	Drehmoment	kp cm
M_h	Handmoment	kp cm
M_t	Torsionsmoment, Verdrehmoment	kp cm
m	Masse	kp s²/cm
n	Anzahl	—
n_p	tatsächliche Mengenleistung	St./min
n_v	Mengenleistung der Fertigungseinrichtung	St./min
n_1	Förderleistung	St./min
O	Ordnungsaufgabe	—
P	Gewindesteigung	mm
p	Druck	kp/cm²
p_{max}	maximale Pressung	kp/cm²
p_{vorh}	vorhandene Pressung	kp/cm²
p_{zul}	zulässige Pressung	kp/cm²
R, r	Halbmesser	mm
S	Spiel	µm
S_G	Größtspiel	µm
S_K	Kleinspiel	µm
s	Weg	cm, mm
T	Toleranz	mm, µm
U	Unordnungsgrad	—
u, v, w	Toleranzen	mm, µm
V	Vergrößerungsfunktion	—
V	Volumen	cm³, mm³
W	Widerstandsmoment	cm³
W	Ordnungswahrscheinlichkeit	—
a_0	Anstrengungsziffer	—
ε	Dehnung	—
η	Abstimmung-Frequenzverhältnis	—
$\varkappa$	Kippwinkel	°
λ	Drehwinkel	°
μ	Reibungszahl	—
ϱ	Reibungswinkel	°
σ	Spannung	kp/cm²
σ_S	Streckgrenze	kp/cm²
σ_V	Vergleichsspannung	kp/cm²
σ_Z	Zugspannung	kp/cm²
σ_b	Biegespannung	kp/cm²
τ	Schubspannung	kp/cm²
τ_t	Torsionsspannung	kp/cm²
Ω	Erregerkreisfrequenz	1/s
ω	Eigenkreisfrequenz	1/s

8. LITERATURVERZEICHNIS

[1] Autorenkollektiv: Konstruktionsanleitungen des Arbeitsausschusses für Vorrichtungen, Werkzeuge und Lehren. KDT Bezirk Dresden.
[2] *Degner, W.; Lutze, H.; Schmejkal, E.:* Spanende Fertigung. Berlin: VEB Verlag Technik 1969.
[3] Autorenkollektiv: Technische Mechanik für Ingenieurschulen, Bd. 1 und 2. Leipzig: VEB Fachbuchverlag 1966.
[4] *Bolotin, Ch. L.; Kostromin, F. P.:* Vorrichtungen für die Zerspanung. Berlin: VEB Verlag Technik 1953.
[5] *Hennig, W.; Schmidt, A.:* Konstruktion von Betriebsmitteln. Lehrbrief für das Ingenieur-Fernstudium. Karl-Marx-Stadt: Institut für das Fachschulwesen der DDR 1966.
[6] *Abendroth, A.:* Vorrichtungen im Maschinenbau. Leipzig: VEB Fachbuchverlag 1958.
[7] *Ziegener, E.:* Berechnung und Konstruktion von Vorrichtungen. Berlin: VEB Verlag Technik 1962.
[8] *Chaimowitsch, E. M.:* Ölhydraulik, Grundlagen und Anwendung Berlin: VEB Verlag Technik 1961.
[9] Handbuch der Standardhydraulik und Pneumatik der DDR. Leipzig: VEB Zentrale Entwicklung und Konstruktion. Sonderausgabe 1965.
[10] *Schlicker, G.:* Pneumatik im Maschinenbau. Berlin: VEB Verlag Technik 1966.
[11] *Hermann, S.:* Festigkeitslehre. Leipzig: VEB Fachbuchverlag 1958.
[12] Autorenkollektiv: Taschenbuch Maschinenbau, Bd. 1. Berlin: VEB Verlag Technik 1966.
[13] Autorenkollektiv: Das Fachwissen des Ingenieurs, Bd. I/1. Leipzig: VEB Fachbuchverlag 1964.
[14] *Heiß, A.:* Schwingungsverhalten von Werkzeugmaschinengestellen. VDI-Forschungsheft 429, 1949/1950.
[15] *Martini, H.; Malar, K.:* Rationelles Bohren. Institut für Werkzeugmaschinen Karl-Marx-Stadt 1961, Heft 1.
[16] *Schreyer, K.:* Werkstückspanner (Vorrichtungen). Berlin/Göttingen/Heidelberg: Springer-Verlag 1949.
[17] Standards im Vorrichtungsbau. Ausgabe 1964, Gruppe Werbung und Messen der VVB Werkzeuge, Vorrichtungen und Holzbearbeitungsmaschinen.
[18] Fachbereich Standardisierung. Karl-Marx-Stadt: Institut für Werkzeuge und Vorrichtungen, Abt. Standardisierung, Hefte 11, 12, 44, 48.
[19] *Müller, G.:* Technologische Fertigungsvorbereitung. Berlin: VEB Verlag-Technik 1967.
[20] *Müller, J.:* Über die Dialektik im Ingenieurdenken. Heft 1 bis 3, Herausgeber: Institut für Fachschulwesen der DDR.
[21] *Hansen, F.:* Konstruktionssystematik. Berlin: VEB Verlag Technik 1965.
[22] *Kesselring, F.:* Technische Konstruktionslehre. Berlin/Göttingen/Heidelberg Springer-Verlag 1954.
[23] *Dolezalek, C. M.:* Grundlagen der Automatisierung und ihr Einfluß auf die Ausbildung von Maschineningenieuren. Werkstattstechnik und Maschinenbau 4? (1957) 1, S. 21.

8. Literaturverzeichnis

[24] *Heinrich, G.:* Bewegungselemente beim Zubringen. Fertigungstechnik und Betrieb *14* (1964) 8, S. 485.
[25] *Groh, W.:* Das Ordnen von Massenteilen und ihre selbsttätige Zuführung in die Werkzeugmaschine. Werkstattstechnik und Maschinenbau *47* (1957) 8, S. 402.
[26] *Gensert, H.:* Werkstückhandhabung in der spanenden Fertigung. Werkstatts-technik *49* (1959) 3, S. 143.
[27] *Deeg, G.:* Automatische Speicherung von Ventilspindeln. Ingenieurhausarbeit (nicht veröffentlicht). Ingenieurschule für Werkzeugmaschinenbau Karl-Marx-Stadt 1962.
[28] *Müller, H.:* Darstellung des Werkstückdurchlaufes bei Zubringe- und Fertigungs-einrichtungen. Werkstattstechnik *56* (1966) 3, S. 150.
[29] Magazine und Zubringer. I. und II. Teil, Zentralinstitut für Fertigungstechnik (ZIF), Karl-Marx-Stadt 1955.
[30] Automatische Werkstückbewegung. Studienentwurf. Institut für Werkzeug-maschinen Karl-Marx-Stadt 1957.
[31] *Hofmann, G.:* Automatische Fertigung von Stiftschrauben. Ingenieurhausarbeit (nicht veröffentlicht). Ingenieurschule für Maschinenbau und Textiltechnik Karl-Marx-Stadt 1966.
[32] Fachbereich Standardisierung Karl-Marx-Stadt: Institut für Werkzeugmaschinen, Abt. Standardisierung, Heft 39.
[33] *Bürkner, H.:* Wirtschaftlichkeitsberechnungen von Vorrichtungen. Fertigungs-technik und Betrieb *15* (1965) 2, S. 114.
[34] *Schmidt, A.:* Konstruktion von Werkstückspannern für Bohren auf BMSR 25 num. Ingenieurhausarbeit. Ingenieurschule für Maschinenbau und Textil-technik Karl-Marx-Stadt 1967.

9. SACHWÖRTERVERZEICHNIS

Abdichtung 94
Abstraktionsstufen 223
Anschlagbolzen 241
Anschläge 266
Anschlußmöglichkeiten 187
Arbeitsschutz 16
Arbeitsschutzrichtlinien 235
Arbeitszylinder 103, 235
Arretierungen 227
Aufnahmebolzen, zylindrische 193
Aufnahmeerleichterungen 182
Aufnahmekegel 191
Aufnehmen 251
Augenschraube 230
Ausgeben 250
Ausgleichsfunktion 212
Ausgleichspanner 89
Ausgleichsspeicher 265
Ausgleichsteil 210
Ausschweißvorrichtungen 238
Außenverkettung 262
Auswechselzeit 249
Auswerfer 184
Automatisieren 249ff.
Automatisierung 250

Bajonettverschluß 219
Baugruppen 238
Baukastensystem 204
Baukastenvorrichtungen 241
Becherförderanlage 276
Bedienelemente 16, 185
Bedienkräfte 181
Bedienstufen 181
Bedienungsfreiheit 208
Bedienzeit 181
Bedingungen 202
   sicherheitstechnische 205
Beschickungsspeicher 265
Bestimmbolzen 40, 44
Bestimmebene 18, 33, 35, 42f.
Bestimmelemente 45
Bestimmen 18, 26
   mit 2 Bolzen 28
   nach Außenkontur 42

Bestimmfläche 18, 23, 222
Bestimmpunkte 23
Bewegungsfunktionen 252ff.
Bezugsebene 18, 33f., 42f.
Blockschaltbilder 252
Bohrdorn 218
Bohrkopf 221
Bohrschablonen 227
Bohrschlitten 228
Bohrstangenlagerung 218
Bohrvorrichtung 12, 227
Bohrwürfel 227
Bunkern 250

Dehndorn 96 f.
Dehnhülse 96
Doppelprisma 27
Drehmeißeleinsatz 215
Drehvorrichtung 12, 235
Dreipunktbefestigung 238
Druckluft 102 f.
Druckstromverbraucher 101
Druckübersetzer, pneumatisch 99
Druckübertragungsmedium 85 ff.
Druckübertragungsmittel 248
Durchlaufspeicher 265
Durchverkettung 263

Ebene
   Bestimm- 18, 33, 35, 42f.
   Bezugs- 18, 33ff., 42f.
Einfachvorrichtung 13
Einführungskegel 182
Eingeben 250
Einlegen 181
Einrichtung für Werkstückbewegung 14
Einstellmarken 206
Einzelschneiden 231
Einzweck-Programmwerkzeug 221
Entwicklungsstand 300
Entwicklungstendenzen 303
Erzeugnisgebundene Fertigung 257

Fehler 29, 37
Fehlerberechnung 30, 33
Fehlerursache 29

9. Sachwörterverzeichnis

Fertigungskette 252, 259
Fertigungsmittel 11 ff.
  spezielle 11, 13, 17
  universelle 11, 13, 17
Feste Nutensteine 188
Feststellelemente 172
Feststellen 172
Feststellrichtung 177
Flachriegel 174
Fliehkräfte 236
Fließfertigung 258
Fließgut 255
Fließprozeß 256
Fördereinrichtungen 267
Fördern 250
Fräsvorrichtung 12, 16, 231
Freiheitsgrad 20f., 23, 227
Fügebaukasten 245
Fügevorrichtung 12, 238
Funktionsschaltplan 234

Gegengewicht 238
Gegenlauffräsen 231
Globalmethode 202
Griffindex 175
Grundbuchse 225
Grundkörper 15
Gruppenbearbeitung 246
Gruppenvorrichtungen 245
Gruppenweises Ordnen 271

Halbzeugauswahlliste 204
Handpumpe 99
Härtevorrichtung 12
Heber 89
Heftbaukasten 245
Heftvorrichtungen 238
Herausnehmen 184
Hilfszeit 202
Hochdruckpneumatik 234
Hubbock 89
  pneumatisch 105
Hydraulikdruckerzeuger 99

Innenverkettung 261

Kegelpfanne 232
Keilspanner 224
Kippwinkel 270
Kniehebelspanner 212
Konstruktionssystematik 198
Konstruktions- und Überleitungsstufen 203
Kontaktstellen 185
Koordinatensystem 222
Korrekturbeilage 214

Kraft- oder formschlüssige Verbindung 207
Kraftzerlegung 212
Kreisteilen 170
Kreuzgriff 210, 230
Kugelscheibe 232
Kurvenprogramm 267

Lagesichern 250
Langlochdrehmeißeleinsatz 216
Längsschrumpfungen 240
Längsteilen 170
Leckverlust 93
Lochvorrichtung 214
Lose Nutensteine 188
Lose Verkettung 260
Luftplatten 228

Magazin 251, 255
Magazinförderleistung 271
Magazinieren 250
Magnetspannplatte 107
Manschette 95
Maschinenfließreihen 258
Maschinenspindeln 235
Maschinenwerkzeug 213
Mehrfachspannvorrichtung 13, 90f.
Mehrfachvorrichtung 13, 90f.
Mehrfachwerkzeughalter 214, 217
Mehrfachwerkzeugträger 216
Meßbock 238
Mindestforderungen 202
Mitnehmerlappen 220
Mittenabweichung 33
Mittenversatz 31f.
Montagevorrichtung 241

Nestfertigung 257
Nockenscheibe 209
Nullpunkt 302
Numerische Steuerung 300
Nutensteine 188
  feste 188
  lose 188

Ordnen 250, 271
  durch Vereinzeln 272
  gruppenweise 271
  stetiges 271
Ordnungsaufgaben 269
Ordnungsprozeß
Ordnungswahrscheinlichkeit 269

Parallelverkettung 264
Plastische Medien 87
Plattenbohrvorrichtungen 227

Prisma 26
Prismenwinkel 32
Programmspeicher 266
Punktsystem 202

Querschrumpfungen 240

Rastbolzen 175
Rasthebel 174
Reaktionskraft 207
Reihenfertigung 257
Reihenprogramm 267
Reihenverkettung 264
Revolverdrehmaschinen 215
Revolverkopf 230
Rohrleitung 100
Rohrverschraubung 100
Rücklaufspeicher 265
Rundteiltisch 178

Saugluftspanner 107
Schalthebel 232
Schaltklauen 231
Schaltstellung 235
Schneidenstellung 215
Schnellspannmittel 208
Schnellwechseleinrichtung 213
Schnittkräfte 213
Schraubenspanner 224
Schweißfolge 238
Schweißfolgeplan 238
Schweißkonstruktion 229f., 232
Schweißvorrichtungen 238
Schwenkaufnahme 215
Schwenkgabelhebel 226
Schwenkvorrichtung 178
Schwertbolzen 232
Schutzvorrichtungen 236
Senkwerkzeuge 219
Sicherheitstechnische Bedingung 205
Sinnbilder für Bewegungsfunktionen 252ff.
Spannbackenführung 226
Spannbereich 209
Spannbock 89, 106
Spanneisen 109, 111, 125
Spannen 251
Spanner
  Ausgleichs- 89
  elektromechanischer 109
  für Bohrwerkzeuge 213
  für Drehwerkzeuge 213
  für Fräswerkzeuge 213
  Mehrfachwerkstück- 14
  Mehrfachwerkzeug- 14
  Werkstück- 13
  Werkzeug -13

Spannhaken 115
Spannkolben 92ff.
Spannkraftminderung 236
Spannzange 27. 93f., 117
Spannzylinder 101
Speichereinrichtungen 265
Speichern 250
Speziallehre 14
Spezialvorrichtungen 300
Spindelkopfformen 191
Stapeln 250
Starre Verkettung 259
Steckbuchse 225
Stelleinheit 235
Stetiges Ordnen 271
Steuerung, numerische 300
Störungsspeicher 265
Stückgut 255f.
Stückprozeß 256
Stützbolzen 25, 39
Stützung 210
Symmetrieachse 228

Technisches Konstruieren 199
Teileinrichtungen 169, 241
Teilen 169
Teilfehler 180
Teilgenauigkeit 175
Teilleiste 169
Teilscheibe 169
Teilscheibenradius 171

Überbestimmen 21, 37f., 223
Übertragungs- und Verbindungselemente 235
Universalsupportspannung 214
Universalteilgerät 179
Universalteilvorrichtungen 241
Unordnungsgrad 255, 267
Unwucht 236

Variantenvergleich 200
Variationsgesichtspunkte 201
Verdrehsicherung 208, 230, 241
Vereinzeln 272
Verkettung 255, 258
  lose 260
  starre 259
Verkettungsarten 259
Vorführungsflächen 182
Vorrichtung 12
  Bohr- 12
  Dreh- 12

9. Sachwörterverzeichnis

Vorrichtung 12
  Einfach- 13
  Fräs- 12, 16
  Füge- 12
  Härte- 12
  Mehrfach- 13, 90 f.
Vorrichtungsbaukasten
  im Lochsystem 242
  im Nutsystem 242
Vorrichtungsbestimmfläche 22, 25
Vorrichtungsfüße 188
Vorrichtungsgrundkörper 223
Vorschubbewegung 215

Wärmeentwicklung 238
Wartungseinheit 234
Wegeventil 235
Weitergeben 250
Wellenexzenter 216
Werkstättenfertigung 257
Werkstoffauswahllisten 204
Werkstückberührungspunkt 210 f.
Werkstückbestimmfläche 23
Werkstückbewegung 249 ff.
Werkstückbewegungsfunktionen 253
Werkstückförderer 251
Werkstückhalteeinrichtung 252, 277

Werkstückordnungseinrichtungen 267
Werkstückradius 171
Werkstückspanner 13
Werkstückspannkraft 234
Werkstückspeicher 251
Werkstückträger 169
Werkstückwechseleinrichtung 273
Werkstückweitergabeeinrichtung 275
Werkstückwendeeinrichtung 275
Werkstückzeichnung 200
Werkzeugaufnahme 213
Werkzeugeinstellung 238
Werkzeugführung 213
Werkzeugspanner 13, 213
Werkzeugspeicher 266
Werkzeugträger 214 f.
Widerstandsschweißen 238
Winkelhebel 113
Winkelschrumpfungen 240
Wirkprinzip 200
Wirkungsgrad 234
Wirtschaftlichkeitsuntersuchung 234

Zentrierspitze 225
Zuteilen 272
Zylindrischer Aufnahmebolzen 193